21世纪高等学校计算机教育实用规划教材

计算机网络实验教程

——基于Cisco硬件模拟器Dynamips和GNS3

李伟键　主　编
张　倩　副主编

清华大学出版社
北京

内 容 简 介

本书以 Cisco 硬件模拟器——Dynamips 和 GNS3 为实验平台(模拟 Cisco c1700、c2600、c3600、c3700、c7200 系列路由器和交换机),以 Cisco IOS(12.4 版本)为操作系统平台,讲解了一系列紧扣计算机网络理论知识,同时又贴近实战的实验内容。

全书以计算机网络 TCP/IP 体系结构为组织线索,分别为网络接口层、网络层、运输层和应用层上的重要知识点提供了配套实验,依次介绍了实验环境的安装使用、以太网交换机和路由器的基本配置方法、局域网技术(VTP、STP 协议以及 VLAN 间路由)和广域网技术(PPP 封装和 PAP、CHAP 认证)、路由协议(静态路由协议、路由信息协议和 OSPF 路由协议)、访问控制列表(ACL)、网络地址转换(NAT),以及应用层上的动态主机配置协议(DHCP)和域名系统(DNS)。

本书适合作为高等院校计算机、软件工程等专业开设了"计算机网络"课程的本科生学习"计算机网络"的配套实验教材,同时可供对计算机网络设备需进一步了解的广大开发人员和研究人员作为参考。

图书在版编目(CIP)数据

计算机网络实验教程:基于 Cisco 硬件模拟器 Dynamips 和 GNS3/李伟键主编. —北京:清华大学出版社,2017(2022.8 重印)
(21 世纪高等学校计算机教育实用规划教材)
ISBN 978-7-302-45537-0

Ⅰ. ①计… Ⅱ. ①李… Ⅲ. ①计算机网络—高等学校—教材 Ⅳ. ①TP393

中国版本图书馆 CIP 数据核字(2016)第 277448 号

责任编辑: 刘向威 王冰飞
封面设计: 常雪影
责任校对: 李建庄
责任印制: 杨 艳

出版发行: 清华大学出版社
网 址: http://www.tup.com.cn, http://www.wqbook.com
地 址: 北京清华大学学研大厦 A 座 **邮 编:** 100084
社 总 机: 010-83470000 **邮 购:** 010-62786544
投稿与读者服务: 010-62776969, c-service@tup.tsinghua.edu.cn
质量反馈: 010-62772015, zhiliang@tup.tsinghua.edu.cn
课件下载: http://www.tup.com.cn,010-83470236

印 装 者: 三河市龙大印装有限公司
经 销: 全国新华书店
开 本: 185mm×260mm **印 张:** 15.5 **字 数:** 377 千字
版 次: 2017 年 1 月第 1 版 **印 次:** 2022 年 8 月第 4 次印刷
印 数: 3001~3200
定 价: 45.00 元

产品编号:071556-02

出版说明

随着我国高等教育规模的扩大以及产业结构调整的进一步完善，社会对高层次应用型人才的需求将更加迫切。各地高校紧密结合地方经济建设发展需要，科学运用市场调节机制，合理调整和配置教育资源，在改革和改造传统学科专业的基础上，加强工程型和应用型学科专业建设，积极设置主要面向地方支柱产业、高新技术产业、服务业的工程型和应用型学科专业，积极为地方经济建设输送各类应用型人才。各高校加大了使用信息科学等现代科学技术提升、改造传统学科专业的力度，从而实现传统学科专业向工程型和应用型学科专业的发展与转变。在发挥传统学科专业师资力量强、办学经验丰富、教学资源充裕等优势的同时，不断更新教学内容、改革课程体系，使工程型和应用型学科专业教育与经济建设相适应。计算机课程教学在从传统学科向工程型和应用型学科转变中起着至关重要的作用，工程型和应用型学科专业中的计算机课程设置、内容体系和教学手段及方法等也具有不同于传统学科的鲜明特点。

为了配合高校工程型和应用型学科专业的建设和发展，急需出版一批内容新、体系新、方法新、手段新的高水平计算机课程教材。目前，工程型和应用型学科专业计算机课程教材的建设工作仍滞后于教学改革的实践，如现有的计算机教材中有不少内容陈旧(依然用传统专业计算机教材代替工程型和应用型学科专业教材)，重理论、轻实践，不能满足新的教学计划、课程设置的需要；一些课程的教材可供选择的品种太少；一些基础课的教材虽然品种较多，但低水平重复严重；有些教材内容庞杂，书越编越厚；专业课教材、教学辅助教材及教学参考书短缺，等等，都不利于学生能力的提高和素质的培养。为此，在教育部相关教学指导委员会专家的指导和建议下，清华大学出版社组织出版本系列教材，以满足工程型和应用型学科专业计算机课程教学的需要。本系列教材在规划过程中体现了如下一些基本原则和特点。

(1) 面向工程型与应用型学科专业，强调计算机在各专业中的应用。教材内容坚持基本理论适度，反映基本理论和原理的综合应用，强调实践和应用环节。

(2) 反映教学需要，促进教学发展。教材规划以新的工程型和应用型专业目录为依据。教材要适应多样化的教学需要，正确把握教学内容和课程体系的改革方向，在选择教材内容和编写体系时注意体现素质教育、创新能力与实践能力的培养，为学生知识、能力、素质协调发展创造条件。

(3) 实施精品战略，突出重点，保证质量。规划教材建设仍然把重点放在公共基础课和专业基础课的教材建设上；特别注意选择并安排一部分原来基础比较好的优秀教材或讲义修订再版，逐步形成精品教材；提倡并鼓励编写体现工程型和应用型专业教学内容和课程体系改革成果的教材。

(4) 主张一纲多本，合理配套。基础课和专业基础课教材要配套，同一门课程可以有多本具有不同内容特点的教材。处理好教材统一性与多样化，基本教材与辅助教材，教学参考书，文字教材与软件教材的关系，实现教材系列资源配套。

(5) 依靠专家，择优选用。在制订教材规划时要依靠各课程专家在调查研究本课程教材建设现状的基础上提出规划选题。在落实主编人选时，要引入竞争机制，通过申报、评审确定主编。书稿完成后要认真实行审稿程序，确保出书质量。

繁荣教材出版事业，提高教材质量的关键是教师。建立一支高水平的以老带新的教材编写队伍才能保证教材的编写质量和建设力度，希望有志于教材建设的教师能够加入到我们的编写队伍中来。

21世纪高等学校计算机教育实用规划教材编委会
联系人：魏江江 weijj@tup.tsinghua.edu.cn

前　言

“计算机网络”是一门理论与实践并重的课程，由理论指导实践，再由实践提升对理论知识的理解掌握。当前计算机网络理论教材繁多，却缺少好的配套实验教程，更缺乏理论与实践教学相得益彰的实践教材。另一方面，计算机网络实验需要大量网络硬件设备的支持，这对于目前高校以及自学的学生来说，是一个极大的难题。基于 Dynamips 的 GNS3 是一个在普通 PC 上模拟 Cisco 网络设备硬件的程序，在模拟出来的网络设备上可以装载 Cisco 网络操作系统，用户得以在普通 PC 上拥有多台思科网络设备（思科 c1700、c2600、c3600、c3700 和 c7200 系列路由器和交换机），并可以在上面组建各种网络拓扑进行网络实验，其操作与真实的思科设备操作完全相同。

本书基于 Cisco 硬件模拟器——Dynamips 和 GNS3 设计一系列网络实验，每一个实验都紧扣计算机网络理论知识来设计，通过这些实验帮助学生更好地理解计算机网络重要知识点。同时注重网络实验的真实性，参考了 CCNA 和 CCNP 实验内容，针对现实中对网络设备的配置需求，设计了一系列贴近实战的实验内容。每一个实验包括对应理论知识的讲解、实验相关命令的详细介绍和使用方法讲解、实验环境介绍、实验详细步骤和结果，最后还有对应的扩展实验，让学生可以在理解基本实验的基础上，自行配置更复杂的实验，从而更好地掌握知识点。

全书以计算机网络 TCP/IP 体系结构为组织线索，分别为网络接口层、网络层、运输层和应用层上的重要知识点提供了配套实验。其中，第 1 章为仿真平台 Dynamips 和 GNS3 的安装和使用介绍，第 2 章介绍 Cisco 网络设备的基本使用方法。通过这两章的介绍，帮助读者快速掌握 Cisco 硬件仿真平台的使用方法，为后续实验做好准备。第 3 章和第 4 章为网络接口层实验，包括第 3 章的局域网技术，主要介绍以太网交换机的工作原理、基本配置方法，交换机的 VTP、STP 协议以及 VLAN 间路由；第 4 章广域网技术，主要介绍广域网上的点对点协议（PPP）和 PAP、CHAP 认证。第 5～7 章为网络层实验，包括第 5 章路由协议，重点介绍静态路由协议、路由信息协议和 OSPF 路由协议；第 6 章 ACL 实验；第 7 章 NAT 实验。第 8 章和第 9 章为应用层实验，包括第 8 章的 DHCP 实验和第 9 章 DNS 实验。

本书既可作为高等院校计算机、软件工程等专业开设了“计算机网络”课程的本科生学习“计算机网络”的配套实验教材，也可作为对计算机网络设备感兴趣的初学者的入门教材，帮助学生更好地理解计算机网络重要知识点，增强学生的实际操作能力。

全书所有实验设计和实验配置命令都由李伟键完成。本书由李伟键组织编写和统稿，其中第 1 章、第 4 章、第 5.6 小节、第 8 章和第 9 章由李伟键编写，第 2 章、第 3 章、第 5 章、第 6 章和第 7 章由张倩编写。

本书配套了 PPT 课件、实验拓扑工程文件(需安装 GNS3-1.4.6 版本的实验软件，可以直接打开并做实验)以及实验命令清单，可通过清华大学出版社官方网站获取。同时，本书还在开发教学视频，感兴趣的读者可通过电子邮箱 weijianlee@126.com 与编者联系。

本书在编写过程中参考了大量的计算机网络教材(尤其是谢希仁老师的《计算机网络》)、CCNA/CCNP 实验教材，以及 GNS3 帮助文档、维基百科和百度文库等网络资料，在此一并对其作者致谢！

由于时间上仓促以及作者水平的局限，书中难免有不妥和疏漏之处，恳请广大专家、老师和同学们批评指正。

编　者

2016 年 10 月

目　录

第1章 GNS3 实验环境配置

本章学习目标

- 初步了解 Dynamips 和 GNS3 硬件模拟器；
- 掌握 GNS3 实验环境的安装；
- 掌握 GNS3 实验环境的基本使用，包括如何模拟路由器、交换机和 PC，以及如何组建网络拓扑。

本章先向读者介绍 Cisco 硬件模拟器 Dynamips 和 GNS3 的基本情况，接着介绍如何安装 GNS3 实验环境，最后介绍 GNS3 环境一些基本的配置。

1.1 Dynamips 和 GNS3 简介

Dynamips 是 2005 年 8 月由法国人 Christophe Fillot 研发的 Cisco 模拟器，与已有的其他路由器模拟器不同，Dynamips 是用软件在计算机上模拟路由器硬件平台，包括专用 CPU、NVRAM、Flash、DRAM 等部件及其内、外部通信信道，在此基础上直接加载运行思科公司的路由器操作系统（IOS 映像文件），从而能实现真实路由器的所有功能，并能产生实际的通信数据。此外，Dynamips 还能捕获报文用于协议分析，并能与真实设备及网络通信。该技术跟当前已经非常流行的计算机硬件模拟软件 VMware 有异曲同工之妙。

通过该模拟环境，用户可以在单台或者多台计算机中，模拟出一个小型、中型甚至大型网络，模拟出若干台路由器、交换机、防火墙、PC、服务器等，完全具有真实性。其配置方法也与真实的 Cisco 设备并无差异，是学生学习计算机网络相关知识，报考网络工程师、CCNA、CCNP，乃至 CCIE 的得力助手。

正如作者 Christophe Fillot 所说的，Dynamips 的用途如下：

（1）作为培训的平台使用，通过软件的方式模拟使用真实环境中的设备。它可以让大家更熟悉 Cisco 的设备，因为 Cisco 是网络技术的领导者；

（2）测试和实验 Cisco IOS 的各种特性；

（3）迅速检测实施到真实路由上的配置；

（4）对于 Cisco 网络管理员或者那些想通过 CCNA/CCNP/CCIE 考试的人来说，它是真实 LAB 中的一个辅助性的工具。

目前 Dynamips 可以模拟的设备如下：

（1）c1700、c2600、c3600、c3700 和 c7200 系列多种路由器；

（2）以太网交换机；

(3) ATM 交换机；

(4) 帧中继交换机；

(5) Cisco PIX 防火墙；

(6) 可以把实际存在的局域网内的多台真实电脑连进虚拟网络中；

(7) 可以把 VMware 虚拟的 PC、服务器连进虚拟网络中。

当前，很多商业 Cisco 考证培训机构都引入了该模拟环境至实际的教学当中，并且取得了非常良好的效果，全世界有大量的计算机网络爱好者在使用该模拟环境进行学习。而在中国高校中，也有部分教师开始采用该模拟环境进行教学，并且取得了非常好的教学效果。

Dynamips 组建网络非常麻烦，需要通过该模拟环境提供的很多专有命令来组建网络拓扑，因此在实际教学中给学生带来很大困难。为此出现了很多第三方工具用于组建 Dynamips 网络拓扑，主要包括 Dynagen、DynamipsGUI 和 GNS3 等。其中 GNS3 因其可视化拖拉界面，具有直观和方便的优点，尤其是经过最近几年的持续改进，GNS3 已经成为 Dynamips 的最优第三方拓扑工具。

GNS3 是一款具有图形化界面，可以运行在多平台（包括 Windows、Linux 和 MacOS）上的网络设备虚拟平台。GNS3 提供了可视化拖拉界面来组建网络拓扑，并且调用 Dynamips 来虚拟对应的这些网络设备。

GNS3 主要整合了如下的软件：

1) Dynamips

Cisco 硬件模拟器，在 PC 上模拟了 Cisco 路由器的硬件，在此基础上直接加载运行思科公司的路由器操作系统（IOS 映像文件），从而能实现真实路由器的所有功能，并能产生实际的通信数据。

2) Dynagen

Dynagen 是 Cisco 模拟器的前端，它使用类似于 Windows 下的 ini 配置文件来生成 Dynamips 网络拓扑。

3) Pemu

PIX 防火墙设备模拟器。

4) WinPcap

WinPcap(windows packet capture)是 Windows 平台下一个免费、公共的网络访问系统。Winpcap 为 win32 应用程序提供访问网络底层的能力，Dynamips 正是使用它来实现 Windows 系统下的网络通信和抓取数据包。

5) Wireshark

Wireshark(前称 Ethereal)是一个网络数据包分析软件。网络数据包分析软件的功能是撷取网络数据包，并尽可能显示出最为详细的网络数据包资料。Wireshark 使用 WinPCAP 作为接口，直接与网卡进行数据报文交换。

总而言之，GNS3 通过整合包括 Dynamips、Dynagen、Pemu 和 Wireshark 等工具，提供了一个整合的 Cisco 网络模拟平台，让学习者可以在平台上模拟各种网络设备、创建各种网络拓扑、配置设备和抓取数据报分析等。同时，该平台还提供了工程的形式来维护和保存这些网络拓扑和配置信息，非常方便学习者使用。

1.2 GNS3 的安装和基本配置

1.2.1 GNS3 的安装

GNS3 是一个开源免费的软件，用户可以登录 GNS3 官网 https://www.gns3.com/下载该软件，软件是一个 all-in-one 的全安装包（当前最新版本为 GNS3-1.4.6-all-in-one.exe），包含了 Dynamips、Dynagen、Pemu 和 Wireshark 等工具。登录官网的下载页面，如图 1.1 所示，下载对应操作系统下的 GNS3 安装文件进行安装即可。

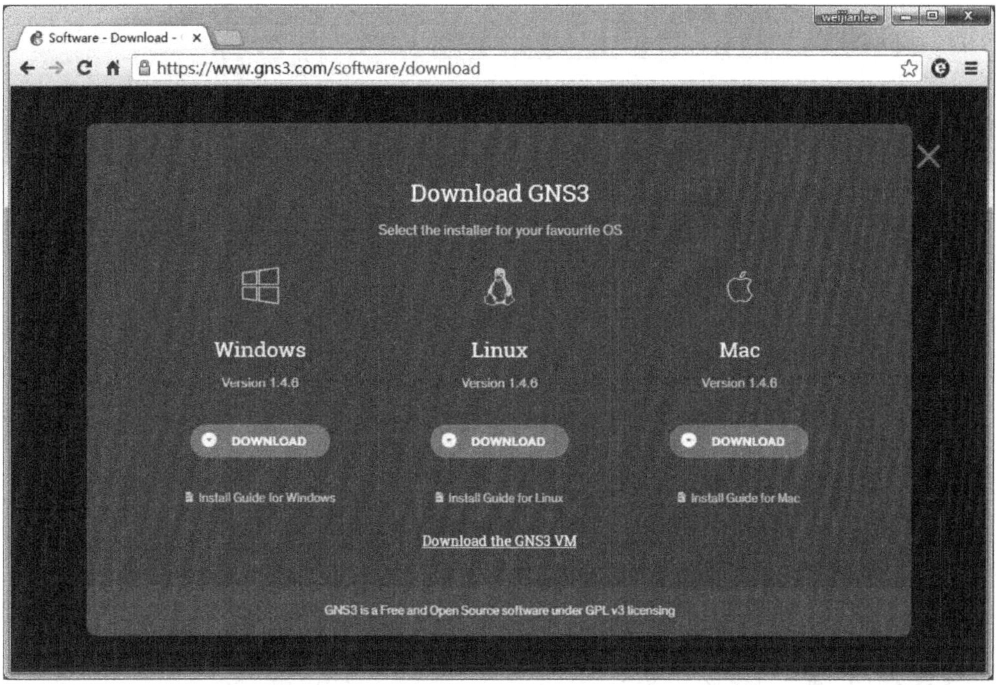

图 1.1 GNS3 官网下载页面

双击安装包 GNS3-1.4.6-all-in-one.exe 进行安装，会弹出如图 1.2 所示的 GNS3 安装界面，可以勾选或去掉部分软件。其中，WinPCAP、Dynamips、VPCS（模拟 PC 的命令行软件）、GNS3 以及 SuperPutty（SSH 和 Telnet 客户端）是必选项。其他非必选项可根据需要选择，例如要做协议分析实验，需要安装 Wireshark 软件。SolarWinds 是一个网络安全管理软件产品，而 QEMU 用于模拟防火墙。

图 1.2 为 GNS3 安装界面：选择需安装的软件后，开始逐一安装所选软件。注意如果选择安装 WinPCAP 和 Wireshark，在安装 Wireshark 时还会询问是否再安装 WinPCAP，这时候应该选择不再安装 WinPCAP。如图 1.3“GNS3 安装界面：选择目录”所示，选择 GNS3 的安装目录，例如我们安装在 D 盘的 GNS3 目录下。

安装后的 GNS3 目录如图 1.4“GNS3 安装目录”所示，其中 Dynamips、VPCS 分别存放着路由器模拟器以及 PC 模拟器。

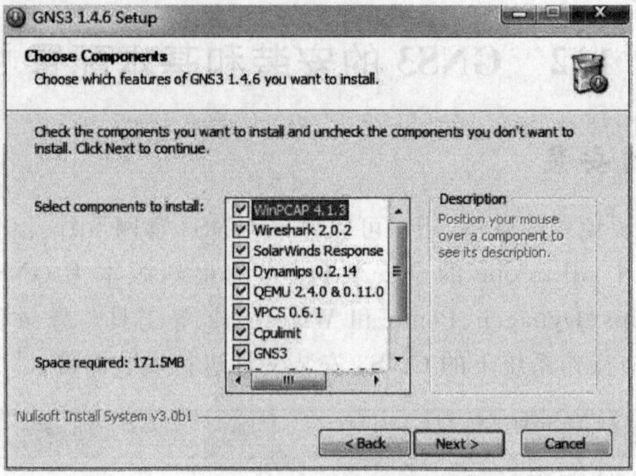

图 1.2　GNS3 安装界面：选择需安装的软件

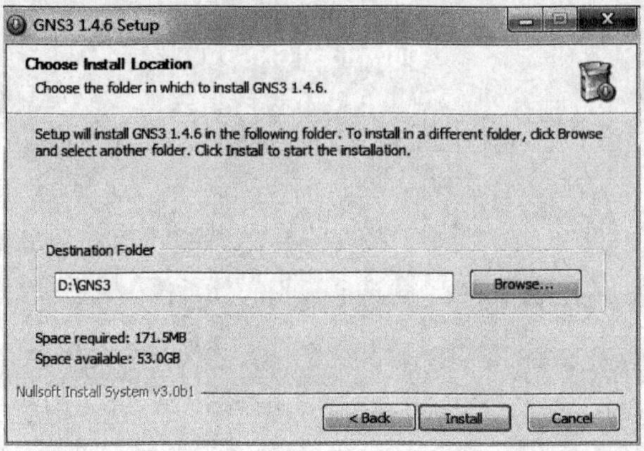

图 1.3　GNS3 安装界面：选择目录

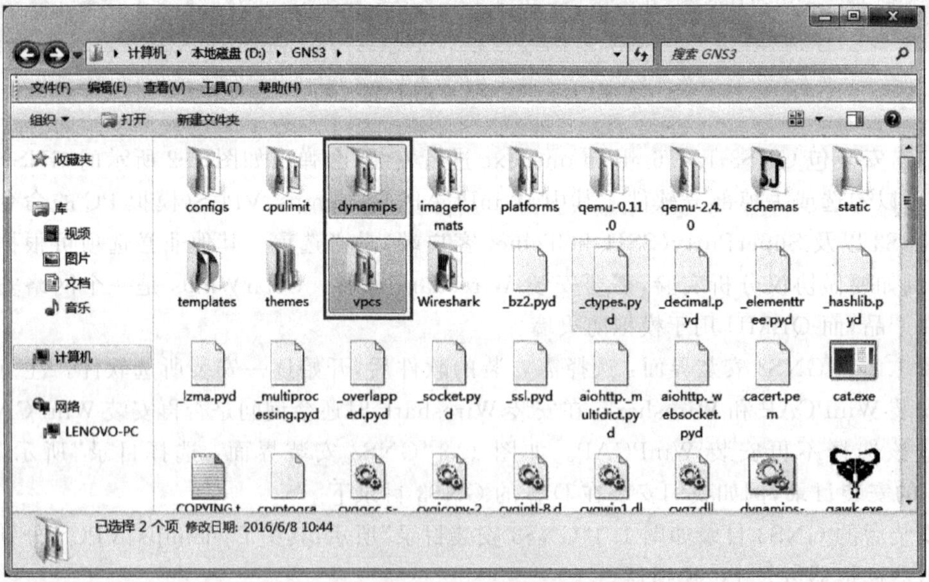

图 1.4　GNS3 安装目录

而目录下的 gns3. exe 则是 GNS3 的可执行程序，双击程序可打开软件进入 GNS3 模拟器，如图 1.5“GNS3 配置向导”所示。至此，Dynamips 和 GNS3 网络硬件模拟平台搭建完毕。

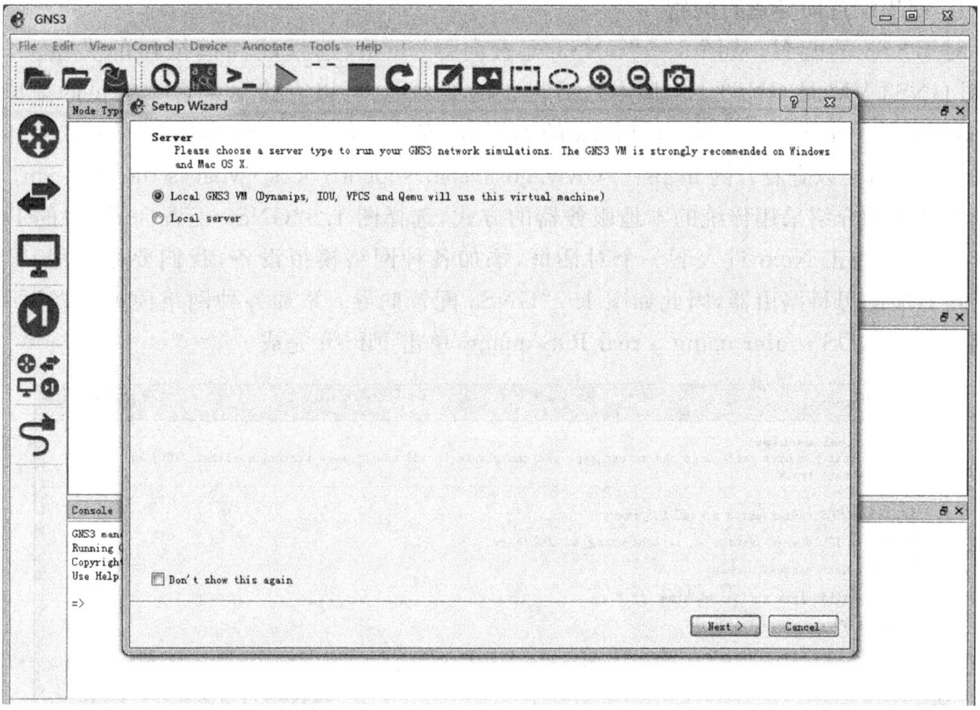

图 1.5　GNS3 配置向导

图 1.6 中简单介绍了 GNS3 各个模块的功能。

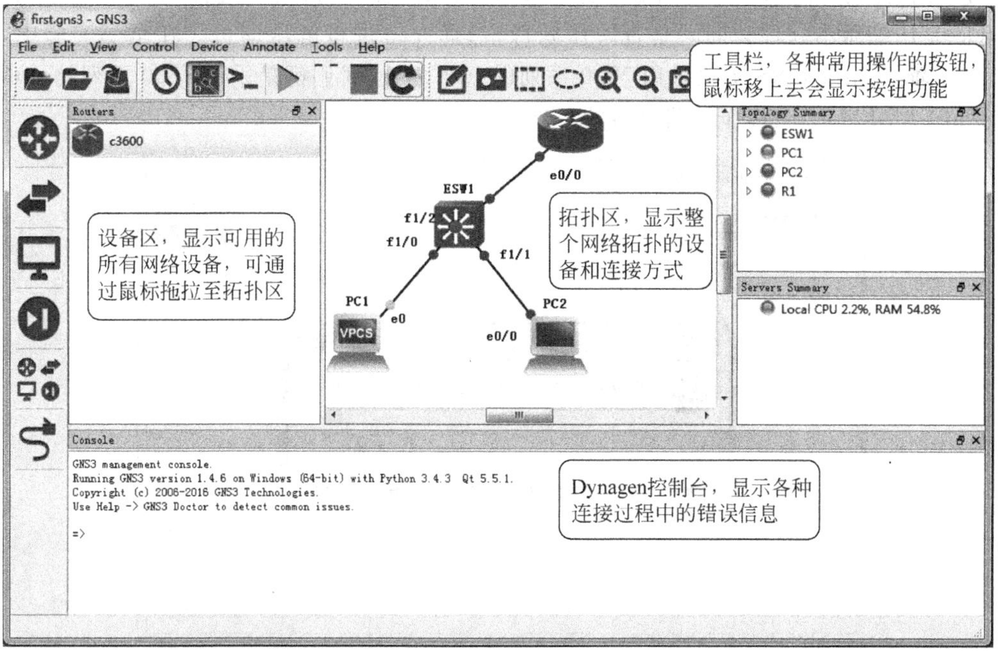

图 1.6　GNS3 界面介绍

1.2.2 GNS3 的基本配置

1. 使用配置向导进行配置

对 GNS3 的配置，从图 1.5“GNS3 配置向导”开始，选择硬件模拟器的类型。其中 Local GNS3 VM 是 GNS3 1.4 版本之后提供的新功能，可以直接下载官方提供的虚拟机。GNS3 VM 是一个运行了 Ubuntu Linux 的虚拟机，安装了使用 GNS3 所需的所有依赖环境。有兴趣的读者可以查看官网 https://www.gns3.com/support/docs/-what-is-the-gns3-vm。

下面详细介绍采用传统的本地服务器的方式，选择图 1.5“GNS3 配置向导”中的 Local Server 选项，单击 Next 进入下一个对话框，添加各种网络模拟设备，我们要添加思科 IOS 来获得对应的思科路由器，因此如图 1.7“GNS3 配置向导：添加各种网络模拟设备”所示，选择 Add an IOS router using a real IOS image，单击 Finish 完成。

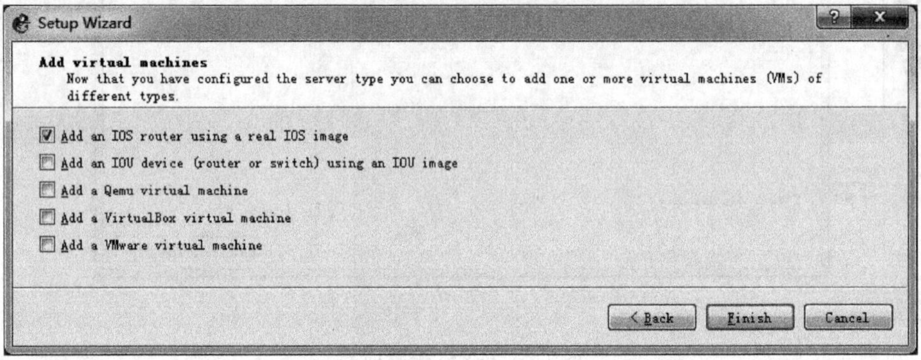

图 1.7 GNS3 配置向导：添加各种网络模拟设备

接着软件会弹出如图 1.8 所示的选择 IOS 映像路径的对话框，选择 IOS 所在路径，如果 IOS 是压缩版本软件会询问是否解压映像，选择 Yes 进行解压即可。在全书实验中，除了第 9 章域名系统 DNS 实验采用 7200 系列的 IOS 之外，我们都是采用 3600 系列的 c3640-telco-mz[1].124-12 映像作为路由器的 IOS。

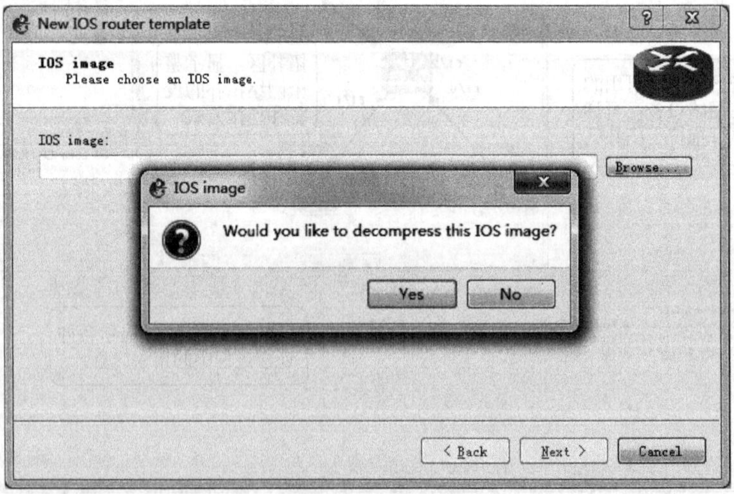

图 1.8 添加 IOS 映像：选择路径

软件自动根据 IOS 的类型填写对应的平台和型号等基本信息，如图 1.9“添加 IOS 映像：基本信息”所示。

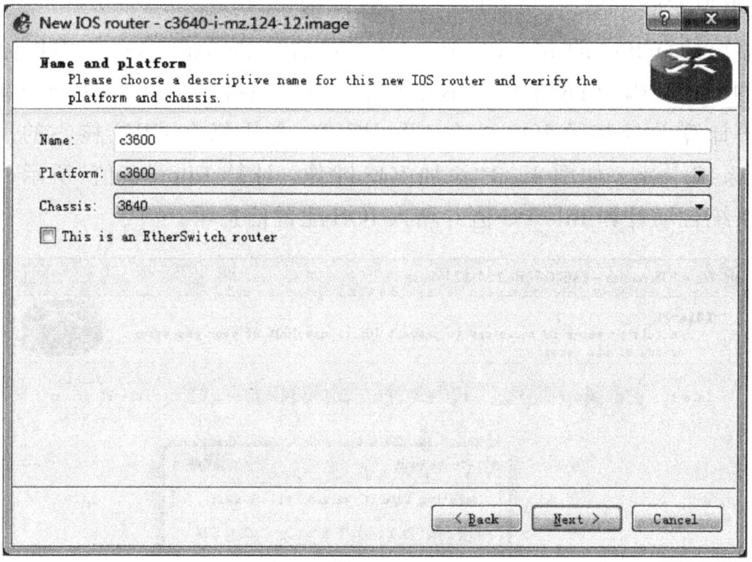

图 1.9　添加 IOS 映像：基本信息

路由器上还需要连接各种网络适配器，从而可以实现不同的网络设备的互联和数据通信。如图 1.10“添加 IOS 映像：插入网络适配器”所示，路由器拥有 0～6 共 7 个插槽(slot)，每个插槽可以插入一个网络适配器，这些网络适配器包括：

(1) NM-1FE-TX：1 个端口的 100M 快速以太网模块；

(2) NM-1E：1 个端口的 10M 以太网模块；

(3) NM-4E：4 个端口的 10M 以太网模块；

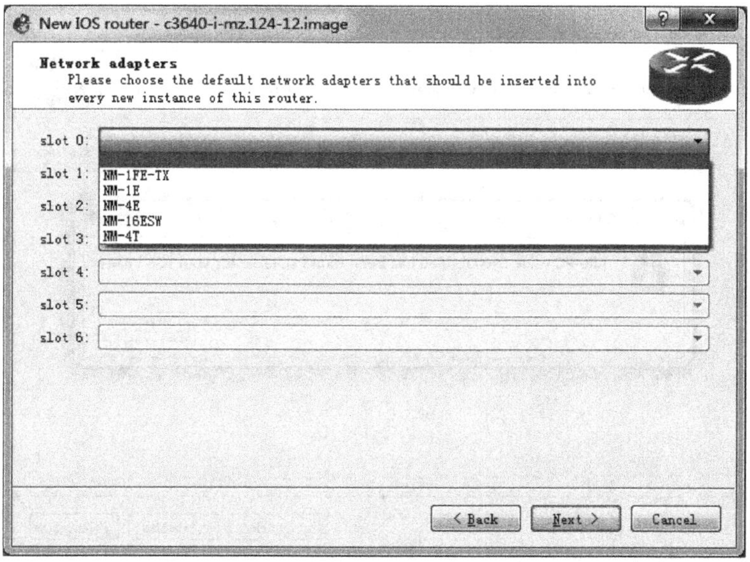

图 1.10　添加 IOS 映像：插入网络适配器

(4) NM-16ESW：16 个端口的 10/100M 以太交换网络模块；

(5) NM-4T：4 个端口的串行广域网模块。

我们可以根据实验类型，选择对应的网络适配器。

最后，还需要计算 IOS 的 Idle-PC 值。Idle-PC 值是 Dynamips 的一项指标，用于降低模拟器对 CPU 的消耗。因为 Dynamips 不知道什么时候虚拟路由器空闲，什么时候执行有用的工作，如果不计算并且赋予 IOS 一个 Idle-PC 值，会让每个 CPU 核心的占用率一直是 100%，从而让系统卡死。如图 1.11“添加 IOS 映像：计算 Idle-PC 值”所示，单击“Idle-PC finder”按钮，系统自动计算 Idle-PC 值并填入 IOS 配置信息中。

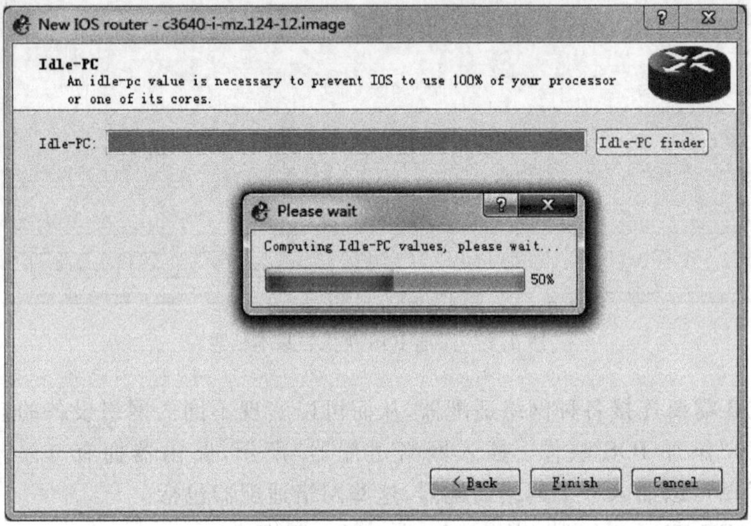

图 1.11　添加 IOS 映像：计算 Idle-PC 值

软件计算出 Idle-PC 值，如图 1.12“添加 IOS 映像：获得 Idle-PC 值”所示。

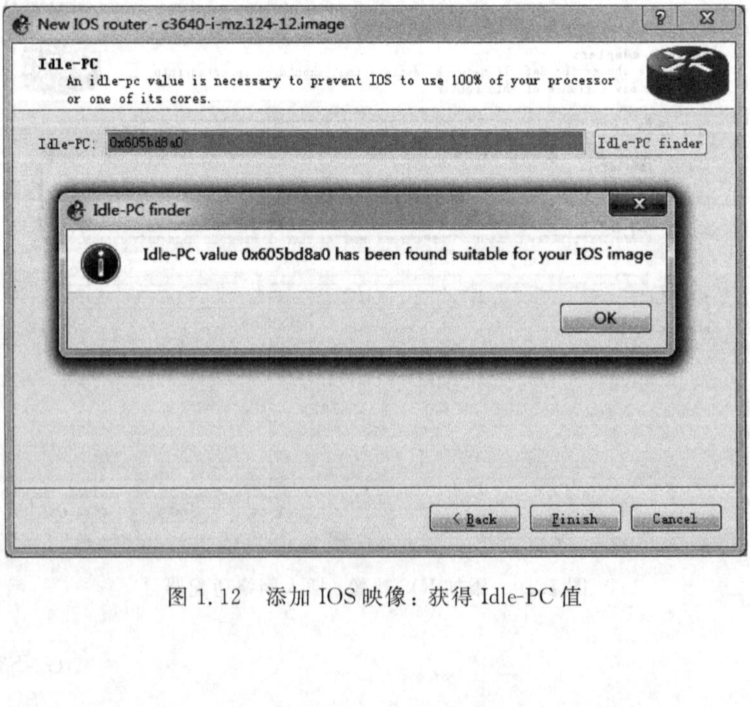

图 1.12　添加 IOS 映像：获得 Idle-PC 值

添加完IOS映像，如图1.13所示。我们可以在这里继续添加更多版本的路由器映像，也可以删除或修改已添加的映像。

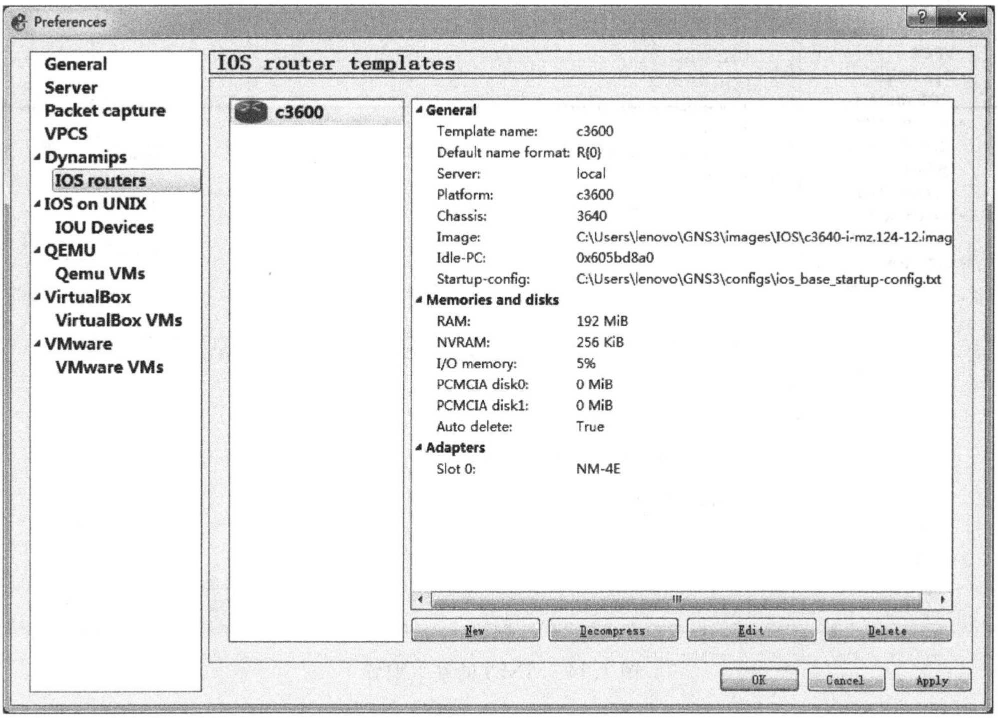

图1.13　添加完IOS映像

用户在以后的任何时候，都可以通过GNS3菜单Help→Setup Wizard选项打开配置向导，重新执行上述操作，或者添加新的IOS等设备。

2. Preferences配置对话框

选择GNS3的Edit→Preferences菜单，弹出如图1.14所示的对话框，在General选项卡可以配置GNS3的一些基本项目，包括：

My Projects：默认存放实验工程的目录；

My binary images：默认存放IOS映像的目录；

My symbols：默认存放设备图标的目录；

My configs：默认存放路由器配置信息的文件目录；

Style：可以选择GNS3界面风格。

在Console applications选项卡可以选择进入设备控制台的程序，默认是putty，也可以在这里改为SecureCRT等常用的Telnet工具。

接下来的配置Server，是关于Dynamips服务器的配置，支持本地服务器，也支持远程Dynamips服务器，参见图1.15和图1.16。在本地服务器Local Server选项卡，主要设置IP地址和使用的端口范围(注意不要与其他软件使用的端口冲突)。

受限于PC的性能，很多时候在一台PC上模拟过多的Cisco设备(目前的通用配置一般超过6台Cisco设备)就容易导致PC卡死。如果要组建大型网络拓扑，可以使用远程

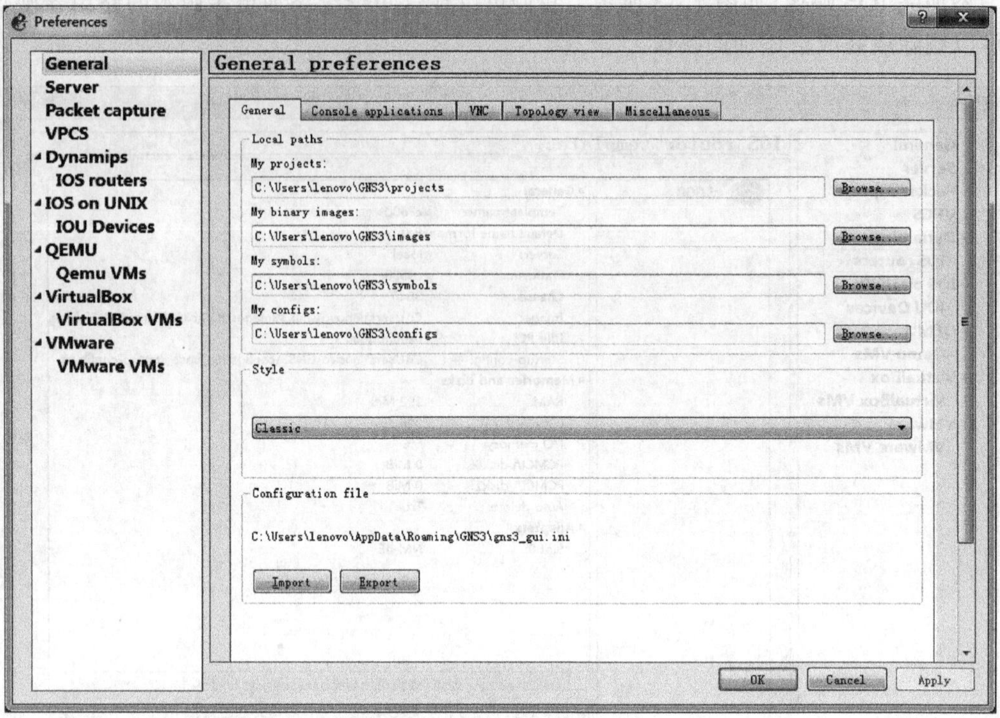

图 1.14　GNS3 的基本配置

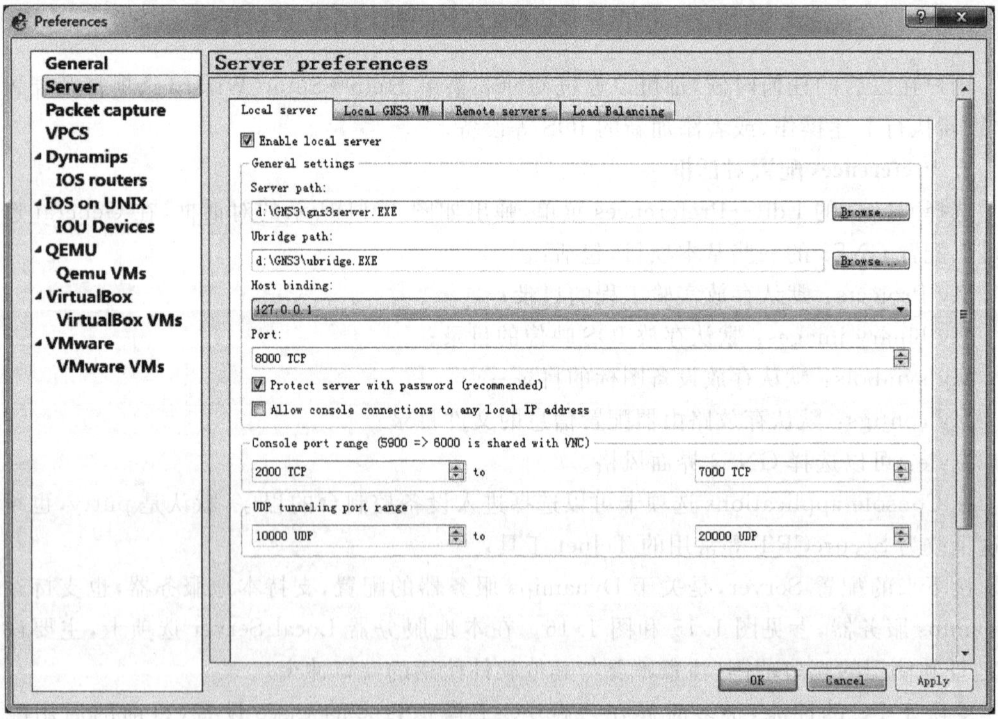

图 1.15　本地 Server 配置

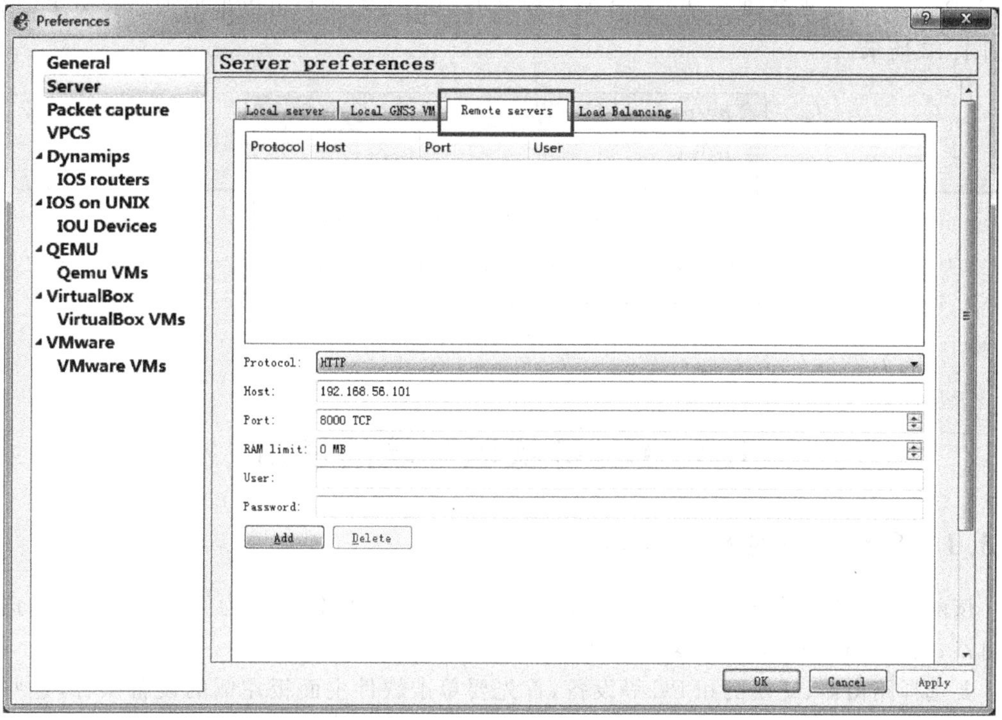

图 1.16　远程 Server 配置

Dynamips 服务器，在多台 PC 上分别模拟部分 Cisco 设备，它们可以通过网络连接在一起形成大型网络拓扑。要使用远程 Dynamips 服务器，需要在 Remote Servers 选项卡进行配置。

Preferences 配置对话框的其他可配置项目还包括：

(1) Packet capture：用于捕抓各个网络设备链路上数据包，并且默认使用 Wireshark 和 ResponseTimeViewer 软件来读取和分析数据包，我们也可以修改为其他软件；

(2) VPCS：修改虚拟主机 VPCS 的路径；

(3) Dynamips/IOS routers：即打开图 1.13 所示的配置框，添加更多的 IOS 和对应的路由器；

(4) IOS on UNIX/IOU Devices：添加思科模拟器 IOU，可以模拟三层路由以及二层交换，使用 IOU 可以做很多大型试验，并且资源占用率很小；

(5) QEMU：添加 QEMU 设备；

(6) VirtualBox：添加 VirtualBox 虚拟机设备；

(7) VMware：添加 VMware 虚拟机设备。

3. 创建工程

要建立拓扑，首先需要建立工程。建立工程的好处是能够按照规范存放各种文件，同时可以保存网络设备的配置，并在下一次打开拓扑时自动载入配置。

打开 GNS3 时，会弹出“新建工程”对话框，工程默认存放目录在图 1.14“GNS3 的基本配置”所示的目录下：C:\Users\lenovo\GNS3\projects\。用户也可以通过 File→New blank Project 选项来新建工程。默认的工程名为 Untitled,用户可以根据需要修改工程名,如图 1.17 所示。

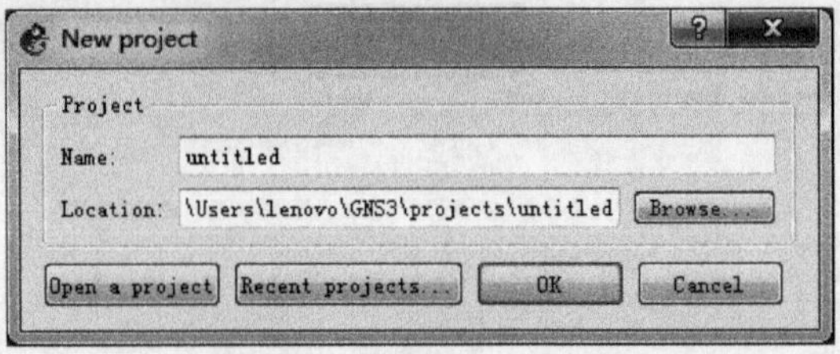

图 1.17　创建工程

1.3　GNS3 实验环境的使用

1.3.1　GNS3 创建网络拓扑

按前面章节所述设置好 GNS3,并且新建好工程(以工程名 first 为例)之后,就可以选择路由器、交换机和 PC 等设备,紧接着进行布线了。

要选择路由器、交换机和 PC 等设备,首先要单击软件主面板左侧的设备图标,这些图标从上到下分别为路由器设备、交换机设备、主机、安全设备、所有设备。最后一个图标是连接线标识,单击后可以在拓扑区连接各种已有的网络设备,如图 1.18 所示。

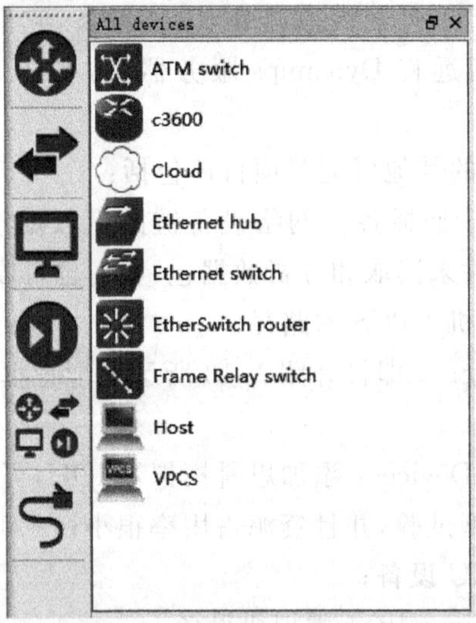

图 1.18　选择网络设备

在图 1.18 所示的设备列表中选择路由器设备,用鼠标左键单击需要的路由器,按住左键不放拉至拓扑区。我们注意到,拉第一个路由器至拓扑区的时候,GNS3 有一个延迟,那是因为 GNS3 在启动 Dynamips,需要一定时间。所以如果第一个路由器可以顺利地拉进去,说明 Dynamips 配置正确,并且已经启动了,接下来一切就变快了。

把所有实验中需要的网络设备拉入拓扑区后,就要把设备进行连线,首先单击图 1.18

最下面的图标，使其变成，这时候鼠标左键单击需要连线的设备，该设备上就会弹出所有可以连接的接口，选择需要的接口，再选择另一个设备上的接口，就把两个设备连在一起，如图 1.19 所示。

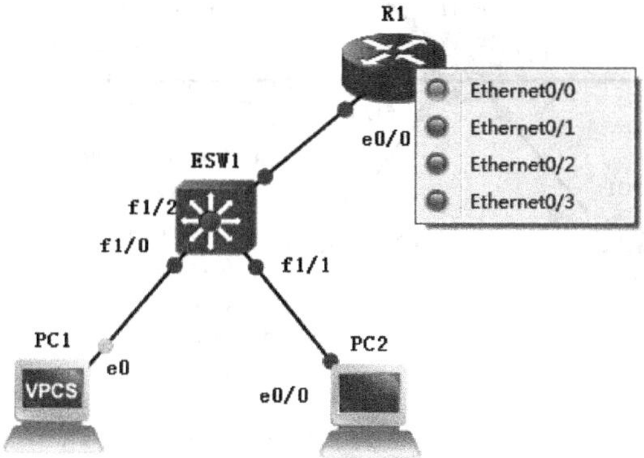

图 1.19　连接拓扑区的设备

拉入网络设备，并连接完网络设备之后，我们可以保存工程，得到 first 工程，如图 1.20 所示，其中 png 文件是网络拓扑图，first.gns3 是 GNS3 的网络拓扑文件，通过它 GNS3 可以知道该工程的网络拓扑包含多少个网络设备，它们之间如何连接，以及各自的位置、文字备注等信息。而 project-files 文件夹包含了所有设备的配置信息，便于每次启动设备的时候载入设备配置信息。

图 1.20　工程目录

创建好网络拓扑，我们可以运行里边的各个设备，并且进入设备控制台配置设备。具体方法是对每一个设备单击右键，选择 Start 菜单来启动设备(也可以通过工具栏的按钮来启动)。设备成功启动后，其链路会显示绿色。接着选择 Console 菜单进入设备控制台，通过设备命令配置设备，如图 1.21 所示。

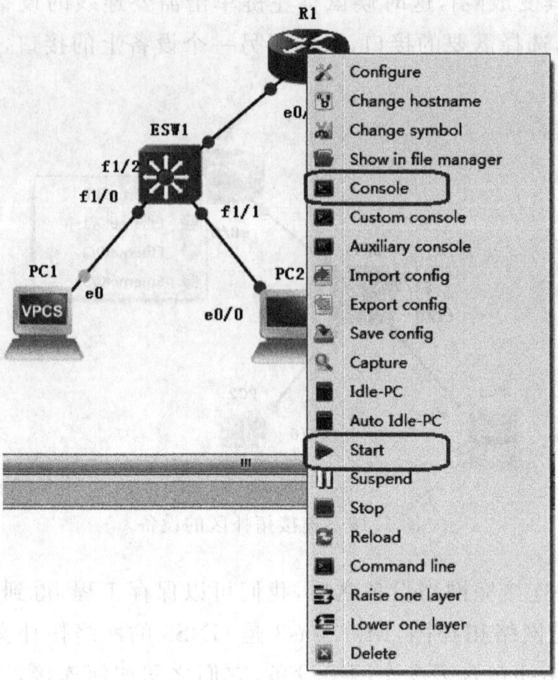

图 1.21　运行设备和进入设备控制台

1.3.2　GNS3 模拟以太网交换机

在前面已经指出,GNS3 只能模拟 Cisco 路由器的硬件,不能模拟 Cisco 交换机硬件。虽然 GNS3 也提供了以太网交换机模拟设备,但是该设备是软件模拟的,只提供交换机基础的交换功能,并不具备真实交换机的其他功能。好在 Cisco 路由器上支持以太交换网络模块 NM-16ESW,通过在 Cisco 路由器上插入 NM-16ESW 模块,从而拥有一个具有 16 个 10/100M 端口的 Cisco 交换机,可以在上面完成各种交换机实验。注意,只有 2600s、3600s 和 3700s 系列思科路由器支持此功能。

加入一台以太网交换机,首先选择 Edit→Preferences 选项,在弹出的 Preferences 对话框中选择 Dynamips 下的 IOS routers,选择 New 按钮来添加设备,如图 1.22"添加以太网交换机步骤 1"所示。

下一步,可以选择要使用已有的 IOS 或者新建一个新的 IOS,如图 1.23"添加以太网交换机步骤 2"所示。注意,根据 GNS3 官方推荐,Cisco 2600s、3600s 和 3700s 系列路由器是作为 Cisco Catalyst Switches 交换机的最佳选择。在我们提供给读者的 GNS3 工程中,我们都是采用 3600 系列的 c3640-telco-mz[1].124-12 映像作为交换机的 IOS。

注意,添加 Cisco 交换机的过程和添加 Cisco 路由器的步骤基本一样,除了图 1.24"添加以太网交换机步骤 3"要勾选上"This is an EtherSwitch router"选项,以及图 1.25"添加以太网交换机步骤 4"要选上 NM-16ESW 交换模块。

最后,为以太网交换机计算 Idle-PC 值,就完成了对以太网交换机的添加,如图 1.26"添加以太网交换机的结果"所示,我们获得了一台以太网交换机。

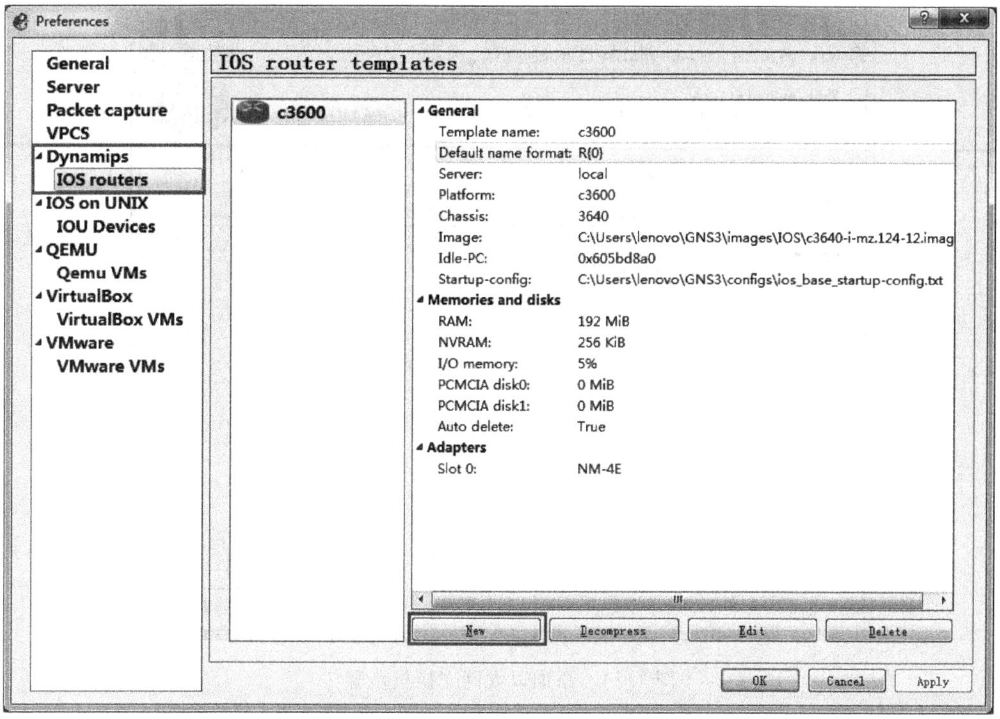

图 1.22　添加以太网交换机步骤 1

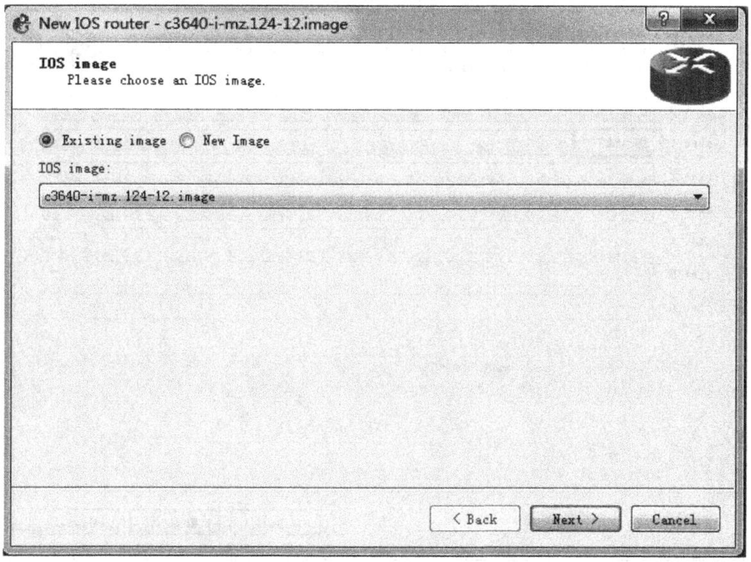

图 1.23　添加以太网交换机步骤 2

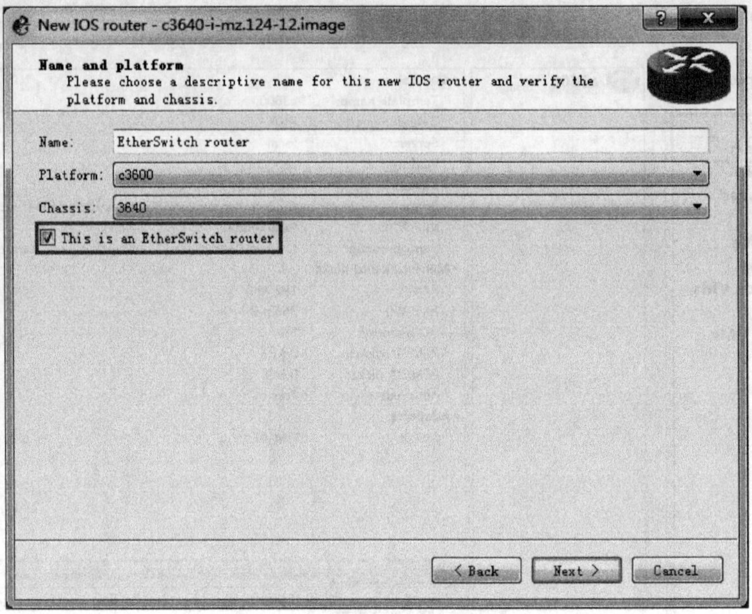

图 1.24　添加以太网交换机步骤 3

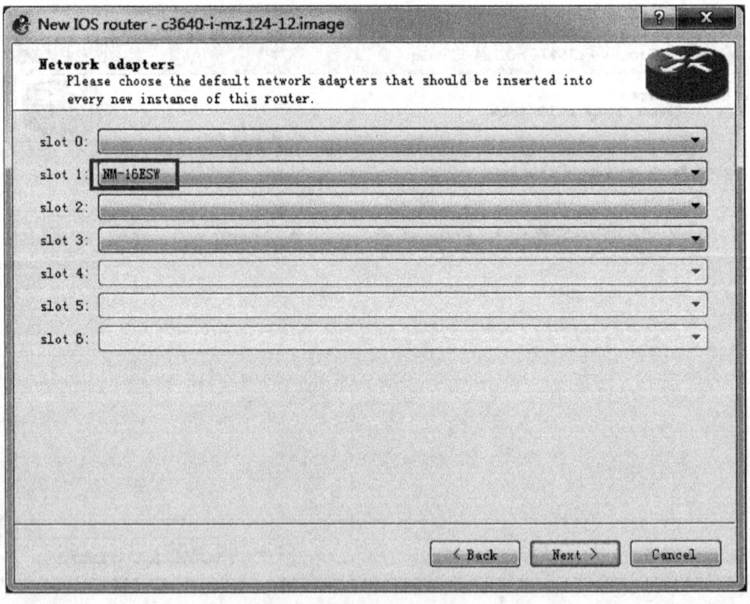

图 1.25　添加以太网交换机步骤 4

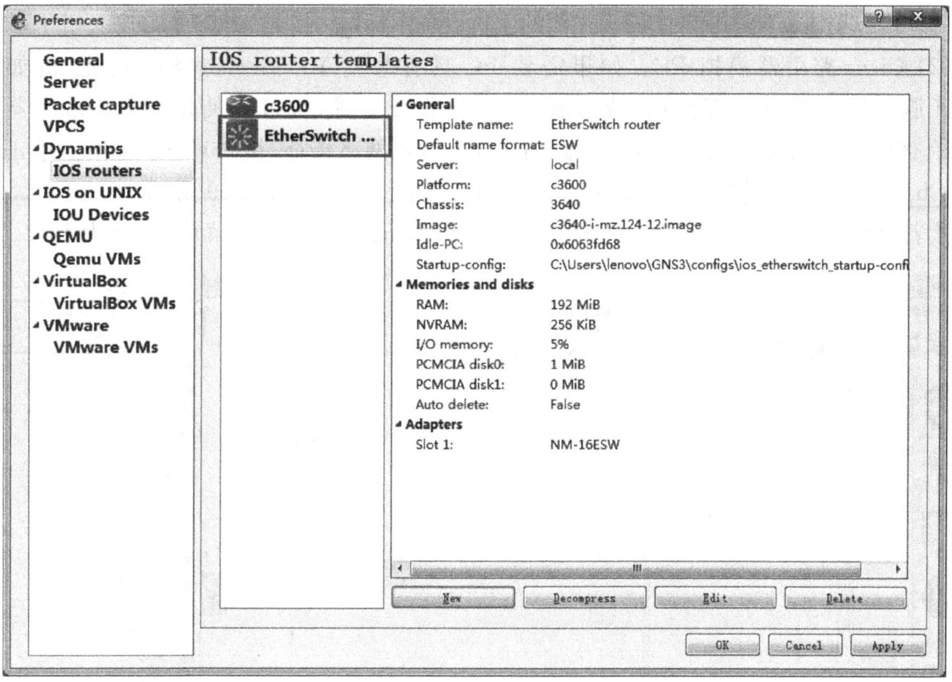

图 1.26　添加以太网交换机的结果

1.3.3　GNS3 模拟 PC

在 GNS3 中，有 4 种常见的模拟 PC 的方法，包括 VPCS 模拟 PC、Cisco 路由器模拟 PC、把真实的 PC 连入 GNS3 网络拓扑以及 VMware 虚拟 PC 连入 GNS3 网络拓扑。

(1) VPCS 模拟 PC。由 VPCS 软件模拟，是一个 DOS 命令行下的 PC 模拟器，具有配置 IP 地址、PING、Tracert 和 DHCP 等基本功能，如图 1.27 所示。

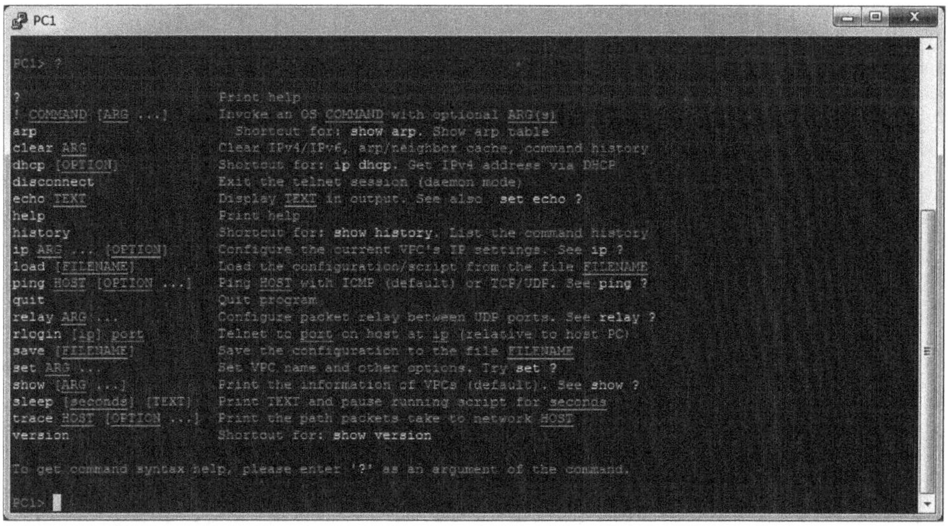

图 1.27　VPCS

用户可以单击 GNS3 软件主面板左侧的主机设备图标，找到 VPCS，拉入拓扑区即可。

(2) Cisco 路由器模拟 PC。如果需要 PC 具有某些 VPCS 不具备的功能，例如充当 Telnet 服务器或 Telnet 客户端，或者充当 Web 服务器等，都可以使用 Cisco 路由器模拟 PC。具体方法是首先拉入一台 Cisco 路由器 R1 进入网络拓扑，接着对 R1 路由器单击右键选择 Change symbol 选项，选择 Computer 图标，如图 1.28 和图 1.29 所示。

接着，修改 R1 名字为 PC2：单击图 1.30 的 Change hostname 菜单，修改为 PC2。

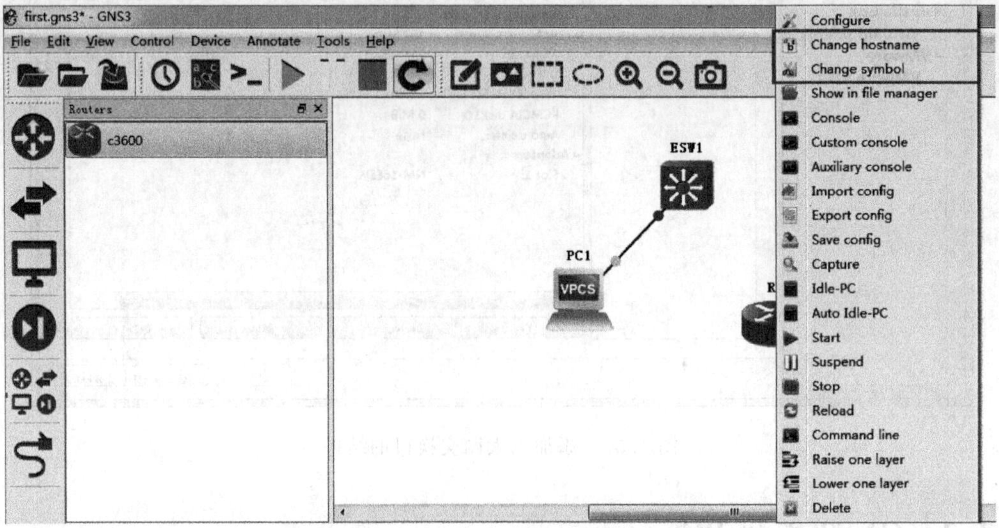

图 1.28　Cisco 路由器模拟 PC 步骤 1

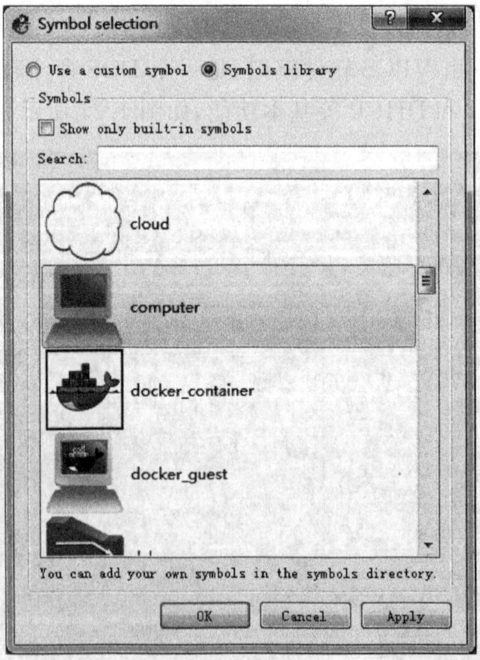

图 1.29　Cisco 路由器模拟 PC 步骤 2

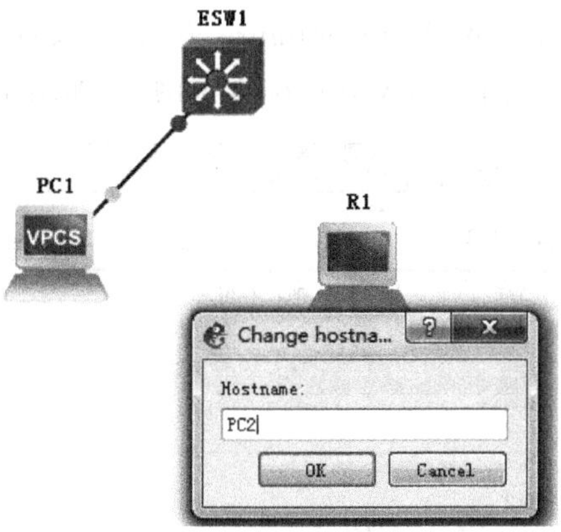

图 1.30　修改设备名称

最后，进入 PC 控制台，设置 IP 地址、默认网关，并且关闭掉路由器的路由功能即可。

```
!--- PC2 的配置
PC2 > enable
PC2 # configure terminal
Enter configuration commands, one per line. End with CNTL/Z.
PC2(config) # no ip routing
!--- 注意此处,配置 PC 的默认网关
PC2(config) # ip default - gateway A.B.C.D
PC2(config) # interface e0/0
PC2(config - if) # ip address A.B.C.D A.B.C.D
PC2(config - if) # no shutdown
PC2(config - if) # end
PC2 # write
```

(3) 把真实的 PC 连入 GNS3 网络拓扑。

首先，选择软件左侧的主机设备列表里的 Host 主机，如图 1.31“把真实的 PC 连入 GNS3 网络拓扑步骤 1”所示。

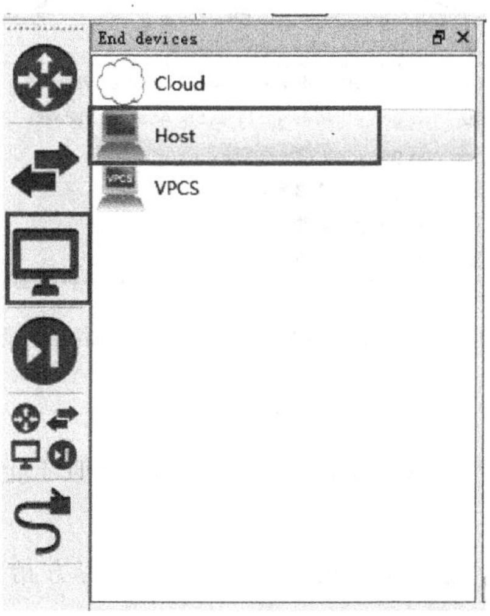

图 1.31　把真实的 PC 连入 GNS3 网络拓扑步骤 1

接着对拉入的 Host 单击右键选择 Configure 菜单，可以看到 Host 可以虚拟各种 PC，默认已经连入了各个真实物理网卡和 VMware 虚拟网卡，如图 1.32 所示。

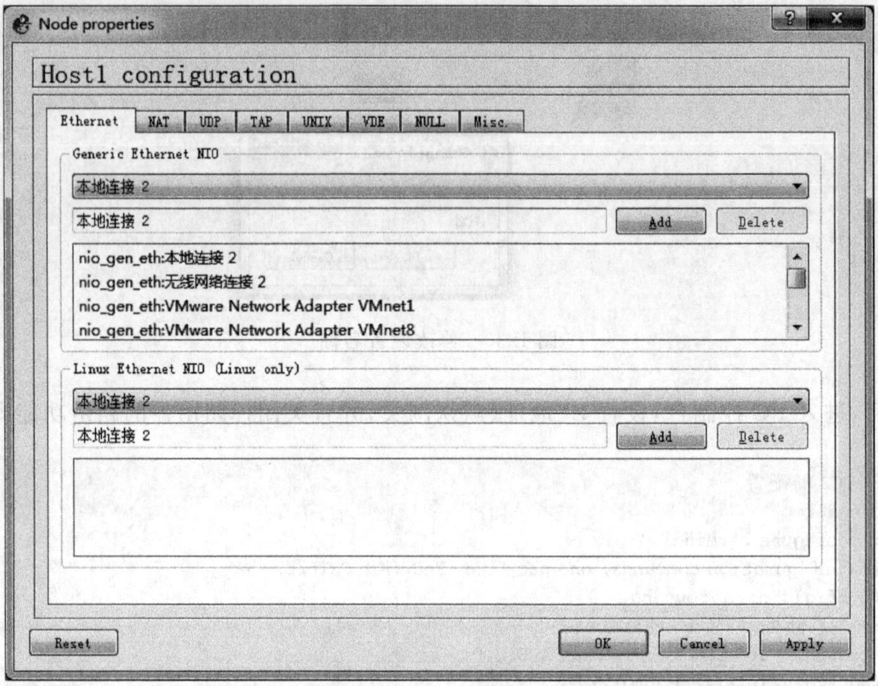

图 1.32　把真实的 PC 连入 GNS3 网络拓扑步骤 2

连接该主机的时候，选择对应的网卡名称，即可接入，如图 1.33 所示。

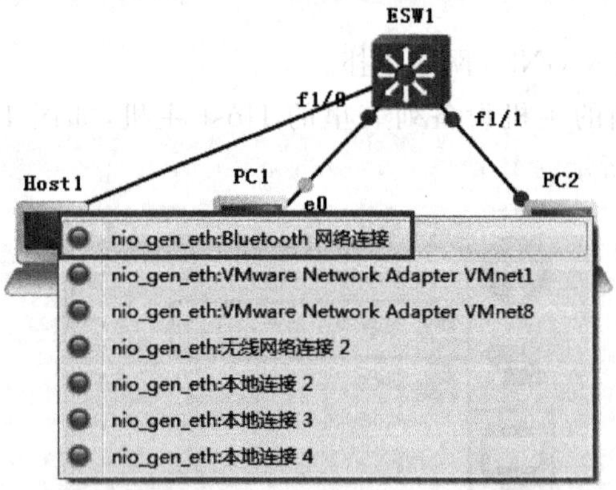

图 1.33　把真实的 PC 连入 GNS3 网络拓扑步骤 3

(4) 把 VMware 虚拟 PC 连入 GNS3 网络拓扑。

把 VMware 虚拟 PC 连入 GNS3 网络拓扑的方法类似于把真实的 PC 连入 GNS3 网络拓扑，在此不再赘述。

关于 GNS3 的更多使用方法，读者可以参考 GNS3 官方帮助文档 https://www.gns3.com/support/docs。

第2章 Cisco 设备基本配置实验

本章学习目标

- 掌握路由器各种操作模式；
- 掌握路由器基本配置命令；
- 掌握路由器各种密码管理；
- 掌握路由器接口管理；
- 掌握各种配置信息管理。

本章介绍路由器的操作模式、基本配置命令、密码管理、接口管理、配置信息管理等基础知识。

2.1 操作模式

2.1.1 理论知识与实验原理

网络操作系统(Internetwork Operating System，IOS)目前是 Cisco 设备的最主要网络操作系统，在 Cisco 交换机和路由器中普遍使用。Cisco IOS 系统是一项核心技术，它跨越大多数 Cisco 产品。根据使用它的联网设备的不同，Cisco IOS 系统的运行细节也有所差别。

Cisco IOS 系统的配置和管理都是以 CLI(Command Line Interface)接口的命令提示符方式进行的，就像 Windows 系统的 DOS 模式、Linux 和 UNIX 系统中的 Shell 模式一样。Cisco IOS 系统的 CLI 命令依据允许使用这些命令的不同用户级别和命令功能主要被分为 6 种不同的模式。

1. 用户模式

用户模式通常用来查看设备的状态。路由器初始化完成后，首先进入用户模式，在该模式下，用户只能运行少数的命令，而且不能对路由器进行配置。在没有进行任何配置的情况下，默认的路由器提示符为：

```
Router>
```

使用 logout 命令退出用户模式。

2. 特权模式

特权模式可以查看当前设备的大多数配置信息及其状态。若要进行命令参数配置，还需接着进入其他工作模式下。在用户模式“Router >”下输入 enable 命令可以进入特权配置模式，特权模式的默认提示符为：

```
Router#
```

使用 disable 命令退出到用户模式。

3. 全局配置模式

全局配置模式可以配置要应用到设备全局的参数。在特权模式“Router#”下输入 configure terminal（也可以简写为 conf t）命令可以进入全局配置模式。全局配置模式的默认提示符为：

```
Router(config)#
```

使用 exit 命令退出现在所处的配置模式，也可使用 end 或 Ctrl+Z 组合键命令退出到特权模式。

4. 接口配置模式

接口配置模式可以对设备接口（如以太网接口、串行接口或子接口等）进行配置。在全局配置模式“Router(config)#”下输入带有指定接口的 interface（也可以简写为 int）命令进入指定的接口。接口配置模式的默认提示符为：

```
Router(config-if)#
```

使用 exit 命令退出现在所处的配置模式，也可使用 end 或 Ctrl+Z 组合键命令退出到特权模式。

5. 线路配置模式

线路配置模式可以配置终端线路参数。在全局配置模式“Router(config)#”下输入带有线路号和线路类型选项的 line 命令进入控制台线路配置模式。线路配置模式的默认提示符为：

```
Router(config-line)#
```

使用 exit 命令退出现在所处的配置模式，也可使用 end 或 Ctrl+Z 组合键命令退出到特权模式。

6. VLAN 配置模式

VLAN 配置模式可以配置交换机的 VLAN 参数。在特权模式“Switch#”下输入 vlan database 命令进入 VLAN 数据库配置模式。VLAN 数据库配置模式的默认提示符为：

```
Switch(vlan)#
```

使用 apply 或 exit 命令退出 VLAN 数据库配置模式，以使配置生效。

VLAN 配置模式的相关命令讲解以及相关实验将在“3.2 划分虚拟局域网 VLAN”介绍。

2.1.2 相关命令讲解

1. logout

命令用于退出用户模式。该命令用于用户模式 Router>下。

命令使用示例：

```
Router> logout
```

该命令退出用户模式。

2. enable

命令用于从用户模式进入到特权模式。该命令用于用户模式 Router>下。

命令使用示例：

```
Router> enable
```

该命令从用户模式进入到特权模式。

3. disable

命令用于退出特权模式。该命令用于特权模式 Router#下。

命令使用示例：

```
Router# disable
```

该命令退出特权模式。

4. configure terminal

命令用于从特权模式进入到全局配置模式。该命令用于特权模式 Router#下。

命令使用示例：

```
Router# configure terminal
```

该命令从特权模式进入到全局配置模式。

5. interface [type] [module/port]

命令用于进入接口配置模式。其中的 type 参数用来指定接口的类型，module/port 参数用于指定接口的模块号和端口号。该命令用于全局配置模式 Router(config)#下。

命令使用示例：

1) Router(config)#interface fastEthernet 0/1

该命令进入接口 fastEthernet 0/1，实际上进入了快速以太网口的第 1 个模块的第 2 个端口(模块号和端口号是从 0 开始算起的)。

2) Router(config)#int f0/1

该命令进入接口 fastEthernet 0/1。

interface fastEthernet 0/1 命令一般可简写为 int f0/1。

如上两条命令效果是一样的。

6. line console 0

命令用于进入控制台接口线路配置模式。其中的 console 参数用于指定线路类型为 RS-232 DCE 控制台接口，用于与终端直接连接，通常只有一个 console 0 接口。该命令用于全局配置模式 Router(config)＃下。

命令使用示例：

```
Router(config)＃line console 0
```

该命令进入到控制台接口线路配置模式，使用的线路号为 0。

7. exit

命令用于退回到上一级的模式。该命令可用于全局配置模式 Router(config)＃下，或者接口配置模式 Router(config-if)＃下，或者线路配置模式 Router(config-line)＃下。

命令使用示例：

1) Route(config)＃exit

该命令退出全局配置模式返回到特权模式。

2) Route(config-if)＃exit

该命令退出接口配置模式返回到全局配置模式。

3) Route(config-line)＃exit

该命令退出线路配置模式返回到全局配置模式。

8. end(或按 Ctrl+Z 键)

命令用于结束配置直接退回到特权模式。该命令可用于全局配置模式 Router(config)＃下，或者接口配置模式 Router(config-if)＃下，或者线路配置模式 Router(config-line)＃下。

命令使用示例：

1) Route(config)＃end(或按 Ctrl+Z 键)

该命令退出全局配置模式返回到特权模式。

2) Route(config-if)＃end(或按 Ctrl+Z 键)

该命令退出接口配置模式返回到特权模式。

3) Route(config-line)＃end(或按 Ctrl+Z 键)

该命令退出线路配置模式返回到特权模式。

2.1.3 实验目的

(1) 了解 Cisco IOS 系统的 CLI 命令的操作模式；

(2) 掌握 CLI 命令的操作模式的配置方法；

(3) 掌握各种操作模式之间的切换和退出。

2.1.4 实验环境

图 2.1 路由器操作模式实验拓扑

在图 2.1 所示的实验拓扑中，Cisco 3640 路由器 Router，在 slot0 上插入一块 NM-1FE-TX 的 1 口 100 兆快速以太网卡。

2.1.5 实验步骤

(1) 进入、退出用户模式。

```
!---启动路由器 Router,默认进入用户模式
Router>                             !---用户模式提示符为"Router>"

!---从特权模式退出到用户模式
Router#disable                      !---用 disable 命令退出特权模式进入用户模式
Router>

!---退出用户模式
Router>logout                       !---用 logout 命令退出用户模式

Router con0 is now available

Press RETURN to get started.        !---按回车键重启路由器
```

(2) 进入、退出特权模式。

```
!---从用户模式进入特权模式
Router>enable
Router#                                !---特权模式提示符为"Router#"

!---退出特权模式
Router#disable                         !---用 disable 命令退出特权模式
Router>

Router#logout                          !---用 logout 命令退出特权模式

Router con0 is now available

Press RETURN to get started.           !---按回车键重启路由器
```

(3) 进入全局配置模式。

```
!---从特权模式进入全局配置模式
Router#configure terminal                !---命令可简写为: conf t
Enter configuration commands, one per line. End with CNTL/Z.
Router(config)#                          !---全局配置模式提示符为"Router(config)#"
```

(4) 进入接口配置模式。

```
!---从全局配置模式进入接口配置模式
Router(config)#interface f0/0  !---进入接口 f0/0,实际上进入了快速以太网口的第 1 个模块
的第 1 个端口(模块号和端口号是从 0 开始编号)
Router(config-if)#                     !---接口配置模式提示符为"Router(config-if)#"
```

(5) 进入控制台接口线路配置模式。

```
!--- 从全局配置模式进入控制台接口线路配置模式
Router(config)# line console 0        !--- 进入控制台接口线路配置模式
Router(config-line)#          !--- 控制台接口线路配置模式提示符为"Router(config-line)#"
```

(6) 从各种模式(全局配置模式、接口配置模式、线路配置模式)退出到特权模式。

```
!--- 方法一: 用 exit 命令逐级退出到特权模式
Router(config-if)# exit               !--- 从接口配置模式退出到全局配置模式
Router(config)# exit                  !--- 从全局配置模式退出到特权模式
Router#

Router(config-line)# exit             !--- 从线路配置模式退出到全局配置模式
Router(config)# exit                  !--- 从全局配置模式退出到特权模式
Router#

!--- 方法二: 用 end 命令直接退出到特权模式
Router(config)# end                   !--- 从全局配置模式退出到特权模式
Router#

Router(config-if)# end                !--- 从接口配置模式退出到特权模式
Router#

Router(config-line)# end              !--- 从线路配置模式退出到特权模式
Router#

!--- 方法三: 按 Ctrl+Z 键直接退出到特权模式
Router(config)#^Z                     !--- 从全局配置模式退出到特权模式
Router#

Router(config-if)#^Z                  !--- 从接口配置模式退出到特权模式
Router#

Router(config-line)#^Z                !--- 从线路配置模式退出到特权模式
Router#
```

2.2 基本配置

2.2.1 理论知识与实验原理

1. 路由器名称

配置路由器的第一件事就是配置命令行提示符(对路由器命名)。这有助于网络管理,能够唯一地标识网络中的每台路由器,命令格式为 hostname name。

2. 设置时间

设置路由器当前日期和时钟。多数 Cisco 设备没有内部时钟,路由器在断电后不能继续计时，因此在需要严格获取绝对时间的应用环境中，必须设定路由器的当前日期和时钟。

3. 路由器登录信息

可以配置路由器在用户登录时显示一些重要信息，例如警告他人不得擅自闯入或提示注意事项。

4. 常用快捷键及编辑命令

在 CLI 下，使用者可以对命令进行编辑，表 2.1 是常用的快捷键及编辑命令。

表 2.1　常用快捷键及编辑命令

命　　令	命令功能	常用程度
?	调用帮助	★★★★★
【Tab】	补全键	★★★★★
【Ctrl+C】	强制中断退出	★★★★★
【Ctrl+Z】	直接回到特权模式	★
【Ctrl+Shift+6】	停止当前进行的进程	★★★★
【Ctrl+Shift+6+x】	telnet 用户切换	★
【Ctrl+A】	移动光标到命令行开头	★★★★★
【Ctrl+E】	移动光标到命令行末尾	★
【Ctrl+P】或【↑】(向上箭头)	重用前一条命令	★★★★★
【Ctrl+N】或【↓】(向下箭头)	重用下一条命令	★★★★★
【Esc+F】	光标前移一个词	★
【Esc+B】	光标后移一个词	★
【Ctrl+F】	光标前移一个字母	★
【Ctrl+B】	光标后移一个字母	★

对于长度超过屏幕上单行长度的命令，CLI 提供了自动换行的功能。“$”表明命令行进行了左移。

2.2.2　相关命令讲解

1. hostname name

命令用于设置路由器的名称。其中的 name 参数用于指定路由器的名称。该命令用于全局配置模式 Router(config)#下。

命令使用示例：

```
Router(config)#hostname R1
R1(config)#
```

该命令设置路由器的名称为 R1，设置后立即生效。

2. clock set hh:mm:ss day month year

命令用于设置路由器当前日期和时钟。其中的 hh:mm:ss 参数用于指定当前时钟，hh 范围为 1～24，mm 和 ss 范围为 1～60；day 参数用于指定当前日，day 范围为 1～31；month 参数用于指定当前月；year 参数用于指定当前年，year 范围为 1993～2035。该命令用于特权模式 Router#下。

命令使用示例：

```
Router#clock set 10:54:00 26 July 2016
```

该命令设置路由器当前日期和时钟为 2016 年 7 月 26 日 10:54:00。

3. show clock

命令用于查看路由器当前日期和时钟。该命令用于特权模式 Router#下。

命令使用示例：

```
Router#show clock
10:54:04.351 UTC Tue Jul 26 2016
```

该命令查看路由器当前日期和时钟为 2016 年 7 月 26 日星期二 10:54:04。

4. banner motd $ Enter TEXT message $

命令用于配置路由器在用户登录时显示一些重要信息。其中的“$ Enter TEXT message $”参数用于设置显示的信息，信息的开头和结尾要使用定界符“$”，定界符中间为要显示的内容。该命令用于全局配置模式 Router(config)#下。

命令使用示例：

```
Router(config)#banner motd $ welcomes to you $
```

该命令配置路由器在用户登录时显示信息“welcomes to you”。配置完毕，用户退出后再重新登录路由器即可看到此信息。

2.2.3 实验目的

(1) 掌握路由器名称、时间以及登录信息等的基本配置方法；

(2) 掌握 CLI 常用的快捷键及编辑命令。

2.2.4 实验环境

图 2.2 路由器基本配置实验拓扑

在图 2.2 所示的实验拓扑中，Cisco 3640 路由器 Router，在 slot0 上插入一块 NM-1FE-TX 的 1 口 100 兆快速以太网卡。

2.2.5 实验步骤

(1) 配置路由器名称。

```
Router#conf t                    !--- 进入全局配置模式
Router(config)#hostname R1       !--- 设置路由器的名称为 R1
R1(config)#                      !--- 设置后立即生效，路由器名称已修改为 R1
```

(2) 设置路由器当前日期和时钟。

```
R1(config)#exit                  !--- 退出到全局配置模式
R1#clock set 10:54:00 26 July 2016
```

```
!--- 设置路由器当前日期和时钟为 2016 年 7 月 26 日 10:54:00

R1#show clock         !--- 查看路由器当前日期和时钟
10:54:04.351 UTC Tue Jul 26 2016
!--- 显示路由器当前日期和时钟为 2016 年 7 月 26 日星期二 10:54:04
```

(3) 配置路由器在用户登录时显示一些重要信息。

```
R1#conf t                          !--- 进入全局配置模式
R1(config)#banner motd $ welcomes to you $
!--- 配置路由器在用户登录时显示信息"welcomes to you"。
R1(config)#exit                    !--- 退出到全局配置模式
R1#logout                          !--- 退出路由器

R1 con0 is now available

Press RETURN to get started.       !--- 按回车键重启路由器

 welcomes to you                   !--- 用户退出再重新登录路由器即可看到设置的信息
R1#
```

(4) 常用快捷键及编辑命令。

```
R1#?!--- 列出该模式下提供的所有命令集及其功能
Exec commands:
  access-enable     Create a temporary Access-List entry
  access-profile    Apply user-profile to interface
  access-template   Create a temporary Access-List entry
  archive           manage archive files
  bfe               For manual emergency modes setting
  cd                Change current directory
  clear             Reset functions
  clock             Manage the system clock
  cns               CNS agents
 --More--
!---"--More--"表示屏幕命令还未显示完,此时可按"回车键(Enter)"或者"空格键"显示余下的
命令。键入"回车键",表示屏幕向下显示一行,键入"空格键"表示屏幕向下显示一屏。

R1#conf【Tab】t【Tab】          !--- 输入 conf 按下 Tab 键即可补全,输入 t 按下 Tab 键补全
R1#configure terminal
R1(config)#【Ctrl+C】           !--- 按下组合键【Ctrl+C】强行中断退出,可使其退回特权模式
R1#
R1#configure terminal           !--- 打开编辑功能,默认是打开的。命令写完后不要回车,用上下左
右光标键试试移动光标,或用表 2.1 中编辑键移动光标,观察移动情况
```

2.3 密码管理

2.3.1 理论知识与实验原理

在进行路由器配置的时候通常需要设置密码来限制一般用户的访问。这对于路由器是

非常重要的，在默认的情况下，路由器是一个开放的系统，访问控制选项都是关闭的，任一用户都可以登录到设备从而进行更进一步的攻击，因此，需要配置密码来限制非授权用户通过直接的连接、Console 终端和虚拟终端来访问设备。

1. 特权模式密码

设置特权模式密码可以限制非授权用户从用户模式进入特权模式。有两种特权模式密码：一种是明文密码，命令格式为 enable password，当用这一命令设置特权模式密码后，密码在配置文件中是以明文方式显示的，这不是很安全的；另一种是密文密码，其优先于明文密码，命令格式为 enable secret，其作用和 enable password 在表面上是一样的，但是密码经过了 MD5 的加密，在路由器配置文件中是无法看到的。

2. 控制台密码

用户模式下的权限虽小，但是毕竟也会造成安全威胁，也需要进行保护。通过设置控制台密码可以限制非授权用户通过 Console 终端进入用户模式访问路由器。

3. 虚拟终端密码

一台 24 口的路由器可以提供 24 个真正的接口，即实接口。同时，根据需要(使用模拟实验等)还可以在这些路由器(或交换机)上虚拟出一些接口，将虚拟出来的这些接口就称为虚拟终端或虚拟终端接口(Virtual Teletype Terminal，VTY)。Cisco 的交换机和路由器一般最多支持 vty0～vty4 这 5 个虚拟终端。从虚拟终端可以远程 Telnet 对路由器进行配置，为了安全起见，需要设置虚拟终端密码，同时路由器会要求设置特权模式密码，如果没有设置特权模式密码将无法用 Telnet 方式进入到特权模式。

虚拟终端密码的相关验证实验将在“2.5 配置信息管理”介绍。

4. 密码加密

为了防止通过查看路由器配置文件查看到文本密码，可以对配置文件中的所有密码进行加密显示。命令格式为 service password-encryption。需要注意的是这个命令是不可逆的，也就是说你用 no service password-encryption 命令后，那些已加密的密码还是不可见的，只能重新设置密码。

2.3.2 相关命令讲解

1. enable password password

命令用于设置从用户模式进入特权模式的明文密码。其中的 password 参数用于指定明文密码。可用 no enable password 命令取消设置的特权模式的明文密码。该命令用于全局配置模式 Router(config)#下。

命令使用示例：

```
Router(config)#enable password cisco
```

该命令设置从用户模式进入特权模式的明文密码为 cisco。

2. enable secret password

命令用于设置从用户模式进入特权模式的密文密码。其中的 password 参数用于指定密文密码。可用 no enable secret 命令取消设置的特权模式的密文密码。该命令用于全局配置模式 Router(config)#下。

命令使用示例：

```
Router(config)#enable secret 123456
```

该命令设置从用户模式进入特权模式的密文密码为123456。

3. line vty 0 4

命令用于进入虚拟终端线路配置模式。其中的vty参数用于指定线路类型为用于远程访问的虚拟终端线路；其中“0 4”参数定义了可以同时进行5个虚拟终端会话(0、1、2、3、4)。该命令用于全局配置模式Router(config)#下。

命令使用示例：

```
Router(config)#line vty 0 4
```

该命令进入虚拟终端线路配置模式，可以同时进行5个虚拟终端会话。

4. password password

命令用于设置通过控制台接口线路访问路由器或者通过虚拟终端线路Telnet远程登录访问路由器时的密码。其中的password参数用于指定密码。可用no password命令取消设置的控制台接口密码或虚拟终端线路密码。该命令用于线路配置模式Router(config-line)#下。

命令使用示例：

1) Router(config)#line console 0

```
Router(config-line)#password 654321
```

该命令设置通过控制台接口线路访问路由器时的密码为654321。

2) Router(config)#line vty 0 4

```
Router(config-line)#password 54321
```

该命令设置通过虚拟终端线路Telnet远程登录访问路由器时的密码为54321。

5. login

命令用于设置line线路(包括console、vty接口)启用登录口令检查。可用no login命令关闭口令检查。该命令用于线路配置模式Router(config-line)#下。

命令使用示例：

1) Router(config)#line console 0

```
Router(config-line)#password 12345
Router(config-line)#login
```

该命令配置console线路启用登录口令检查。

2) Router(config)#line vty 0 4

```
Router(config-line)#password 54321
Router(config-line)#login
```

该命令配置远程登录(即 Telnet)时启用登录口令检查。

6. service password-encryption

命令用于对所有密码加密显示,防止通过查看路由器配置文件查看到文本密码。可用 no service password-encryption 命令取消对所有密码的加密。该命令用于全局配置模式 Router(config)#下。

命令使用示例:

```
Router(config)#service password-encryption
```

该命令对所有密码加密显示。

7. show running-config

命令用于查看路由器运行时的配置文件。该命令用于特权模式 Router#下。

命令使用示例:

```
Router#show running-config
```

该命令查看路由器运行时的配置文件。

2.3.3 实验目的

(1) 掌握路由器各种密码的配置方法;

(2) 掌握对路由器各种密码配置的检查与测试。

2.3.4 实验环境

在图 2.3 所示的实验拓扑中,Cisco 3640 路由器 Router,在 slot0 上插入一块 NM-1FE-TX 的 1 口 100 兆快速以太网卡。

图 2.3 路由器密码管理实验拓扑

2.3.5 实验步骤

(1) 设置特权模式明文密码。

```
Router#conf t                              !--- 进入全局配置模式
Router(config)#enable password cisco       !--- 设置特权模式明文密码为 cisco
Router(config)#exit                        !--- 退出全局配置模式
Router#disable                             !--- 退出特权模式
Router>enable                              !--- 进入特权模式
password:                                  !--- 键入明文密码 cisco,回车
Router#
```

(2) 设置特权模式密文密码。

```
Router#conf t                              !--- 进入全局配置模式
Router(config)#enable secret 111111        !--- 设置特权模式密文密码为 111111
Router(config)#exit                        !--- 退出全局配置模式
Router#disable                             !--- 退出特权模式
```

```
Router>enable      !--- 进入特权模式
password:          !--- 键入密文密码 111111,回车。由于密文密码优先于明文密码,因此进入特权模式时的密码将为密文密码 111111
Router#
```

(3) 设置控制台密码。

```
Router#conf t                             !--- 进入全局配置模式
Router(config)#line console 0             !--- 进入控制台接口线路配置模式
Router(config-line)#password 222222       !--- 设置控制台密码为 222222
Router(config-line)#login                 !--- 配置 console 线路启用登录口令检查
Router(config-line)#end                   !--- 直接退出到特权模式
Router#logout                             !--- 退出用户模式

Router con0 is now available

Press RETURN to get started.              !--- 按回车键重启路由器

User Access Verification
Password:                                 !--- 键入密文密码 222222,回车。
Router>enable                             !--- 进入特权模式
password:                                 !--- 键入密文密码 111111,回车。
Router#
```

(4) 设置虚拟终端密码。

```
Router#conf t                             !--- 进入全局配置模式
Router(config)#line vty 0 4               !--- 进入虚拟终端线路配置模式
Router(config-line)#password 333333       !--- 配置 vty 密码为 333333
Router(config-line)#login                 !--- 配置远程登录(即 Telnet)时启用登录口令检查
Router(config-line)#end                   !--- 直接退出到特权模式
Router#
```

(5) 使用 show running-config 命令查看当前设置的密码。

```
Router#show running-config
Building configuration...
...
no service password-encryption                        !--- 未启用密码加密
...
!
enable secret 5 $1$2Hqa$cEWovryM0Qx47nAQpSw5N.        !--- 显示加密后的特权密码
enable password cisco                                 !--- 显示明文的特权密码
!
!
line con 0
 exec-timeout 0 0
 privilege level 15
 password 222222                                      !--- 显示 console 口密码
```

```
logging synchronous
 login
line aux 0
 exec - timeout 0 0
 privilege level 15
 logging synchronous
line vty 0 4
 password 333333                                 ! --- 显示 vty 线路密码
 login
!
end
```

(6) 对所有密码进行加密处理。

```
Router # conf t                                  ! --- 进入全局配置模式
Router(config) # service password - encryption   ! --- 对所有密码加密
Router(config) # exit                            ! --- 退出全局配置模式
Router #
```

(7) 使用 show running-config 命令查看加密后的密码。

```
Router # show running - config
Building configuration...
...
service password - encryption                    ! --- 启用密码加密
...
!
enable secret 5  $ 1 $ 2Hqa $ cEWovryM0Qx47nAQpSw5N.  ! --- 显示加密后的特权密码
enable password 7 01100F175804                   ! --- 显示加密后的明文特权密码
!
!
line con 0
 exec - timeout 0 0
 privilege level 15
 password 7 00564154560959                       ! --- 显示加密后的 console 口密码
 logging synchronous
 login
line aux 0
 exec - timeout 0 0
 privilege level 15
 logging synchronous
line vty 0 4
 password 7 040858555C721F                       ! --- 显示加密后的 vty 线路密码
 login
!
end
```

(8) 取消对所有密码的加密，并使用 show running-config 命令进行查看。

```
Router#conf t                                      !--- 进入全局配置模式
Router(config)#no service password-encryption      !--- 取消对所有密码的加密
Router(config)#exit                                !--- 退出全局配置模式
Router#show running-config                         !--- 查看取消所有密码加密后的密码
Building configuration...
...
no service password-encryption                     !--- 未启用密码加密
...
!
enable secret 5 $1$2Hqa$cEWovryM0Qx47nAQpSw5N.     !--- 显示加密后的特权密码
enable password 7 01100F175804                     !--- 显示加密后的明文特权密码
!
!
line con 0
 exec-timeout 0 0
 privilege level 15
 password 7 00564154560959                         !--- 显示加密后的 console 口密码
 logging synchronous
 login
line aux 0
 exec-timeout 0 0
 privilege level 15
 logging synchronous
line vty 0 4
 password 7 040858555C721F                         !--- 显示加密后的 vty 线路密码
 login
!
end
```

我们看到，这个命令是不可逆的，也就是说使用 no service password-encryption 命令后，那些已加密的密码还是不可见的，只能重新设置密码。

(9) 取消密码，并再次使用 show running-config 命令进行查看。

```
Router#conf t                            !--- 进入全局配置模式
Router(config)#no enable password        !--- 取消特权模式明文密码
Router(config)#no enable secret          !--- 取消特权模式密文密码
Router(config)#line console 0
Router(config-line)#no password          !--- 取消 console 口密码
Router(config-line)#exit
Router(config)#
Router(config)#line vty 0 4
Router(config-line)#no password          !--- 取消 vty 线路密码
Router(config-line)#end
Router#show running-config
Building configuration...
...
no service password-encryption           !--- 未启用密码加密
```

```
…
!
line con 0
 exec - timeout 0 0
 privilege level 15
 logging synchronous
 login
line aux 0
 exec - timeout 0 0
 privilege level 15
 logging synchronous
line vty 0 4
 login
!
end
```

我们看到,所有密码均被取消了。

2.4 接口管理

2.4.1 理论知识与实验原理

路由器的配置和管理,最基本和最主要的就是各个接口的配置和管理,下面主要介绍路由器接口、双工模式、接口速率和接口的 IP 地址配置等内容。

1. 接口

接口(Interface)用于网络连接,路由器就是通过这些接口和不同的网络进行连接的。路由器的接口主要分为以下几种:

(1) 串行接口:一般用来进行广域网连接;

(2) 以太网接口:一般用来进行本地局域网连接;

(3) 控制台(console)接口:用于连接控制台,进行本地配置。

(4) 辅助接口(AUX):通常是用来连接 Modem,以便于远程对路由器进行配置。

默认情况下,Cisco 路由器的接口是处于关闭状态的,可用 no shutdown 命令启用接口。

2. 双工模式

Cisco 路由器的接口主要有三种双工模式:全双工模式、半双工模式和自动协商模式。默认采用自动协商的工作模式。如果希望路由器的某个接口向外发送数据包的同时也可以接受来自外面的数据包,那么此时可以考虑将该路由器的接口的双工模式设置成全双工模式;如果仅仅希望某个接口在某一时刻只能接收来自外面的数据包或向外发送数据包时,那么可以将该接口的双工模式设置成半双工模式;当然也可以将接口设置成自动协商模式,这时该接口的双工模式由本地接口和对方接口协商而定。

如果线路两端支持协商,建议采用默认的自动协商模式。如果一个接口支持自动协商,而另一个接口不支持,则需要在双方配置双工模式和速率,不使用自动协商。两端要配置相同的设置。例如,两端同时设置为自动协商,或者同时手动配置,不能采用混合设置模式。

3. 接口速率

Cisco 路由器的接口主要支持四种速率：10Mb/s、100Mb/s、1000Mb/s 和自动协商(auto)。默认采用自动协商的速率。在设置接口速率时，可先在接口配置模式下使用"speed ?"命令查看该接口可以支持的速率类型。如果设置速率为 auto，则速率和双工模式均为自动协商，这时不能改变自动协商接口的双工模式。

4. 接口 IP 地址

路由器的接口基本上都用来连接网络的三层接口，因此需要为各路由器接口配置 IP 地址，以建立与一个网络的连接。命令格式为 ip address ip-address net mask。

2.4.2 相关命令讲解

1. shutdown

命令用于关闭接口。可用 no shutdown 命令启用接口。该命令用于接口配置模式 Router(config-if)#下。

命令使用示例：

```
Router(config)#interface fastEthernet 0/0
Router(config-if)#shutdown
```

该命令关闭接口 f0/0。

2. duplex {auto | full | half }

命令用于设置接口的双工模式。其中的 auto 参数用于指定自动协商模式，三选一选项；full 参数用于指定全双工模式，三选一选项；half 参数用于指定半双工模式，三选一选项。可用 no duplex 命令恢复默认的双工模式。该命令用于全局配置模式 Router(config)#下。

命令使用示例：

```
Router(config)#duplex full
```

该命令设置接口的工作模式为全双工模式。

3. speed nspeed

命令用于设置接口的速率。其中的 nspeed 参数用于指定接口的速率，可以取值为 10、100、1000 或 auto。10 代表速率为 10Mb/s，100 代表速率为 100Mb/s，1000 代表速率为 1000Mb/s，auto 代表速率为自动协商。可用 no speed 命令恢复默认的速率。该命令用于接口配置模式 Router(config-if)#下。

命令使用示例：

```
Router(config-if)#speed 10
```

该命令设置接口的速率为 10Mb/s。

4. ip address ip-address netmask

命令用于配置路由器接口的 IP 地址和子网掩码。其中的 ip-address 参数用来指定路由器接口的 IP 地址，参数 netmask 用来指定配置的 IP 地址所对应的子网掩码。该命令用于接口配置模式 Router(config-if)#下。

命令使用示例：

```
Router(config)# interface fastEthernet 0/0
Router(config-if)# ip address 192.168.1.1 255.255.255.0
```

该命令配置路由器接口 f0/0 的 IP 地址为 192.168.1.1，子网掩码为 255.255.255.0。

5. show interface [ninterface]

命令用于查看路由器接口的状态、IP 地址等信息。其中的 ninterface 参数用来指定接口号，可选选项，如不指定，则显示路由器所有接口的信息。该命令用于特权模式 Router#下。

命令使用示例：

```
Router# show interfacef0/0
```

该命令显示路由器接口 f0/0 的状态、IP 地址等信息。

2.4.3 实验目的

(1) 掌握路由器接口的基本配置方法；

(2) 掌握对路由器接口基本配置的检查与测试。

2.4.4 实验环境

图 2.4 路由器接口管理实验拓扑

在图 2.4 所示的实验拓扑中，Cisco 3640 路由器 Router，在 slot0 上插入一块 NM-1FE-TX 的 1 口 100 兆快速以太网卡。

2.4.5 实验步骤

(1) 使用 show running-config 查看路由器接口的默认配置。

```
Router# show running-config
Building configuration...
...
!
interface FastEthernet0/0
 no ip address              !--- 默认未配置 IP 地址
 shutdown                   !--- 默认处于关闭状态
 duplex auto                !--- 默认采用自动协商双工模式
 speed auto                 !--- 默认采用自动协商接口速率
!
...
```

(2) 启用接口 f0/0，查看并配置接口速率。

```
Router# conf t                          !--- 进入全局配置模式
Router(config)# int f0/0                !--- 进入接口 f0/0
Router(config-if)# no shutdown          !--- 开启接口
Router(config-if)# speed ?              !--- 查看接口可以支持速率类型
```

```
  10    Force 10 Mb/s operation
  100   Force 100 Mb/s operation
  auto Enable AUTO speed configuration
!--- 接口支持 10Mb/s、100Mb/s 和 auto 自动协商三种速率
Router(config-if)#speed 10          !--- 配置 f0/0 接口速率为 10Mb/s
Router(config-if)#exit
Router(config)#
```

(3) 配置接口 f0/0 的双工模式。

```
Router(config)#int f0/0                !--- 进入接口 f0/0
Router(config-if)#duplex full          !--- 配置接口 f0/0 的工作模式为全双工模式
Router(config-if)#exit
Router(config)#
```

(4) 配置接口 f0/0 的 IP 地址。

```
Router(config)#int f0/0                  !--- 进入接口 f0/0
Router(config-if)#ip address 192.168.1.1 255.255.255.0
!--- 配置接口 f0/0 的 IP 地址和子网掩码分别为 192.168.1.1 和 255.255.255.0
Router(config-if)#end
Router#
```

(5) 分别使用 show running-config 和 show interface f0/0 命令查看接口 f0/0 的状态和 IP 地址等信息。

```
Router#show running-config
Building configuration...
...
!
interface FastEthernet0/0
 ip address 192.168.1.1 255.255.255.0
!--- 配置 IP 地址和子网掩码分别为 192.168.1.1 和 255.255.255.0
 speed 10                                      !--- 配置 f0/0 接口速率为 10Mb/s
 full-duplex                                   !--- 配置 f0/0 的工作模式为全双工模式
!
...
Router#show interface f0/0
FastEthernet0/0 is up, line protocol is up   !--- 接口处于开启状态
  Hardware is AmdFE, address is cc01.1cc8.0000 (bia cc01.1cc8.0000)
  Internet address is 192.168.1.1/24
!--- 配置的 IP 地址和子网掩码分别为 192.168.1.1 和 255.255.255.0
  MTU 1500 bytes, BW 100000 kbit, DLY 100 usec,
     reliability 255/255, txload 1/255, rxload 1/255
  Encapsulation ARPA, loopback not set
  Keepalive set (10 sec)
  Full-duplex, 10Mb/s, 100BaseTX/FX   !--- f0/0 的工作模式为全双工模式，接口速率为 10Mb/s
  ...
```

2.5 配置信息管理

2.5.1 理论知识与实验原理

1. 保存、加载配置

如果对路由器配置完毕后立即关掉并再次开启，你将不得不对路由器进行重新配置，因为运行时配置(running configuration)不会保存到任何可存储介质。如果要保存运行时配置，在特权模式下运行命令 copy running-config startup-config 可将运行时的配置保存到非挥发性随机存储器 NVRAM(Non-Volatile Random Access Memory)中。其中的 running-config 参数是即时配置过的运行文件，存储在动态随机存取存储器 DRAM(Dynamic Random Access Memory)中，断电后全部丢失；startup-config 参数是开机时运行的配置文件，保存在 NVRAM 中，断电后仍能保存。开机后如果没有再改动配置，那么 running-config 即为 startup-config 的完整拷贝，两者一模一样；如果改动过配置，则两者不一样。路由器工作时是按照 running-config 运行；而 startup-config 起到保存文件的作用，以便下次开机时被读取。用户也可以使用 write 命令将路由器运行时配置信息写入内存，网络或终端。

2. PING 命令

PING 命令可以测试主机或节点之间的连通性。PING 命令可能获得不同的响应，主要的 PING 结果及含义如表 2.2 所示。

表 2.2 PING 结果及含义

结　果	含　义	常用程度
!	成功接收、回送应答	★★★
.	等待数据包应答超时	★★★
U	目标不可达	★★
Q	白抑制数据源(目标太忙)	★
M	不能对数据分段	★
?	未知数据包类型	★
&	数据包生存时间(TTL)超时	★

扩展 PING 命令为用户提供了自定义参数的能力。在特权模式下，可以使用 PING 的扩展模式。用不带参数的 PING 命令可以进入扩展模式。

3. VPCS

VPCS 是一个 DOS 命令行下的 PC 模拟器，具有配置 IP 地址、PING、Tracert 和 DHCP 等基本功能。VPCS 模拟 PC 的方法参见第 1.3.3 节，这里不再赘述。

在 VPCS 下对 PC 进行配置后，关闭 VPCS 再重新打开，PC 的配置信息就丢失了。如果要保存成功的 PC 配置，可运行 save 命令进行保存。PC 的配置信息将默认保存在“工程项目\VPCS\对应主机\startup.vpc”文件中。PC 重新打开后，会自动加载 startup.vpc 文件中的配置信息。

2.5.2 相关命令讲解

1. show version

命令用于查看路由器的版本信息。该命令用于特权模式 Router#下。

命令使用示例：

```
Router# show version
```

该命令查看路由器的版本信息。

2. show flash

命令用于查看 FLASH 中 IOS 的信息。该命令用于特权模式 Router#下。

命令使用示例：

```
Router# show flash
```

该命令查看 FLASH 中 IOS 的信息。

3. ip address ip-address netmask

命令用于配置路由器模拟的 PC 的 IP 地址和子网掩码。其中的 ip-address 参数用来指定路由器模拟的 PC 的 IP 地址；参数 netmask 用来指定配置的 IP 地址所对应的子网掩码。该命令用于接口配置模式 PC(config-if)#下。

命令使用示例：

```
PC(config)# interface fastEthernet 0/0
PC(config-if)# ip address 192.168.66.1 255.255.255.0
```

该命令配置路由器模拟的 PC 的 IP 地址为 192.168.66.1，子网掩码为 255.255.255.0。

4. ip default-gateway gateway

命令用于配置路由器模拟的 PC 的默认网关。其中的 gateway 参数用来指定网关。该命令用于全局配置模式 PC(config)#下。

命令使用示例：

```
PC(config)# ip default-gateway 192.168.66.10
```

该命令配置路由器模拟的 PC 的默认网关为 192.168.66.10。

5. no ip routing

命令用于在路由器模拟的 PC 上关闭路由功能，使得该 PC 不具备路由功能。该命令用于全局配置模式 PC(config)#下。

命令使用示例：

```
PC(config)# no ip routing
```

该命令关闭 PC 的路由功能。

6. ping ip-address

命令用于测试主机或节点之间的连通性。其中的 ip-address 参数用于指定目标主机或节点的 IP 地址。该命令用于特权模式 Router#下或者 VPCS 模拟的 PC 配置模式 PC>下。

命令使用示例：

1) Router#ping 192.16.1.1

该命令测试当前路由器与 IP 地址为 192.16.1.1 的主机或节点的连通性。

2) PC>ping 192.16.1.1

该命令测试当前主机与 IP 地址为 192.16.1.1 的主机或节点的连通性。

7. PING

命令用于进入 PING 命令扩展模式。该命令用于特权模式 Router#下或者 VPCS 模拟的 PC 配置模式 PC>下。

命令使用示例：

1) Router#ping

该命令表示在路由器上进入 PING 命令扩展模式。

2) PC>ping

该命令表示在 PC 上进入 PING 命令扩展模式。

8. ip ip-address[gateway][netmask]

命令用于配置 VPCS 模拟的 PC 的 IP 地址、子网掩码和网关。其中的 ip-address 参数用来指定 VPCS 模拟的 PC 的 IP 地址；参数 net mask 用来指定配置的 IP 地址所对应的子网掩码；参数 gateway 用来指定 VPCS 模拟的 PC 的网关。该命令用于 VPCS 模拟的 PC 配置模式 PC>下。

命令使用示例：

1) PC>ip 192.168.1.1 255.255.255.0

该命令配置 VPCS 模拟的 PC 的 IP 地址为 192.168.1.1，子网掩码为 255.255.255.0。

2) PC>ip 192.168.1.1 24

该命令配置 VPCS 模拟的 PC 的 IP 地址为 192.168.1.1，网络前缀为 24。

3) PC>ip 192.168.1.1 /24

该命令配置 VPCS 模拟的 PC 的 IP 地址为 192.168.1.1，网络前缀为 24。

4) PC>ip 192.168.1.1

该命令配置 VPCS 模拟的 PC 的 IP 地址为 192.168.1.1，子网掩码为标准 IP 类型对应的子网掩码，这里由于 IP 地址属于 C 类，因此默认子网掩码为 255.255.255.0。

如上 4 条命令效果是一样的。

5) PC>ip 192.168.1.1 192.168.1.10 24

该命令配置 VPCS 模拟的 PC 的 IP 地址为 192.168.1.1，网络前缀为 24，网关为 192.168.1.10。

9. show

命令用于查看 VPCS 模拟的 PC 的 IP 地址、子网掩码和网关等配置信息。该命令用于 VPCS 模拟的 PC 配置模式 PC>下。

命令使用示例：

```
PC>show
```

该命令查看 VPCS 模拟的 PC 的配置信息。

10. save [filename]

命令用于将 VPCS 模拟的 PC 的配置信息保存到指定目录文件中，文件默认保存在“工程项目\VPCS\对应主机\”目录下。其中的 filename 参数用于指定目录文件名，省略则以默认文件名 startup.vpc 保存在“工程项目\VPCS\对应主机\”目录下。该命令用于 VPCS 模拟的 PC 配置模式 PC>下。

命令使用示例：

1）PC>save

该命令将 PC 当前的配置信息保存到“工程项目\VPCS\对应主机\startup.vpc”文件中。

2）PC>save PC1

该命令将 PC 当前的配置信息保存到“工程项目\VPCS\对应主机\PC1.vpc”文件中。

3）PC>save d:\PC1

该命令将 PC 当前的配置信息保存到“d:\PC1.vpc”文件中。

11. load [filename]

命令用于将 VPCS 模拟的 PC 的配置信息加载到正在运行的 PC 的配置文件中。其中的 filename 参数用于指定需要加载的配置文件的目录文件名，省略则加载保存在“工程项目\VPCS\对应主机\”目录下的默认文件 startup.vpc。该命令用于 VPCS 模拟的 PC 配置模式 PC>下。

命令使用示例：

1）PC>load

该命令将“工程项目\VPCS\对应主机\”目录下的 startup.vpc 文件中的配置信息加载到 PC 当前的配置文件中。

2）PC>load PC1

该命令将“工程项目\VPCS\对应主机\”目录下的 PC1.vpc 文件中的配置信息加载到 PC 当前的配置文件中。

3）PC>load d:\PC1

该命令将“d:\”目录下的 PC1.vpc 文件中的配置信息加载到 PC 当前的配置文件中。

12. write

命令用于将路由器运行时配置信息写入内存、网络或终端。该命令用于特权模式 Router#下。

命令使用示例：

```
Router#write
```

该命令将路由器运行时配置信息写入内存、网络或终端。

13. copy startup-config running-config

命令用于将路由器的启动配置文件复制到运行配置文件中。其中的 startup-config 参数是开机时运行的配置文件，在 NVRAM 中，断电后能保存；running-config 参数是即时配置过的运行文件，在 DRAM 中，断电后全部丢失。该命令用于特权模式 Router＃下。

命令使用示例：

```
Router＃copy startup - config running - config
```

该命令将路由器的启动配置文件复制到运行配置文件中。

14. copy running-config startup-config

命令用于将路由器的运行时配置文件复制到启动配置文件中。该命令用于特权模式 Router＃下。

命令使用示例：

```
Router＃copy running - config startup - config
```

该命令将路由器的运行时配置文件复制到启动配置文件中。

15. show startup-config

命令用于查看路由器的启动配置文件。该命令用于特权模式 Router＃下。

命令使用示例：

```
Router＃show startup - config
```

该命令查看路由器的启动配置文件。

2.5.3 实验目的

(1) 掌握 VPCS 模拟 PC 的配置、查看、保存以及加载方法；

(2) 掌握主机或节点之间连通性的测试方法；

(3) 掌握 PC 远程 Telent 路由器方法；

(4) 掌握路由器配置信息的查看、保存和加载方法。

2.5.4 实验环境

在图 2.5 所示的实验拓扑中，Cisco 3640 路由器 R1，在 slot0 上插入一块 NM-4E 的 4 口 10 兆以太网卡以接入各自所在的局域网。PC1 采用 VPCS 模拟。PC2 采用 Cisco 3640 路由器模拟，在 slot0 上插入一块 NM-4E 的 4 口 10 兆以太网卡用于与路由器 R1 之间互联。

通过在路由器 R1 上开启 Telnet 服务，允许用户 Telnet 到 R1 上对其进行管理。要求通过适当的实验配置，使得 PC2 能远程 Telnet 到 R1 上对其进行管理。

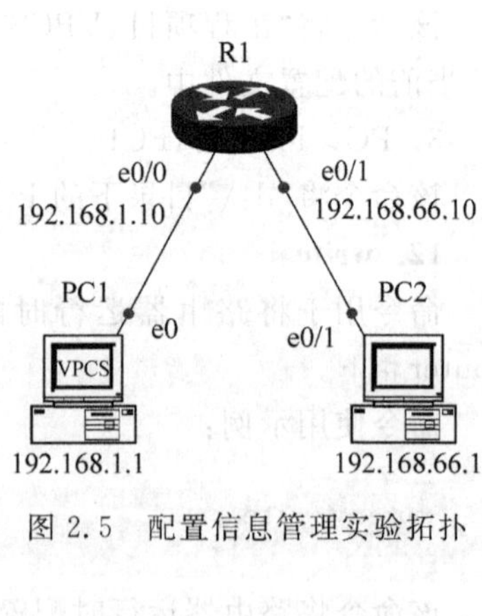

图 2.5 配置信息管理实验拓扑

2.5.5 实验步骤

(1) 查看路由器 R1 的版本信息。

```
R1# show version
Cisco IOS Software, 3600 Software (C3640-TELCO-M), Version 12.4(12), RELEASE SOFTWARE (fc1)
Technical Support: http://www.cisco.com/techsupport
Copyright (c) 1986-2006 by Cisco Systems, Inc.
Compiled Fri 17-Nov-06 13:59 by prod_rel_team
!---以上是 IOS 版本信息
ROM: ROMMON Emulation Microcode
ROM: 3600 Software (C3640-TELCO-M), Version 12.4(12), RELEASE SOFTWARE (fc1)
!---以上是 ROM 的版本信息
R1 uptime is 2 minutes                                    !---路由器的开机时间
System returned to ROM by unknown reload cause - suspect boot_data[BOOT_COUNT] 0x0, BOOT_COUNT
0, BOOTDATA 19                                            !---路由器的启动形式
System image file is "tftp://255.255.255.255/unknown"     !---当前正在使用的 IOS

Cisco 3640 (R4700) processor (revision 0xFF) with 187392K/9216K bytes of memory.
Processor board ID FF1045C5                               !---主板系列号
R4700 CPU at 100MHz, Implementation 33, Rev 1.2
4 Ethernet interfaces                                     !--- 接口数量
DRAM configuration is 64 bits wide with parity enabled.
253K bytes of NVRAM.
8192K bytes of processor board System flash (Read/Write)
!---以上是 NVRAM 和 FLASH 的大小情况
Configuration register is 0x2102                          !---寄存器的值
```

(2) 查看路由器 R1 闪存。

```
R1# show flash
System flash directory:
No files in System flash
[0 bytes used, 8388604 available, 8388604 total]
8192K bytes of processor board System flash (Read/Write)
!---由于此路由器为模拟器,毕竟与真实的路由器有区别,以上显示没有 flash。如果是真实路由
器,则可查看 flash 名称、数量、大小、可用空间等信息。
```

(3) 主机 PC1 和 PC2 的基本配置。

```
PC1> ip 192.168.1.1 192.168.1.10 24                 !---配置 PC1 的 IP、子网掩码和网关
Checking for duplicate address...
PC1 : 192.168.1.1 255.255.255.0 gateway 192.168.1.10  !---提示 PC1 的配置已修改成功

PC2# configure terminal                             !---进入全局配置模式
PC2(config)# no ip routing                          !---关闭路由功能
PC2(config)# interface ethernet 0/1                 !---进入 e0/1 接口
PC2(config-if)# ip address 192.168.66.1 255.255.255.0
                                                    !---配置主机 PC2 的 IP 地址和子网掩码
PC2(config-if)# no shutdown                         !---打开 e0/1 接口
PC2(config-if)# exit                                !---退出接口配置模式
PC2(config)# ip default-gateway 192.168.66.10       !---配置主机 PC2 的默认网关
PC2(config)# exit                                   !---退出全局配置模式
PC2#
```

（4）路由器 R1 的基本配置，并开启远程 Telnet 服务。

```
R1#conf t                          !--- 进入全局配置模式
R1(config)#int e0/0                !--- 进入接口 e0/0
R1(config-if)#ip address 192.168.1.10 255.255.255.0
!--- 配置接口 e0/0 的 IP 地址和子网掩码分别为 192.168.1.10 和 255.255.255.0
R1(config-if)#no shut              !--- 打开接口
R1(config-if)#exit
R1(config)#int e0/1                !--- 进入接口 e0/1
R1(config-if)#ip address 192.168.66.10 255.255.255.0
!--- 配置接口 e0/1 的 IP 地址和子网掩码分别为 192.168.66.10 和 255.255.255.0
R1(config-if)#no shut              !--- 打开接口
R1(config-if)#exit
R1(config)#line vty 0 4            !--- 进入虚拟终端线路配置模式,最多运行 5 个 Telnet 连接
R1(config-line)#password 123456 !--- 配置 Telnet 时的密码
R1(config-line)#login              !--- 配置 Telnet 时启用登录口令检查
R1(config-line)#end
R1#
```

（5）测试 PC1 与 R1 的连通性。

```
PC1>ping 192.168.1.10
84 bytes from 192.168.1.10 icmp_seq=1 ttl=255 time=6.001 ms
84 bytes from 192.168.1.10 icmp_seq=2 ttl=255 time=9.000 ms
84 bytes from 192.168.1.10 icmp_seq=3 ttl=255 time=9.000 ms
84 bytes from 192.168.1.10 icmp_seq=4 ttl=255 time=9.000 ms
84 bytes from 192.168.1.10 icmp_seq=5 ttl=255 time=9.001 ms

PC1>ping 192.168.66.10
84 bytes from 192.168.66.10 icmp_seq=1 ttl=255 time=9.000 ms
84 bytes from 192.168.66.10 icmp_seq=2 ttl=255 time=9.000 ms
84 bytes from 192.168.66.10 icmp_seq=3 ttl=255 time=9.001 ms
84 bytes from 192.168.66.10 icmp_seq=4 ttl=255 time=9.001 ms
84 bytes from 192.168.66.10 icmp_seq=5 ttl=255 time=9.000 ms

R1#ping 192.168.1.1
Type escape sequence to abort.
Sending 5, 100-byte ICMP Echos to 192.168.1.1, timeout is 2 seconds:
!!!!!
Success rate is 100 percent (5/5), round-trip min/avg/max = 56/237/352 ms

R1#ping                                     !--- 进入 ping 命令扩展模式
Protocol [ip]:
!--- 选择使用的协议,扩展 Ping 不仅可使用 IP 协议还可以使用 IPX 协议。括号内是默认协议,按
回车键表示使用默认协议
Target IP address:192.168.1.1               !--- 目标地址
Repeat count [5]: 6
!--- 发送 IP 包数量,默认是 5 个。如需发送更多数据包,在冒号后直接写入数值
Datagram size [100]: 90                     !--- 数据包大小。默认是 100 字节长
```

```
Timeout in seconds [2]:3             ! --- 等待回应时间,默认是 2s
Extended commands [n]: y
! --- 是否扩展命令。如果回答"no"则不提供后面的自定义参数,回答"yes"继续分析
Source address or interface:192.168.1.10
                                     ! --- 数据使用的源地址,默认使用数据包的出站接口 IP
Type of service [0]:                 ! --- 服务类型,默认值是 0
Set DF bit in IP header? [no]:       ! --- 是否设置分段位,设置该位表明不允许对数据包再分段
Validate reply data? [no]:           ! --- 是否验证回应数据
Data pattern [0xABCD]:               ! --- 定义数据模式。全 0 模式: 0x0000; 全 1 模式: 0x1111
Loose, Strict, Record, Timestamp, Verbose[none]:        ! --- 使用默认值即可,不常用
Sweep range of sizes [n]:            ! --- 是否尝试可变长的 ping 包
Type escape sequence to abort.       ! --- 按 Esc 键终止进程
Sending 6, 90 - byte ICMP Echos to 192.168.1.1, timeout is 3 seconds:        ! --- 总结报告
Packet sent with a source address of 192.168.1.10
!!!!!!
Success rate is 100 percent (6/6), round - trip min/avg/max = 16/128/444 ms
R1 #
```

我们看到,PC1 和路由器 R1 可以互通。

(6) 在 PC2 上远程 Telnet 路由器 R1 进行管理。

```
PC2 # telnet 192.168.66.10           ! --- 从 e0/1 接口远程登录
Trying 192.168.66.10 ... Open
User Access Verification
Password:                            ! --- 键入 Telnet 密码 123456,远程登录到 R1 并进入用户模式
R1 > enable                          ! --- 进入特权模式
 % No password set                   ! --- 未设置特权模式密码,不允许登录到特权模式
R1 > exit                            ! --- 退出远程登录,返回 PC2
[Connection to 192.168.66.10 closed by foreign host]
PC2 # telnet 192.168.1.10            ! --- 从 e0/0 接口远程登录
Trying 192.168.1.10 ... Open
User Access Verification
Password:                            ! --- 键入 Telnet 密码 123456,远程登录到 R1 并进入用户模式
R1 > enable                          ! --- 进入特权模式
 % No password set                   ! --- 未设置特权模式密码,不允许登录到特权模式
R1 > exit                            ! --- 退出远程登录,返回 PC2
[Connection to 192.168.1.10 closed by foreign host]
PC2 #
```

我们看到,如果没有设置特权模式密码将无法用 Telnet 方式进入到特权模式。

(7) 配置 R1 的特权模式密码,再次在 PC2 上远程 Telnet R1。

```
R1 # conf t                          ! --- 进入全局配置模式
R1(config) # enable password 654321          ! --- 配置 Telnet 时,从用户模式进入特权模式的密码
R1(config) # exit
R1 #

PC2 # telnet 192.168.66.10           ! --- 从 e0/1 接口远程登录 R1
```

```
Trying 192.168.66.10 ... Open
User Access Verification
Password:              ! --- 键入 Telnet 密码 123456,远程登录到 R1 并进入用户模式
R1 > enable            ! --- 进入特权模式
Password:              ! --- 键入特权模式密码 654321,进入 R1 特权模式
R1 #
R1 # exit              ! --- 退出远程登录,返回 PC2
[Connection to 192.168.66.10 closed by foreign host]
PC2 #
```

我们看到,设置特权模式密码后,用 Telnet 方式可以进入到特权模式。

(8) PC1 配置信息的查看、保存和重新加载。

```
PC1 > show
NAME   IP/MASK          GATEWAY         MAC                 LPORT   RHOST:PORT
PC1    192.168.1.1/24   192.168.1.10    00:50:79:66:68:00   10002   127.0.0.1:10001
       fe80::250:79ff:fe66:6800/64
! --- 以上是 PC1 的 IP 地址、子网掩码、网关、MAC 地址、远程端口、本地端口等配置信息
PC1 >

PC1 > save PC1
Saving startup configuration to PC1.vpc
. done
! --- 将 PC 当前的配置信息保存到"工程项目\VPCS\对应主机\PC1.vpc"文件中。
PC1 >

PC1 > load PC1
Executing the file "PC1"
Checking for duplicate address...
PC1 : 192.168.1.1 255.255.255.0 gateway 192.168.1.10
! --- 将"工程项目\VPCS\对应主机\"目录下的 PC1.vpc 文件中的配置信息加载到 PC 当前的配置文
件中。
PC1 >
```

(9) 路由器 R1 配置信息的保存、加载和查看。

```
R1 # copy running - config startup - config ! --- 将路由器的运行时配置文件拷贝到启动配置文
件中
Destination filename [startup - config]?
Building configuration...
[OK]
R1 #

R1 # copy startup - config running - config ! --- 将路由器的启动配置文件复制到运行配置文件中
Destination filename [running - config]?
869 bytes copied in 2.168 secs (401 bytes/sec)
R1 #

R1 # show startup - config                 ! --- 查看路由器的启动配置文件。
```

```
Using 869 out of 260088 bytes!
!
version 12.4
service timestamps debug datetime msec
service timestamps log datetime msec
no service password - encryption
!
hostname R1
!
boot - start - marker
boot - end - marker
!
enable password 654321                          ! --- 特权密码
!
no aaa new - model
memory - size iomem 5
no ip icmp rate - limit unreachable
!
!
ip tcp synwait - time 5
ip cef
!
!
no ip domain lookup
!
!
!
!
interface Ethernet0/0
 ip address 192.168.1.10 255.255.255.0          ! --- 接口 IP 地址和子网掩码
 half - duplex
!
interface Ethernet0/1
 ip address 192.168.66.10 255.255.255.0         ! --- 接口 IP 地址和子网掩码
 half - duplex
!
interface Ethernet0/2
 no ip address
 shutdown                                       ! --- 接口处于关闭状态
 half - duplex
!
interface Ethernet0/3
 no ip address
 shutdown                                       ! --- 接口处于关闭状态
 half - duplex
!
no ip http server
!
!
!
```

```
no cdp log mismatch duplex
!
!
control - plane
!
!
line con 0
 exec - timeout 0 0
 privilege level 15
 logging synchronous
line aux 0
 exec - timeout 0 0
 privilege level 15
 logging synchronous
line vty 0 4
 password 123456          ! --- vty线路密码
 login
!
end
! --- show startup - config 命令显示的是在 NVRAM 中的配置文件,该配置文件是路由器重新开机时
使用用的配置文件。

R1 # write                ! --- 也可用 write 命令保存路由器 R1 的配置信息
Building configuration...
[OK]
R1 #
```

第3章 以太网交换机实验

本章学习目标

- 掌握 Ethernet 交换机的作用、工作原理和配置方法；
- 掌握 VLAN、VTP、STP 和 VLAN 间路由的配置方法；
- 掌握对 VLAN、VTP、STP 和 VLAN 间路由配置的检查与测试；
- 能够使用 Ethernet 交换机相关技术实现网络互联。

本章首先向读者介绍 Ethernet 交换机的作用、工作原理和配置方法，接着分别介绍划分 VLAN、VTP、STP 和 VLAN 间路由技术的配置方法，这些技术在企业中得到了广泛的应用。

3.1 以太网交换机的基本工作原理和配置方法

3.1.1 理论知识与实验原理

Ethernet 交换机(Ethernet Switch)采用以太网交换技术实现对报文的快速转发，它可以被理解为一个多接口的网桥，将以太网帧从一个交换机接口转发到另一个接口。以太网交换机的每个接口都直接与一个单个主机或另一个集线器相连，并且一般都工作在全双工方式。当主机需要通信时，交换机能同时连通许多对的接口，使每一对相互通信的主机都能像独占通信媒体那样，无碰撞地传输数据。

Ethernet 交换机属于数据链路层设备，可以识别数据包中的介质访问控制 MAC(Media Access Control)地址信息，根据 MAC 地址进行转发，并将这些 MAC 地址与对应的接口记录在自己内部的转发表中。

1. Ethernet 交换机的工作原理

Ethernet 交换机的工作原理可以概括为："学习源地址，转发已知帧，广播未知帧，丢弃本网段"。具体的工作流程如下：

(1) 当交换机从某个接口接收到一个数据帧，它先读取帧首部中的源 MAC 地址，从而得知源 MAC 地址的主机是连接在哪个接口上的。如果源 MAC 地址不在转发表中，就在转发表中登记该 MAC 地址和对应接口。

(2) 再去读取帧首部的目的 MAC 地址，并在转发表中逐项查找是否存在该 MAC 地址。

(3) 如果转发表中存在目的 MAC 地址，并且其对应接口与接收接口不是同一个接口，则把数据帧通过目的 MAC 地址对应的接口转发出去。

(4) 如果转发表中目的 MAC 地址对应的接口与接收接口是同一个接口，则把数据帧直接丢弃不转发。

(5) 如果转发表中不存在目的 MAC 地址，则把数据帧通过所有接口广播出去。

当目的主机对源主机回应时，交换机又可以学习到一个目的 MAC 地址与对应接口，并写入转发表。在下次传送数据时就不再需要对所有接口进行广播了。这个过程不断循环，最终全网的 MAC 地址的转发信息都可以学习到，交换机就是这样建立和维护它自己的转发表。

2. 交换机 IP 地址和子网掩码

这里所配置的交换机 IP 地址，是为了方便管理而配置的。交换机配置了 IP 地址以后，用户可以从网络的任何地方 Telnet 到交换机上对其进行管理。并且，配置了 IP 地址以后，用户还可以通过 Web 访问交换机，对其进行管理。这个 IP 地址仅用于管理，不属于交换机的任何接口。

可以为每个 VLAN 提供一个管理地址，进入 VLAN 接口后使用“ip address ip-address netmask”命令可以对此 VLAN 的 IP 地址和子网掩码进行配置(在没有划分 VLAN 之前，交换机中默认存在 VLAN1)。

3.1.2 相关命令讲解

1. ip address ip-address netmask

命令用于配置交换机的 IP 地址和子网掩码。其中的 ip-address 参数用来指定 IP 地址，netmask 参数用来指定子网掩码。该命令用于接口配置模式 Switch(config-if)#下。

命令使用示例：

```
Switch(config)# interface vlan 1
Switch(config-if)# ip address 192.168.1.10 255.255.255.0
```

该命令为交换机的 VLAN 1 设置的 IP 地址为 192.168.1.10，子网掩码为 255.255.255.0。

2. ip default-gateway gateway

命令用于配置交换机的默认网关。其中的 gateway 参数用来指定网关。该命令用于全局配置模式 Switch(config)#下。

命令使用示例：

```
Switch(config)# ip default-gateway 192.168.1.254
```

该命令为交换机设置默认网关为 192.168.1.254。

3. show mac-address-table

命令用于查看交换机学习到的转发表。该命令用于特权模式 Switch#下。

命令使用示例：

```
Switch# show mac-address-table
```

该命令查看交换机学习到的转发表。

4. show ip interface vlan vlan-id

命令用于查看交换机指定 VLAN 的管理地址配置信息。其中的 vlan-id 参数用来指定 VLAN ID，有效的 VLAN ID 范围是 1～4094。该命令用于特权模式 Switch# 下。

命令使用示例：

```
Switch# show ip interface vlan 1
```

该命令查看交换机 VLAN 1 的管理地址配置信息。

3.1.3 实验目的

(1) 了解交换机的工作原理；

(2) 掌握交换机的配置方法；

(3) 掌握对交换机配置的检查与测试。

3.1.4 实验环境

在图 3.1 所示的实验拓扑中，交换机 SW 采用 Cisco 3640 路由器模拟的"EtherSwitch router"以太网交换机(具体方法参见"1.3.2 GNS3 模拟以太网交换机")，在 slot1 上插入一块 NM-16ESW 的 16 口 10 兆以太网卡以接入其所在的局域网。PC1 和 PC2 采用 Cisco 3640 路由器模拟，分别在 slot0 上插入一块 NM-1FE-TX 的 1 口 100 兆快速以太网卡以用于与交换机 SW 之间互联。

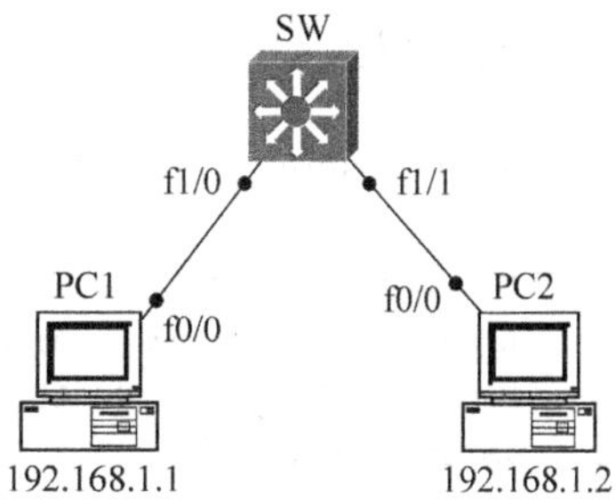

图 3.1 交换机实验拓扑

通过在交换机 SW 的 VLAN 1 上配置管理地址并提供 Telnet 服务，允许用户 Telnet 到 SW 上对其进行管理。要求通过适当的实验配置，使得 PC1 和 PC2 能互相 Ping 通；PC1 和 PC2 能远程 Telnet 到 SW 上对其进行管理。

3.1.5 实验步骤

(1) 主机 PC1 和 PC2 的基本配置。

```
PC1# configure terminal
PC1(config)# no ip routing
PC1(config)# interface fastEthernet 0/0
PC1(config-if)# ip address 192.168.1.1 255.255.255.0
PC1(config-if)# no shutdown
PC1(config-if)# exit
PC1(config)# ip default-gateway 192.168.1.10
PC1(config)# exit

PC2# configure terminal
PC2(config)# no ip routing
PC2(config)# interface fastEthernet 0/0
PC2(config-if)# ip address 192.168.1.2 255.255.255.0
```

```
PC2(config-if)#no shutdown
PC2(config-if)#exit
PC2(config)#ip default-gateway 192.168.1.10
PC2(config)#exit
```

(2) 在交换机 SW 的 VLAN 1 上配置管理地址。

```
SW#conf t
SW(config)#int vlan 1
SW(config-if)#ip address 192.168.1.10 255.255.255.0
!--- 配置 vlan 1 的 IP 地址和子网掩码,该地址就是 PC1 和 PC2 的网关
SW(config-if)#no shutdown
SW(config-if)#exit
SW(config)#ip default-gateway 192.168.1.254   !--- 配置交换机的默认网关
!--- 以上在交换机的 VLAN 1 上配置了管理地址,VLAN 1 上的计算机可以直接 Telnet 该地址。设置
默认网关是为了让其他网络的计算机也可以 Telnet 交换机。
SW(config)#line vty 0 4                        !--- 最多允许 5 个 Telnet 连接
SW(config-line)#password 123456                !--- Telnet 密码
SW(config-line)#login                          !--- 允许远程 Telnet
SW(config-line)#exit
SW(config)#enable password 654321             !--- Telnet 时,从用户模式进入特权模式的密码
SW(config)#
```

(3) 利用"show ip interface vlan 1"命令查看交换机 VLAN 1 的管理地址配置信息。

```
SW#show ip interface vlan 1
Vlan1 is up, line protocol is up
  Internet address is 192.168.1.10/24       !--- 配置的 IP 地址和子网掩码
  Broadcast address is 255.255.255.255
  Address determined by setup command
  MTU is 1500 bytes
  ...                                       !--- 以下省略
```

(4) 测试 PC 间的通信,PC1 和 PC2 之间的互 Ping。

```
PC1#ping 192.168.1.2
Type escape sequence to abort.
Sending 5, 100-byte ICMP Echos to 192.168.1.2, timeout is 2 seconds:
!!!!!
Success rate is 100 percent (5/5), round-trip min/avg/max = 20/48/164 ms

PC2#ping 192.168.1.1
Type escape sequence to abort.
Sending 5, 100-byte ICMP Echos to 192.168.1.1, timeout is 2 seconds:
!!!!!
Success rate is 100 percent (5/5), round-trip min/avg/max = 360/825/1284 ms
```

由于 PC1 和 PC2 属于 VLAN 1,因此他们之间能相互 Ping 通。

(5) 在 PC 上远程登录 SW。

```
PC1#telnet 192.168.1.10          !--- 测试 PC1 远程登录 SW
Trying 192.168.1.10 ... Open

User Access Verification
Password:
SW>en
Password:
SW#

PC2#telnet 192.168.1.10          !--- 测试 PC2 远程登录 SW
Trying 192.168.1.10 ... Open

User Access Verification
Password:
SW>en
Password:
SW#
```

我们看到，PC 可以 Telnet 到 SW 上对其进行管理。

(6) 使用"show mac-address-table"命令查看交换机学习到的转发表。

```
SW#show mac-address-table
Destination Address      Address Type    VLAN    Destination Port
-------------------      ------------    ----    ----------------
cc02.1354.0000           Dynamic         1       FastEthernet1/0
cc03.1808.0000           Dynamic         1       FastEthernet1/1
cc01.18f8.0000           Self            1       Vlan1
```

我们看到，以上的转发表中有交换机自动学习到的 MAC 条目，也有交换机自身的 MAC 条目。

3.1.6 扩展实验

1. 实验环境

在图 3.2 所示的实验拓扑中，交换机 SW 和 SW2 采用 Cisco 3640 路由器模拟的 EtherSwitch router 以太网交换机，交换机 SW 和 SW2 的 slot1 上插入一块 NM-16ESW 的 16 口 10 兆以太网卡以接入其所在的局域网。PC1、PC2、PC3 和 PC4 采用 Cisco 3640 路由器模拟，分别在 slot0 上插入一块 NM-1FE-TX 的 1 口 100 兆快速以太网卡以用于与交换机 SW 和 SW2 之间互联。

2. 实验要求

在交换机 SW 和 SW2 的 VLAN 1 上配置管理地址并提供 Telnet 服务，允许用户 Telnet 到 SW 和 SW2 上对其进行管理。要求通过适当的实验配置，使得 PC1、PC2、PC3 和 PC4 能互相 Ping 通；PC1、PC2、PC3 和 PC4 能远程 Telnet 到 SW 和 SW2 上对其进行管理。

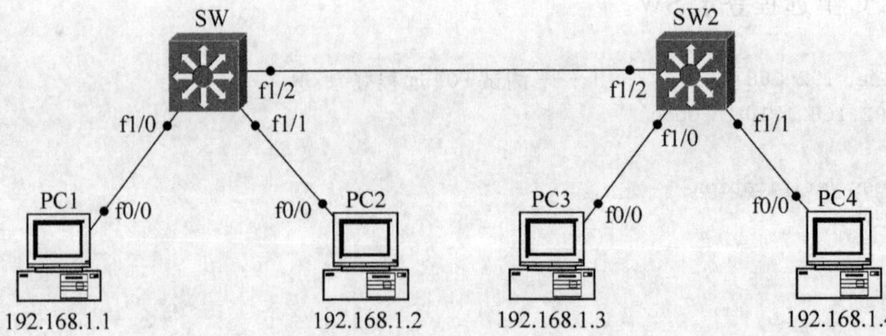

图 3.2 交换机扩展实验拓扑

3.2 划分虚拟局域网

3.2.1 理论知识与实验原理

传统的共享介质以太网和交换式以太网中,所有的用户在同一个广播域中(广播域,指的是广播帧(目标 MAC 地址全部为 1)所能传递到的范围,亦即能够直接通信的范围。严格地说,并不仅仅是广播帧,多播帧(Multicast Frame)和目标不明的单播帧(Unknown Unicast Frame)也能在同一个广播域中畅行无阻),会引起网络性能的下降,浪费宝贵的带宽资源,而且广播对网络性能的影响随着广播域的增大而迅速增强。此时唯一的途径就是重新划分网络,把单一结构的大网划分成相互逻辑独立的小网。

虚拟局域网(Virtual Local Area Network,VLAN),是指在交换局域网的基础上,采用网络管理软件构建的可跨越不同网段、不同网络的端到端的逻辑网络。一个 VLAN 组成一个逻辑子网,即一个逻辑广播域,它可以覆盖多个网络设备,允许处于不同地理位置的网络用户加入到一个逻辑子网中。VLAN 是一种比较新的技术,工作在 OSI 参考模型的第 2 层和第 3 层,VLAN 之间的通信是通过第三层的路由器来完成的。

VLAN 技术的出现,使得管理员根据实际应用需求把同一物理局域网内的不同用户逻辑地划分成不同的广播域,每一个 VLAN 都包含一组有着相同需求的计算机工作站,与物理上形成的 LAN 有着相同的属性。由于它是从逻辑上划分而不是从物理上划分,所以同一个 VLAN 内的各个工作站没有限制在同一个物理范围(如一个部门、一个办公室、一层/栋办公楼等)中。如图 3.3 所示就是一个对分布在各楼层的交换机划分不同 VLAN 的示例。示例中每个 VLAN 中的成员都是分布在不同楼层,而不像物理划分那样,仅在一个楼层或者一个部门。

1. VLAN 的优点

1) 控制网络的广播问题

一般交换机不能过滤局域网广播报文,因此在大型交换局域网环境中造成广播量拥塞,对网络带宽造成了极大的浪费。用户不得已用路由器分割他们的网络,此时路由器的作用是广播的"防火墙"。

VLAN 的主要优点之一是:支持 VLAN 的交换机可以有效地控制广播流量,广播流量仅仅在 VLAN 内被复制,而不是整个交换机,从而提供了类似路由器的广播"防火墙"功能。

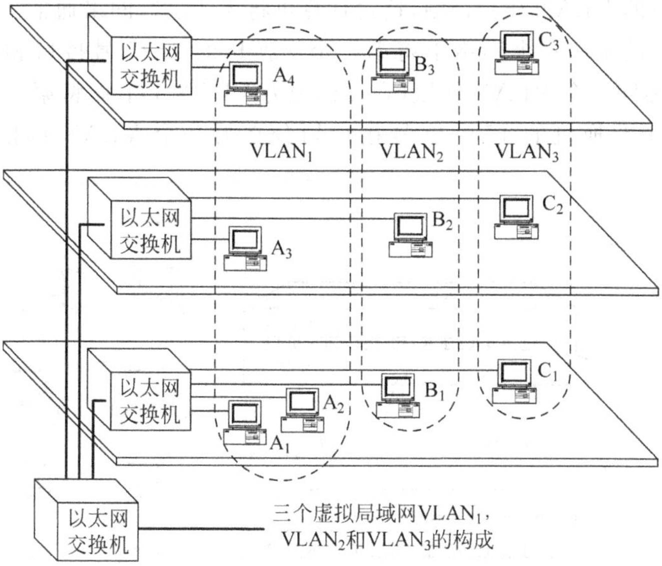

图 3.3　VLAN 划分示例

2）简化网络管理

即所说的动态管理网络，也就是当一个用户从一个位置移动到另一个位置时，他的网络属性不需要重新配置，而是动态地完成，这种动态管理网络给网络管理者和使用者都带来了极大的好处。一个用户，无论他到哪里，他都能在不做任何修改的情况下接入网络，这种前景是非常美好的。当然，并不是所有的 VLAN 划分方法都能做到这一点。

3）提高网络的安全性

由于配置了 VLAN 后，一个 VLAN 的数据包不会发送到另一个 VLAN，这样，其他 VLAN 的用户的网络上收不到任何该 VLAN 的数据包，从而就确保了该 VLAN 的信息不会被其他 VLAN 的人窃听，从而实现了信息的保密。

2. VLAN 的划分方式

用户可以根据自己的需要来选择不同的 VLAN 网段划分方式，但这并不是说用户可以不受限制地提出子网划分需求，还受到 VLAN 技术本身所支持的划分方式的限制。目前来说，常见的主要有下面介绍的这 5 种 VLAN 网段划分方式，用户只能选择其中的一种。

1）按接口划分

这是一种从 OSI/RM 物理层角度进行的 VLAN 划分方式，也是最常见的一种 VLAN 划分方式。它是将相同或者不同交换机中的某些接口定义为一个单独的区域，从而形成一个 VLAN 网段。同一 VLAN 网段中的计算机属于同一个 VLAN 组，不同 VLAN 组之间的用户进行通信需要通过路由器或者三层交换机进行。

基于接口的划分方式是一种静态二层访问 VLAN 划分方式，其优点是配置起来非常方便，而且大多数品牌交换机都支持这一技术，所以实现起来成本较低，配置也非常简单。这种划分方式适用于网络环境比较固定的情况，因为它是基于接口的静态划分方式。不足之处是不够灵活，当一台计算机需要从一个接口移动到另一个新的接口，而新接口与旧接口不属于同一个 VLAN 时，需要修改接口的 VLAN 设置或在用户计算机上重新配置网络地址，这样才能加入到新的 VLAN 中；否则，这台计算机将无法进行网络通信。

如图 3.4 所示的是在一个网络中将第一个交换机的 2～5 号接口和第二个交换机的 1～4 号接口划分为同一个 VLAN 网段（在此标记为 VLAN 1）；而将第一个交换机的 11～16 号接口和第二个交换机的 17～20 号接口划分在另一个 VLAN 网段中（在此标记为 VLAN 2）。

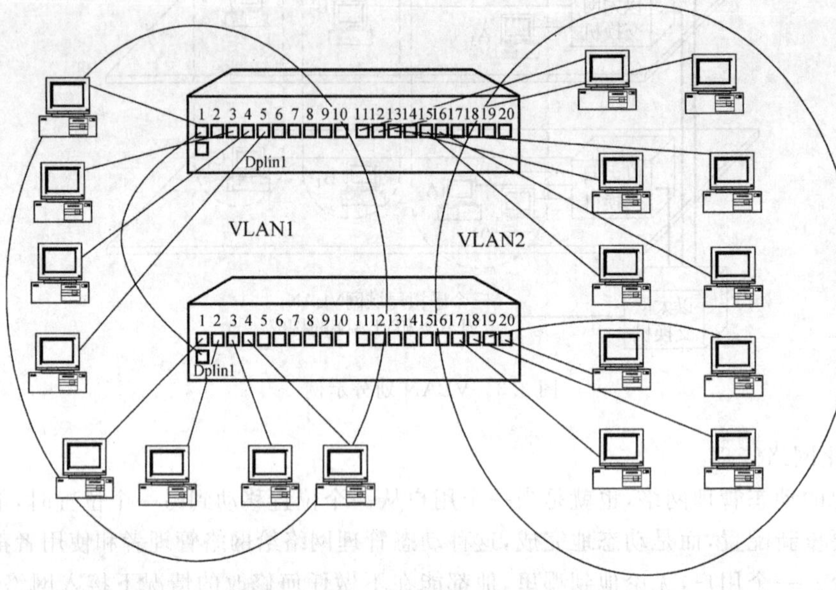

图 3.4　基于接口的 VLAN 划分示例

2）按 MAC 地址划分 VLAN

这是从 OSI/RM 数据链路层角度进行的 VLAN 划分，是一种动态二层访问 VLAN 划分方式。每块网卡都有一个唯一的硬件物理地址，即 MAC 地址。MAC 地址是连接在网络中的每个设备网卡的物理地址，由 IEEE 控制。虽然说 MAC 地址可以在网络中虚拟修改，但在同一网络中仍不允许存在同一 MAC 地址号的网卡设备，否则最终只允许一个正常工作，所以无论如何，在同一网络中每个正常工作的网卡 MAC 地址都是唯一的。

MAC 地址属于数据链路层，以此作为划分 VLAN 的依据能很好地独立于网络层上的各种应用。按 MAC 地址定义的 VLAN 有其特有的优势，解决了前面介绍的按接口划分 VLAN 方式中存在的站点移动问题。因为 MAC 地址是捆绑在网卡上的，对于连接于交换机接口的工作站来说，在它们初始化时相应的交换机会在 VLAN 的管理信息库中检查 MAC 地址，从而动态地匹配该接口到相应的 VLAN 中，所以这种形式的 VLAN 允许网络用户从一个物理位置移动到另一个物理位置，并且自动保留其所属虚拟网段的成员身份。同时，这种划分方式独立于网络的高层协议（如 TCP/IP、IP、IPX 等），因此从某种意义上讲，利用 MAC 地址定义 VLAN 网段可以看成是一种基于用户的网络划分手段。

这种方法的一个缺点是所有的用户必须被明确地分配一个 VLAN，而且只有在完成初始化配置工作后设备才会实现对用户的自动跟踪。这样在一个拥有大量节点的大型网络中，如果要求管理员将每个用户都一一划分到某一个 VLAN，并完成所有初始化配置，其工作量是可想而知的。

注意：目前 Cisco 设备中主要采用的就是以上两种 VLAN 划分方式，下面介绍的几种 VLAN 划分方式 Cisco 设备并没有相应的功能支持，而 H3C(杭州华三通信技术有限公司)交换机则较好地支持了这几种 VLAN 划分方式。

3）基于网络层划分 VLAN

基于网络层来划分 VLAN 可以有两种方案：一种是基于通信协议(如果网络中存在多协议)来划分；另一种是基于网络层地址(最常见的是 TCP/IP 中的子网段地址)来划分。

如果是基于通信协议来划分，则 VLAN 网段可以划分为 IPv4 子网、IPv6 子网、IPX 子网、AppleTalk 子网或者其他协议 VLAN 等，当然这通常只有大型网络中才可能存在。在这种划分方式中，同一协议的工作站被划分为一个 VLAN，交换机检查广播帧的以太帧标题域，查看其协议类型，若已存在该协议的 VLAN 则加入源接口，否则创建一个新的 VLAN。由此可以看出，这种 VLAN 划分方式具有非常高的智能，不但大大减少了人工配置 VLAN 的工作量，同时保证了用户自由地增加、移动和修改。不同网段上的站点可属于同一 VLAN，在不同 VLAN 上的站点也可在同一网段上。

如果采用基于网络层地址划分的方式，通常是根据用户计算机的 IP 地址、子网掩码、IPX 网络号等来划分。同样它也具有以上采用网络协议划分 VLAN 网段的智能性，交换机会自动检查每个设备的 IP 地址、子网掩码或者 IPX 网络号，并自动划分。

基于网络层划分 VLAN 的方式具有以下两个主要优势：首先，网络用户可以在网络内部自由移动而不用重新配置自己的工作站，尤其是使用 TCP/IP 的用户；其次，这种类型的 VLAN 网络可以减少由于协议转换而造成的网络延迟。而且同一交换机接口可以被划分到多个 VLAN 网段中。当然也有一些自身的不足。与基于 MAC 地址划分 VLAN 方式相比，基于网络层的 VLAN 需要分析各种协议的地址格式并进行相应的转换，这需要消耗交换机设备较多的资源，因此在速度上稍显劣势。

4）基于 IP 广播组划分

基于这种 VLAN 划分方式可将任何属于同一 IP 广播组的计算机划分到同一 VLAN。任何一个工作站都有机会成为某一个广播组的成员，只要它对该广播组的广播确认信息给予肯定的回答。所有加入同一个广播组的工作站被视为同一个虚拟网的成员。然而，他们的这种成员身份可根据实际需求保留一定的时间。因此，利用 IP 广播域来划分虚拟网的方法给使用者带来了巨大的灵活性和可延展性。而且，在这种方式下，整个网络可以非常方便地通过路由器扩展规模。

5）基于策略的 VLAN

基于策略的 VLAN 是最灵活的 VLAN 划分方式。这种方式具有自动配置的能力，能够把相关的用户连成一体，在逻辑划分上称为“关系网络”。网络管理员只需在网管软件中确定划分 VLAN 的规则(或属性)，则当一个站点加入网络中时将会被发现并“感知”，并被自动地包含进正确的 VLAN 中。同时，对站点的移动和改变也可自动识别和跟踪。

采用这种方式，整个网络可以非常方便地通过路由器扩展规模。有的产品还支持一个接口上的主机分别属于不同的 VLAN，这在交换机与共享式集线器共存的环境中显得尤为重要。自动配置 VLAN 时，交换机中的软件自动检查进入交换机接口的广播信息的 IP 源地址，然后软件自动将这个接口分配给一个由 IP 子网映射成的 VLAN。

3. Cisco IOS 交换机的 VLAN 范围

自 Cisco IOS Release 12.2(25)EWA 版本开始，Cisco 交换机系列（如目前主流的 Catalyst 3750、Catalyst 4500、Catalyst 4900 和 Catalyst 6500 系列等）依据 IEEE 802.1Q 标准可以支持 4096 个 VLAN。这些 VLAN 被分为三个范围：保留（Reserved）、标准（或者常规/普通，Normal）和扩展（Extended）。这 4096 个 VLAN 的划分以及对传播的支持如表 3.1 所示。

表 3.1　VLAN 范围划分及对传播的支持

VLAN ID	范围类型	用途	是否支持由 VTP 传播
0 和 4095	保留(Reserved)	仅用于系统，不能看到也不能使用这两个 VLAN	—
1	普通(Normal)	Cisco 设备接口默认的 VLAN，可以看到该 VLAN，但不能删除它	支持
2～1001	普通(Normal)	用于以太网 VLAN，可以创建、删除这些 VLAN	支持
1002～1005	普通(Normal)	Cisco 默认用于 FDDI 和令牌环网络，不能删除这些 VLAN	支持
1006～4094	扩展(Extended)	仅用于以太网 VLAN	不支持

4. 交换机的接口工作模式

交换机的接口工作模式，一般可以分为三种：access，trunk 和 multi。

(1) access 模式：主要用来接入终端设备，如 PC、服务器、打印服务器等。

(2) trunk 模式：主要用在连接其他交换机，以便在线路上承载多个 VLAN。

(3) multi 模式：在一个线路中承载多个 VLAN，但不像 trunk，它不对承载的数据打标签。主要用于接入支持多 VLAN 的服务器或者一些网络分析设备。现在基本不使用此类接口，在 Cisco 的网络设备中，也基本不支持此类接口了。

3.2.2　相关命令讲解

1. vlan database

命令用于进入 VLAN 数据库配置模式。该命令用于特权模式 Switch# 下。

命令使用示例：

```
Switch# vlan database
```

该命令进入 VLAN 数据库配置模式。

2. vlan vlan-id name vlan-name

命令用于通过指派一个 VLAN ID 和 VLAN 名称来创建或编辑一个 VLAN。其中的 vlan-id 参数用来指定 VLAN ID，VLAN ID 范围只能在 1～1001 范围中，即所创建的只能是普通范围 VLAN；vlan-name 参数用来指定 VLAN 的名称。可用 no vlan vlan-id 命令删除指定的 VLAN。该命令用于 VLAN 数据库配置模式 Switch(vlan)# 下。

命令使用示例：

```
Switch(vlan)# vlan 20 name test20
```

该命令创建了名为 test20 的以太网 VLAN 20，并把它添加到 VLAN 数据库中。

3. exit

命令用于退出 VLAN 数据库模式，使创建的 VLAN 立即生效。该命令用于 VLAN 数据库配置模式 Switch(vlan)#下。

命令使用示例：

```
Switch(vlan)#exit
```

该命令更新 VLAN 数据库，并退出 VLAN 数据库模式。

4. switchport mode access

命令用于把交换机接口配置为 access 访问模式。该命令用于接口配置模式 Switch(config-if)#下。

命令使用示例：

```
Switch(config)#interface f1/1
Switch(config-if)#switchport mode access
```

该命令把交换机接口 f1/1 配置为 access 访问模式。

5. switchport access vlan vlan-id

命令用于把交换机接口划分到 VLAN 中。其中的 vlan-id 参数用来指定 VLAN ID，有效的 VLAN ID 范围是 1～4094。该命令用于接口配置模式 Switch(config-if)#下。

命令使用示例：

```
Switch(config)#interface f1/1
Switch(config-if)#switchport access vlan 20
```

该命令把交换机接口 f1/1 划分到 VLAN 20 中。

6. switchport mode trunk

命令用于把交换机接口配置为 trunk 模式。该命令用于接口配置模式 Switch(config-if)#下。

命令使用示例：

```
Switch(config)#interface f1/1
Switch(config-if)#switchport mode trunk
```

该命令把交换机接口 f1/1 配置为 trunk 模式。

7. switchport trunk encapsulation dot1q

命令用于配置 Trunk 链路的封装协议类型，同一链路的两端封装要相同。该命令用于接口配置模式 Switch(config-if)#下。

命令使用示例：

```
Switch(config-if)#switchport trunk encapsulation dot1q
```

该命令配置 Trunk 链路的封装协议类型为 802.1Q。

8. show vlan-switch

命令用于查看 VLAN 的信息以及每个 VLAN 上有什么接口。该命令用于特权模式 Switch#下。

命令使用示例：

```
Switch# show vlan - switch
```

该命令查看 VLAN 的信息以及每个 VLAN 上有什么接口。

9. show interface interface-id trunk

命令用于查看交换机接口的 trunk 状态。其中的 interface-id 参数用来指定交换机接口。该命令用于特权模式 Switch#下。

命令使用示例：

```
Switch# show interface f1/12 trunk
```

该命令查看交换机接口 f1/12 的 trunk 状态。

3.2.3 实验目的

(1) 了解 VLAN 的工作原理；

(2) 掌握 VLAN 的划分方法；

(3) 掌握对 VLAN 划分的检查与测试；

(4) 能够使用 VLAN 技术实现同一 VLAN 内的用户可以相互通信，不同 VLAN 的用户不能直接通信。

3.2.4 实验环境

在图 3.5 所示的实验拓扑中，交换机 SW1 和 SW2 采用 Cisco 3640 路由器模拟的"EtherSwitch router"以太网交换机，分别在 slot1 上插入一块 NM-16ESW 的 16 口 10 兆以太网卡以接入各自所在的局域网和用于交换机之间互联。4 台 PC 采用 VPCS 模拟。

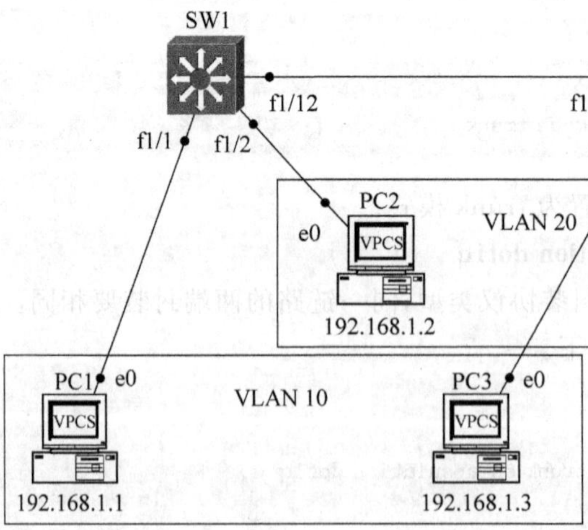

图 3.5 划分 VLAN 实验拓扑

通过在交换机 SW1 和 SW2 上分别创建两个虚拟局域网 VLAN10 和 VLAN20，并将 SW1 的 f1/1 接口和 SW2 的 f1/1 接口划分到 VLAN10，将 SW1 的 f1/2 接口和 SW2 的 f1/2 接口划分到 VLAN20，实现基于接口的 VLAN 划分。要求通过适当的实验配置，使得 PC1 和 PC3 划分到 VLAN10 中，并且能互相 Ping 通；PC2 和 PC4 划分到 VLAN20 中，并且能互相 Ping 通；PC1 和 PC2、PC3 和 PC4 之间不能互相 Ping 通。

3.2.5 实验步骤

(1) 主机 PC1 和 PC2 的基本配置，并从 PC1 Ping PC2 进行通信测试。

```
PC1 > ip 192.168.1.1 255.255.255.0          ! --- 配置 PC1 的 IP 和子网掩码
Checking for duplicate address...
PC1 : 192.168.1.1 255.255.255.0             ! --- 提示 PC1 的配置已修改成功

PC2 > ip 192.168.1.2 255.255.255.0          ! --- 配置 PC2 的 IP 和子网掩码
Checking for duplicate address...
PC2 : 192.168.1.2 255.255.255.0             ! --- 提示 PC2 的配置已修改成功

PC1 > ping 192.168.1.2                      ! --- PC1 ping PC2
84 bytes from 192.168.1.2 icmp_seq = 1 ttl = 64 time = 0.000 ms
84 bytes from 192.168.1.2 icmp_seq = 2 ttl = 64 time = 0.000 ms
84 bytes from 192.168.1.2 icmp_seq = 3 ttl = 64 time = 0.000 ms
84 bytes from 192.168.1.2 icmp_seq = 4 ttl = 64 time = 0.000 ms
84 bytes from 192.168.1.2 icmp_seq = 5 ttl = 64 time = 0.000 ms
```

默认时，交换机的全部接口都在 VLAN1 上，所以 PC1 可以 Ping 通 PC2。

(2) 在交换机 SW1 上创建 VLAN。

```
SW1 # vlan database                     ! --- 进入 vlan 配置模式
SW1(vlan) # vlan 10 name VLAN10         ! --- 创建 VLAN10
VLAN 10 added:
    Name: VLAN10
SW1(vlan) # vlan 20 name VLAN20         ! --- 创建 VLAN20
VLAN 20 added:
    Name: VLAN20
SW1(vlan)exit
Apply completed.
Exiting….                               ! --- 退出 VLAN 模式，创建的 VLAN 立即生效
```

(3) 把接口划分到 VLAN 中。

```
SW1 # conf t
SW1(config) # inter f1/1
SW1(config - if) # switch mode access        ! --- 将接口 f1/1 配置为 access 模式
SW1(config - if) # switch access vlan 10
SW1(config - if) # no shutdown
! --- 接口 f1/1 划分到了 VLAN10 中
SW1(config - if)exit
```

```
SW1(config)# inter f1/2
SW1(config-if)# switch mode access        !--- 将接口 f1/2 配置为 access 模式
SW1(config-if)# switch access vlan 20
SW1(config-if)# no shutdown
!--- 接口 f1/2 划分到了 VLAN20 中
```

(4) 利用"show vlan-switch"命令查看当前 VLAN 的信息。

```
SW1# show vlan-switch
VLAN  Name                   Status      Ports
----  -------------------    ----------  --------------------------
1     default                active      Fa1/0, Fa1/3, Fa1/4, Fa1/5
                                         Fa1/6, Fa1/7, Fa1/8, Fa1/9
                                         Fa1/10, Fa1/11, Fa1/13, Fa1/14
                                         Fa1/15
10    vlan10                 active      Fa1/1
20    vlan20                 active      Fa1/2
1002  fddi-default           active
1003  token-ring-default     active
1004  fddinet-default        active
1005  trnet-default          active
!--- 在交换机上,VLAN1 是默认 VLAN,不能删除,也不能改名。此外,还有 1002 和 1003 等 VLAN 的
存在
```

(5) 测试 VLAN 间的通信,PC1 和 PC2 之间的互 Ping。

```
PC1 > ping 192.168.1.2
host (192.168.1.2) not reachable

PC2 > ping 192.168.1.1
host (192.168.1.1) not reachable
```

由于 f1/1 和 f1/2 属于不同的 VLAN,即 PC1 和 PC2 属于不同的 VLAN,因此他们之间互 Ping 不通。

(6) 在 PC3、PC4 和 SW2 上扩展上述实验,配置 PC3 和 PC4 的 IP 地址和子网掩码,在 SW2 上创建 VLAN,并分别将接口 f1/1 和 f1/2 划分到相应的 VLAN10 和 VLAN20 中。

```
!--- 配置 PC3 和 PC4 的 IP 和子网掩码
PC3 > ip 192.168.1.3 255.255.255.0          !--- 配置 PC3 的 IP 和子网掩码
Checking for duplicate address...
PC3 : 192.168.1.3 255.255.255.0             !--- 提示 PC3 的配置已修改成功

PC4 > ip 192.168.1.4 255.255.255.0          !--- 配置 PC4 的 IP 和子网掩码
Checking for duplicate address...
PC4 : 192.168.1.4 255.255.255.0             !--- 提示 PC4 的配置已修改成功

!--- 在 SW2 上创建 VLAN
```

```
SW2#vlan database                        !--- 进入 vlan 配置模式
SW2(vlan)#vlan 10 name VLAN10            !--- 创建 VLAN10
VLAN 10 added:
     Name: VLAN10
SW2(vlan)#vlan 20 name VLAN20            !--- 创建 VLAN20
VLAN 20 added:
     Name: VLAN20
SW2(vlan)exit
Apply completed.
Exiting….                                !--- 退出 VLAN 模式,创建的 VLAN 立即生效

!--- 分别将接口 f1/1 和 f1/2 划分到相应的 VLAN10 和 VLAN20 中
SW2#conf t
SW2(config)#inter f1/1
SW2(config-if)#switch mode access        !--- 将接口 f1/1 配置为 access 模式
SW2(config-if)#switch access vlan 10
SW2(config-if)#no shutdown
!--- 接口 f1/1 划分到了 VLAN10 中
SW2(config-if)exit
SW2(config)#inter f1/2
SW2(config-if)#switch mode access        !--- 将接口 f1/2 配置为 access 模式
SW2(config-if)#switch access vlan 20
SW2(config-if)#no shutdown
!--- 接口 f1/2 划分到了 VLAN20 中
```

(7) 在 SW1 和 SW2 的接口 f1/12 上配置 Trunk。

```
SW1#conf t
SW1(config)#interface f1/12
SW1(config-if)#switchport trunk encapsulation dot1q
!--- 配置 Trunk 链路的封装类型,同一链路的两端封装要相同。有的交换机例如 2950 只能封
装 dot1q。
SW1(config-if)#switch mode trunk          !--- 将接口 f1/12 配置为 Trunk 模式

SW2#conf t
SW2(config)#interface f1/12
SW2(config-if)#switchport trunk encapsulation dot1q
SW2(config-if)#switch mode trunk
```

(8) 检查 Trunk 链路的状态,测试跨交换机、同一 VLAN 主机间的连通性。

```
SW1#show int f1/12 trunk
Port      Mode      Encapsulation      Status       Native vlan
Fa1/12    on        802.1q             trunking     1

Port      Vlans allowed on trunk
Fa1/12    1-1005

Port      Vlans allowed and active in management domain
```

```
Fa1/12     1,10,20

Port       Vlans in spanning tree forwarding state and not pruned
Fa1/12     1,10,20

PC1 > ping 192.168.1.3
84 bytes from 192.168.1.3 icmp_seq = 1 ttl = 64 time = 2.001 ms
84 bytes from 192.168.1.3 icmp_seq = 2 ttl = 64 time = 3.000 ms
84 bytes from 192.168.1.3 icmp_seq = 3 ttl = 64 time = 3.000 ms
84 bytes from 192.168.1.3 icmp_seq = 4 ttl = 64 time = 3.000 ms
84 bytes from 192.168.1.3 icmp_seq = 5 ttl = 64 time = 3.000 ms

PC3 > ping 192.168.1.1
84 bytes from 192.168.1.1 icmp_seq = 1 ttl = 64 time = 3.000 ms
84 bytes from 192.168.1.1 icmp_seq = 2 ttl = 64 time = 3.000 ms
84 bytes from 192.168.1.1 icmp_seq = 3 ttl = 64 time = 3.000 ms
84 bytes from 192.168.1.1 icmp_seq = 4 ttl = 64 time = 3.000 ms
84 bytes from 192.168.1.1 icmp_seq = 5 ttl = 64 time = 3.000 ms

PC2 > ping 192.168.1.4
84 bytes from 192.168.1.4 icmp_seq = 1 ttl = 64 time = 2.000 ms
84 bytes from 192.168.1.4 icmp_seq = 2 ttl = 64 time = 3.000 ms
84 bytes from 192.168.1.4 icmp_seq = 3 ttl = 64 time = 3.000 ms
84 bytes from 192.168.1.4 icmp_seq = 4 ttl = 64 time = 3.000 ms
84 bytes from 192.168.1.4 icmp_seq = 5 ttl = 64 time = 3.001 ms

PC4 > ping 192.168.1.2
84 bytes from 192.168.1.2 icmp_seq = 1 ttl = 64 time = 3.000 ms
84 bytes from 192.168.1.2 icmp_seq = 2 ttl = 64 time = 3.000 ms
84 bytes from 192.168.1.2 icmp_seq = 3 ttl = 64 time = 3.001 ms
84 bytes from 192.168.1.2 icmp_seq = 4 ttl = 64 time = 3.000 ms
84 bytes from 192.168.1.2 icmp_seq = 5 ttl = 64 time = 3.000 ms
```

我们看到，f1/12 接口处于 Trunk 状态，并且封装的是 802.1q，允许 1～1005 的 VLAN 数据通过。由于 PC1 和 PC3 在同一 VLAN 上，所以 PC1 和 PC3 能相互 Ping 通，PC2 和 PC4 在同一 VLAN 上，所以 PC2 和 PC4 能相互 Ping 通。

3.2.6 扩展实验

1. 实验环境

在图 3.6 所示的实验拓扑中，交换机 SW1、SW2 和 SW3 采用 Cisco 3640 路由器模拟的“EtherSwitch router”以太网交换机，分别在 slot1 上插入一块 NM-16ESW 的 16 口 10 兆以太网卡以接入各自所在的局域网和用于交换机之间互联。6 台 PC 采用 VPCS 模拟。

2. 实验要求

扩展实验要求在交换机 SW1、SW2 和 SW3 上分别创建两个虚拟局域网 VLAN10 和 VLAN20，并将 SW1 的 f1/1 接口、SW2 的 f1/1 接口和 SW3 的 f1/1 接口划分到 VLAN10，将 SW1 的 f1/2 接口、SW2 的 f1/2 接口和 SW3 的 f1/2 接口划分到 VLAN20，实现基于接

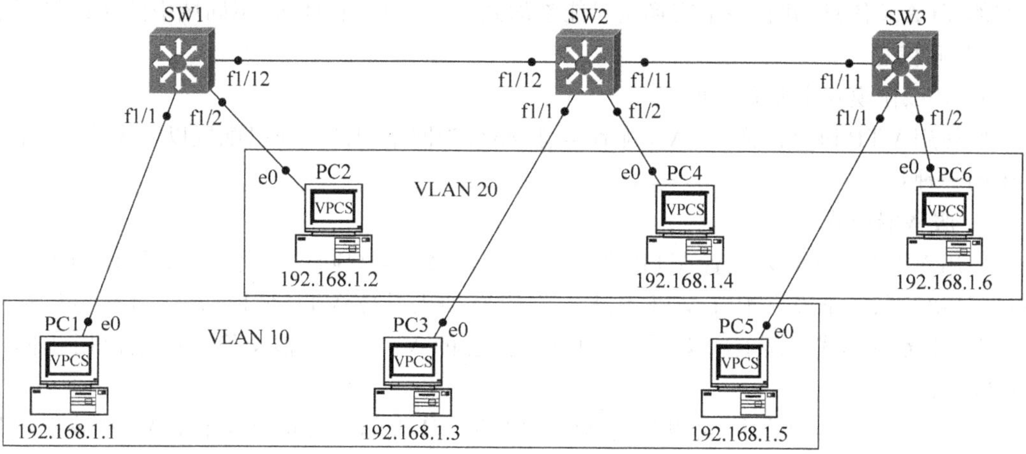

图 3.6 划分 VLAN 扩展实验拓扑

口的 VLAN 划分。

要求通过适当的配置，使得 PC1、PC3 和 PC5 划分到 VLAN10 中，并且能互相 Ping 通；PC2、PC4 和 PC6 划分到 VLAN20 中，并且能互相 Ping 通；PC1 和 PC2、PC3 和 PC4、PC5 和 PC6 之间不能互相 Ping 通。

3.3 VTP 原理与配置

3.3.1 理论知识与实验原理

如"3.2 划分虚拟局域网 VLAN"所述，为网络划分多个 VLAN 时，需事先在每台交换机创建这些 VLAN。如果网络中的交换机数量和 VLAN 数量较多，需要在每一台交换机上重复创建所有 VLAN 的操作，这样的重复操作非常烦琐且工作量让人无法忍受。

VLAN 中继协议（VLAN Trunk Protocol，VTP）是 Cisco 专用的一种用于维护和管理（如 VLAN 添加、删除和重命名）动态 VLAN（如基于 MAC 地址、IP 地址、网络协议、VLAN 管理策略等划分方式的 VLAN）的二层消息的协议。简单一点说，VTP 就是用来在中继链路上自动传播、交换 VLAN 配置信息（它是通过 VTP 服务器的 VTP 通告进行的），使得同一个 VTP 域中的交换机 VLAN 配置保持一致的一种二层协议。

使用 VTP 的好处是它可以实现在一台交换机（VTP 服务器）上配置好 VLAN 后，同一 VTP 域中的其他交换机（VTP 客户端）可以自动通过 VTP 协议学习，创建与 VTP 服务器相同 ID、名称和配置的 VLAN，这样就大大减轻了重复创建、配置 VLAN 的工作量，还可以减少多重配置和可能会引起各种问题的配置冲突，如重复的 VLAN 名、不正确的 VLAN 类型说明和安全配置。如果只是想在各交换机上手动创建基于静态访问接口类型的标准范围 VLAN，则不需要启用 VTP。

使用 VTP，就可以在一台交换机上集中进行 VLAN 配置操作，所做的变更会被自动传播到网络中所有其他的交换机上（前提是在同一个 VTP 域）。为了实现此功能，必须先建立一个 VTP 管理域，以使它能管理当前网络上的 VLAN。在同一管理域中的交换机共享它们的 VLAN 信息，并且一个交换机只能参加到一个 VTP 管理域，不同域中的交换机不能共享 VTP 信息。

VTP 工作模式主要有三种。

要使用 VTP 协议传播 VLAN 配置信息，必须为网络中的交换机配置以下 VTP 工作模式中的一种：

1. 服务器模式

使用 VTP，首先必须配置 VTP 服务器。VTP 服务器(Server)模式是交换机的默认模式(但是初始状态下没有配置 VTP 域名)，在没有加入具体 VTP 域前，每一台交换机都处于 VTP 服务器模式。所有需要共享 VLAN 信息的 VTP 服务器交换机必须使用相同的 VTP 域名。

在 VTP 服务器模式中，可以创建、修改和删除 VLAN，并且可以为整个 VTP 域指定其他配置参数(如 VTP 版本和 VTP 修剪)。同时，VTP 服务器可以通告它们的 VLAN 配置到同一个 VTP 域中的其他网络设备，并且通过中继链路发送 VTP 通告消息，同步网络中的其他设备的 VLAN 配置。换句话说，也就是在 VTP 域中，只能在处于 VTP 服务器模式的交换机上创建、删除 VLAN 配置信息，而不能在处于其他 VTP 模式的交换机上进行 VLAN 创建、删除 VLAN 操作，否则这些 VLAN 配置信息的更改也不会在 VTP 域中通告。

2. 客户端模式

VTP 客户机与 VTP 服务器一样可以通告和接收 VTP 更新，只是它不能创建、删除、更改 VTP 域中的 VLAN。VTP 客户端(Client)接收来自 VTP 服务器的通告信息，以保持与 VTP 服务器的 VLAN 配置信息同步；同时，它也可以转发来自 VTP 服务器的通告消息。

在 VTP 版本 1 和版本 2 的 VTP 客户端模式中，VLAN 配置是不保存在 NVRAM 中的，而在 VTP 版本 3 中，VLAN 配置则保存在 NVRAM 中。

3. 透明模式

工作于 VTP 透明(Transparent)模式的交换机自动忽略 VTP。因为它根本不是 VTP 成员，这样它就不能通告它的 VLAN 配置，尽管可以接收，但不能基于接收到的通告与网络中的其他交换机一起同步它的 VLAN 配置。也就是说，实际上工作于透明模式的交换机只担当 VTP 通告转发的任务，本身不应用 VTP 通告中的配置。

对 VTP 透明模式的交换机，用户可以创建、修改和删除本地交换机中的 VLAN，但是这些 VLAN 的变更不会传播给网络中的其他交换机。在 VTP 版本 1 和版本 2 中，如果要创建扩展范围 VLAN 或 PVLAN，必须配置交换机为 VTP 透明模式。而在 VTP 版本 3 中，扩展范围 VLAN 和 PVLAN 都可在 VTP 客户端或服务器模式下创建。但是更改不会发送到域中的其他交换机上，只能作用于本交换机。当交换机工作在 VTP 透明模式下时，VTP 和 VLAN 配置保存在 NVRAM 中，但不通告给其他交换机。VTP 模式和 VTP 域名保存在当前运行配置文件中，用户可以通过“copy running-config startup-config”特权模式命令把它们保存到启动配置文件中。

3.3.2 相关命令讲解

1. vtp domain domain_name

命令用于配置 VTP 域的名字。其中的 domain_name 参数用来指定 VTP 域的名字。

该命令用于 VLAN 数据库配置模式 Switch(vlan)#下。

命令使用示例:

```
Switch(vlan)#vtp domain VTP-test
```

该命令配置 VTP 域名为 VTP-test。

2. vtp password npassword

命令用于为 VTP 域配置密码。其中的 npassword 参数用来指定 VTP 域的密码。可用"no vtp password"命令取消所设置的 VTP 密码。该命令用于 VLAN 数据库配置模式 Switch(vlan)#下。

命令使用示例:

```
Switch(vlan)#vtp password Cisco
```

该命令为 VTP 域配置密码为 Cisco。

3. vtp {client | server | transparent}

命令用于指定交换机的 VTP 模式。其中的 client 参数用来指定 VTP 模式为 Client 客户端模式,三选一选项;server 参数用来指定 VTP 模式为 Server 服务器模式,三选一选项;transparent 参数用来指定 VTP 模式为 Transparent 透明模式,三选一选项。该命令用于 VLAN 数据库配置模式 Switch(vlan)#下。

命令使用示例:

1) Switch(vlan)#vtp client

该命令指定交换机的 VTP 模式为 Client 客户端模式。

2) Switch(vlan)#vtp server

该命令指定交换机的 VTP 模式为 Server 服务器模式。

3) Switch(vlan)#vtp transparent

该命令指定交换机的 VTP 模式为 Transparent 透明模式。

4. show vtp status

命令用于查看 VTP 信息。该命令用于特权模式 Switch#下。

命令使用示例:

```
Switch#show vtp status
```

该命令查看 VTP 的信息。

3.3.3 实验目的

(1) 了解 VTP 的工作原理;

(2) 掌握 VTP 的配置方法;

(3) 掌握对 VTP 配置的检查与测试;

(4) 能够使用 VTP 技术实现 VLAN 管理。

3.3.4 实验环境

在图 3.7 所示的实验拓扑中,交换机 SW1、SW2 和 SW3 采用 Cisco 3640 路由器模拟的"EtherSwitch router"以太网交换机,分别在 slot1 上插入一块 NM-16ESW 的 16 口 10 兆以太网卡以接入各自所在的局域网和用于交换机之间互联。4 台 PC 采用 VPCS 模拟。

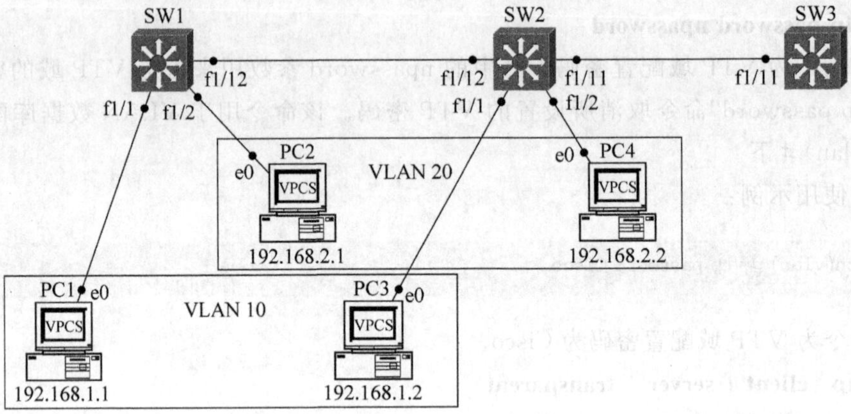

图 3.7　VTP 实验拓扑

通过在交换机 SW1 上配置 VTP 模式为 Server 服务器模式,来创建和管理两个虚拟局域网 VLAN 10 和 VLAN 20,并将 SW1 的 f1/1 接口划分到 VLAN 10,将 f1/2 接口划分到 VLAN 20,实现基于接口的 VLAN 划分。在 SW2 和 SW3 上配置 VTP 模式为 Client 客户端模式,接收来自 VTP 服务器 SW1 的通告信息,以保持与 SW1 的 VLAN 配置信息同步,同时转发此通告消息,并将 SW2 的 f1/1 接口划分到 VLAN 10,将 f1/2 接口划分到 VLAN 20,实现基于接口的 VLAN 划分。要求通过适当的实验配置,使得 PC1 和 PC3 划分到 VLAN 10 中,并且能互相 Ping 通；PC2 和 PC4 划分到 VLAN 20 中,并且能互相 Ping 通；PC1 和 PC2、PC3 和 PC4 之间不能互相 Ping 通。

3.3.5 实验步骤

(1) 查看 SW1、SW2 和 SW3 三台交换机的 VLAN 划分情况。

```
SW1# show vlan-switch
VLAN   Name                    Status    Ports
----   ------------------      ------    ------------------------
1      default                 active    Fa1/0, Fa1/1, Fa1/2, Fa1/3
                                         Fa1/4, Fa1/5, Fa1/6, Fa1/7
                                         Fa1/8, Fa1/9, Fa1/10, Fa1/11
                                         Fa1/12, Fa1/13, Fa1/14, Fa1/15
1002   fddi-default            active
1003   token-ring-default      active
1004   fddinet-default         active
1005   trnet-default           active

!--- 同理用 show vlan-switch 可查看其他交换机的 VLAN 划分情况
```

我们看到，默认时，交换机的全部接口都在 VLAN 1 上。VLAN 1 是默认 VLAN，不能删除，也不能改名。此外，还有 1002 和 1003 等 VLAN 的存在。

（2）在 SW1 与 SW2，SW2 与 SW3 之间的链路上配置 Trunk。

```
!--- 在 SW1 的接口 f1/12 和 SW2 的接口 f1/12 上配置 Trunk
SW1#conf t
SW1(config)#interface f1/12
SW1(config-if)#switchport trunk encapsulation dot1q
SW1(config-if)#switch mode trunk          !--- 将接口 f1/12 配置为 Trunk 模式
SW1(config-if)#no shutdown

SW2#conf t
SW2(config)#interface f1/12
SW2(config-if)#switchport trunk encapsulation dot1q
SW2(config-if)#switch mode trunk
SW2(config-if)#no shutdown
SW2(config-if)#exit

!--- 在 SW2 的接口 f1/11 和 SW3 的接口 f1/11 上配置 Trunk
SW2(config)#interface f1/11
SW2(config-if)#switchport trunk encapsulation dot1q
SW2(config-if)#switchport mode trunk
SW2(config-if)#no shutdown
SW2(config-if)#end

SW3#conf t
SW3(config)#interface f1/11
SW3(config-if)#switchport trunk encapsulation dot1q
SW3(config-if)#switchport mode trunk
SW3(config-if)#no shutdown
SW3(config-if)#end
```

（3）配置 VTP 服务器和客户端，配置 SW1 为 VTP Server，配置 SW2 和 SW3 为 VTP Client。

```
SW1#vlan database
SW1(vlan)#vtp server                !--- 配置 SW1 为 VTP server,实际上这是默认值
SW1(vlan)#vtp domain vtp-test       !--- 配置 VTP 域名为 vtp-test
SW1(vlan)#vtp password 123456       !--- 配置 VTP 域的密码为 123456
SW1(vlan)#exit

SW2#vlan database
SW2(vlan)#vtp client                !--- 配置 SW2 为 VTP client
SW2(vlan)#vtp domain vtp-test
SW2(vlan)#vtp password 123456
SW2(vlan)#exit

SW3#vlan database
SW3(vlan)#vtp client                !--- 配置 SW3 为 VTP client
SW3(vlan)#vtp domain vtp-test
SW3(vlan)#vtp password 123456
SW3(vlan)#exit
```

(4) 在 VTP 服务器 SW1 上创建 VLAN,检查 SW2 和 SW3 上的 VLAN 信息。

```
SW1#vlan database                     !--- 进入 vlan 配置模式
SW1(vlan)#vlan 10 name vlan10         !--- 创建 vlan10
VLAN 10 added:
    Name: vlan10
SW1(vlan)#vlan 20 name vlan20         !--- 创建 vlan20
VLAN 20 added:
    Name: vlan20
SW1(vlan)#exit
APPLY completed.
Exiting....

!--- 用 show vlan-switch 命令查看到 SW2 上的 VLAN 信息
SW2#show vlan-switch
VLAN   Name                     Status       Ports
----   -------------------      --------     ---------------------------
1      default                  active       Fa1/0, Fa1/1, Fa1/2, Fa1/3
                                             Fa1/4, Fa1/5, Fa1/6, Fa1/7
                                             Fa1/8, Fa1/9, Fa1/10, Fa1/13
                                             Fa1/14, Fa1/15
10     vlan10                   active
20     vlan20                   active
1002   fddi-default             active
1003   token-ring-default       active
1004   fddinet-default          active
1005   trnet-default            active

!--- 用 show vlan-switch 命令查看到 SW3 上的 VLAN 信息
SW3#show vlan-switch
VLAN   Name                     Status       Ports
----   -------------------      --------     ---------------------------
1      default                  active       Fa1/0, Fa1/1, Fa1/2, Fa1/3
                                             Fa1/4, Fa1/5, Fa1/6, Fa1/7
                                             Fa1/8, Fa1/9, Fa1/10, Fa1/12
                                             Fa1/13, Fa1/14, Fa1/15
10     vlan10                   active
20     vlan20                   active
1002   fddi-default             active
1003   token-ring-default       active
1004   fddinet-default          active
1005   trnet-default            active
```

我们看到,SW2 和 SW3 已经学习到了在 SW1 上创建的 VLAN 10 和 VLAN 20。

(5) 主机 PC1、PC2、PC3 以及 PC4 的基本配置。

```
PC1>ip 192.168.1.1 255.255.255.0         !--- 配置 PC1 的 IP 和子网掩码
Checking for duplicate address...
PC1 : 192.168.1.1 255.255.255.0          !--- 提示 PC1 的配置已修改成功
```

```
PC2 > ip 192.168.2.1 255.255.255.0              ! --- 配置 PC2 的 IP 和子网掩码
Checking for duplicate address...
PC2 : 192.168.2.1 255.255.255.0                 ! --- 提示 PC2 的配置已修改成功

PC3 > ip 192.168.1.2 255.255.255.0              ! --- 配置 PC3 的 IP 和子网掩码
Checking for duplicate address...
PC3 : 192.168.1.2 255.255.255.0                 ! --- 提示 PC3 的配置已修改成功

PC4 > ip 192.168.2.2 255.255.255.0              ! --- 配置 PC4 的 IP 和子网掩码
Checking for duplicate address...
PC4 : 192.168.2.2 255.255.255.0                 ! --- 提示 PC4 的配置已修改成功
```

(6) 在 SW1、SW2 上，分别将接口 f1/1 和 f1/2 划分到相应的 VLAN 10 和 VLAN 20 中，并测试 PC 间的连通性。

```
SW1 # configure terminal
SW1(config) # interface f1/1
SW1(config - if) # switchport mode access
SW1(config - if) # switchport access vlan 10          ! --- 接口 f1/1 划分到了 vlan10 中
SW1(config - if) # no shutdown
SW1(config - if) # interface f1/2
SW1(config - if) # switchport mode access
SW1(config - if) # switchport access vlan 20          ! --- 接口 f1/2 划分到了 vlan20 中
SW1(config - if) # no shutdown

SW2 # configure terminal
SW2(config) # interface f1/1
SW2(config - if) # switchport mode access
SW2(config - if) # switchport access vlan 10          ! --- 接口 f1/1 划分到了 vlan10 中
SW2(config - if) # no shutdown
SW2(config - if) # interface f1/2
SW2(config - if) # switchport mode access
SW2(config - if) # switchport access vlan 20          ! --- 接口 f1/2 划分到了 vlan20 中
SW2(config - if) # no shutdown

! --- 测试 VLAN 间的通信，PC1 和 PC2 之间的互 ping，PC3 和 PC4 之间的互 ping。
PC1 > ping 192.168.2.1
host (192.168.2.1) not reachable
PC2 > ping 192.168.1.1
host (192.168.1.1) not reachable
PC3 > ping 192.168.2.2
host (192.168.2.2) not reachable
PC4 > ping 192.168.1.2
host (192.168.1.2) not reachable

! --- 测试跨交换机、同一 VLAN 主机间的通信，PC1 和 PC3 之间的互 ping，PC2 和 PC4 之间的互 ping。
PC1 > ping 192.168.1.2
84 bytes from 192.168.1.2 icmp_seq = 1 ttl = 64 time = 3.000 ms
```

```
84 bytes from 192.168.1.2 icmp_seq = 2 ttl = 64 time = 3.000 ms
84 bytes from 192.168.1.2 icmp_seq = 3 ttl = 64 time = 3.000 ms
84 bytes from 192.168.1.2 icmp_seq = 4 ttl = 64 time = 3.000 ms
84 bytes from 192.168.1.2 icmp_seq = 5 ttl = 64 time = 3.000 ms

PC3 > ping 192.168.1.1
84 bytes from 192.168.1.1 icmp_seq = 1 ttl = 64 time = 3.000 ms
84 bytes from 192.168.1.1 icmp_seq = 2 ttl = 64 time = 3.000 ms
84 bytes from 192.168.1.1 icmp_seq = 3 ttl = 64 time = 3.000 ms
84 bytes from 192.168.1.1 icmp_seq = 4 ttl = 64 time = 3.001 ms
84 bytes from 192.168.1.1 icmp_seq = 5 ttl = 64 time = 3.000 ms

PC2 > ping 192.168.2.2
84 bytes from 192.168.2.2 icmp_seq = 1 ttl = 64 time = 2.000 ms
84 bytes from 192.168.2.2 icmp_seq = 2 ttl = 64 time = 3.000 ms
84 bytes from 192.168.2.2 icmp_seq = 3 ttl = 64 time = 3.001 ms
84 bytes from 192.168.2.2 icmp_seq = 4 ttl = 64 time = 3.000 ms
84 bytes from 192.168.2.2 icmp_seq = 5 ttl = 64 time = 1.000 ms

PC4 > ping 192.168.2.1
84 bytes from 192.168.2.1 icmp_seq = 1 ttl = 64 time = 3.000 ms
84 bytes from 192.168.2.1 icmp_seq = 2 ttl = 64 time = 2.000 ms
84 bytes from 192.168.2.1 icmp_seq = 3 ttl = 64 time = 1.000 ms
84 bytes from 192.168.2.1 icmp_seq = 4 ttl = 64 time = 3.000 ms
84 bytes from 192.168.2.1 icmp_seq = 5 ttl = 64 time = 3.001 ms
```

由于 PC1 和 PC2 属于不同的 VLAN，所以他们之间互 Ping 不通，PC3 和 PC4 属于不同的 VLAN，所以他们之间互 Ping 不通。由于 PC1 和 PC3 在同一 VLAN 上，所以 PC1 和 PC3 能相互 Ping 通，PC2 和 PC4 在同一 VLAN 上，所以 PC2 和 PC4 能相互 Ping 通。

(7) 用“show vtp status”命令查看 VTP 信息。

```
SW1 # show vtp status
VTP Version                      : 2 ! --- 该 VTP 支持版本 2
Configuration Revision           : 1 ! --- 修订号为 1,该数值非常重要
Maximum VLANs supported locally  : 256
Number of existing VLANs         : 7 ! --- VLAN 数量
VTP Operating Mode               : Server ! --- VTP 模式
VTP Domain Name                  : vtp - test ! --- VTP 域名
VTP Pruning Mode                 : Disabled ! --- VTP 修剪没有启用
VTP V2 Mode                      : Disabled ! --- VTP 版本 2 没有启动,现在是版本 1
VTP Traps Generation             : Disabled
MD5 digest                       : 0x41 0xF7 0x9B 0x43 0x7A 0x64 0xEB 0x8B
Configuration last modified by 0.0.0.0 at 3 - 1 - 02 02:20:53
Local updater ID is 0.0.0.0 (no valid interface found)

! --- 同理用 show vtp status 可查看其他交换机的 VTP 信息。
```

3.3.6 扩展实验

1. 实验环境

在图 3.8 所示的实验拓扑中，交换机 SW1、SW2 和 SW3 采用 Cisco 3640 路由器模拟的 EtherSwitch router 以太网交换机，分别在 slot1 上插入一块 NM-16ESW 的 16 口 10 兆以太网卡以接入各自所在的局域网和用于交换机之间互联。6 台 PC 采用 VPCS 模拟。

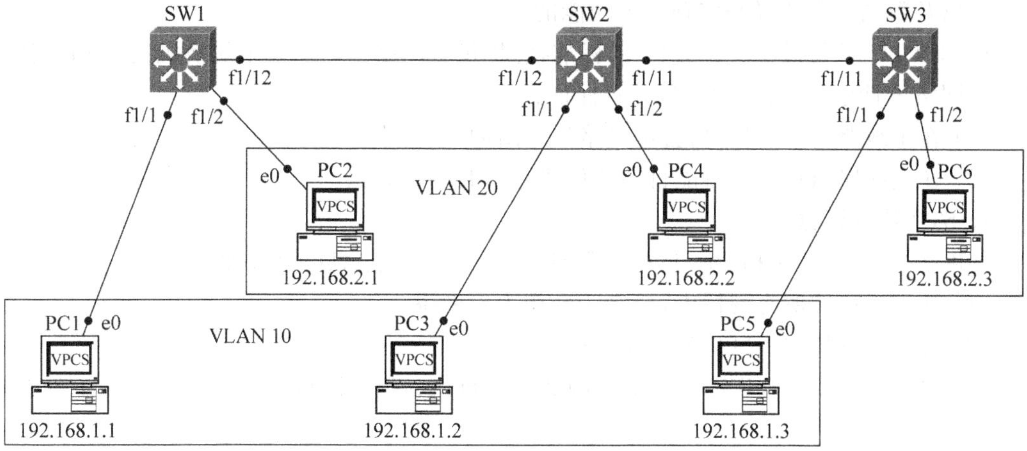

图 3.8 VTP 扩展实验拓扑

2. 实验要求

扩展实验要求在交换机 SW1 上配置 VTP 模式为 Server 服务器模式，来创建和管理两个虚拟局域网 VLAN 10 和 VLAN 20，并将 SW1 的 f1/1 接口划分到 VLAN 10，将 f1/2 接口划分到 VLAN 20，实现基于接口的 VLAN 划分。在 SW2 和 SW3 上配置 VTP 模式为 Client 客户端模式，接收来自 VTP 服务器 SW1 的通告信息，以保持与 SW1 的 VLAN 配置信息同步，同时转发此通告消息，并将 SW2 的 f1/1 接口和 SW3 的 f1/1 接口划分到 VLAN 10，将 SW2 的 f1/2 接口和 SW3 的 f1/2 接口划分到 VLAN 20，实现基于接口的 VLAN 划分。

要求通过适当的配置，使得 PC1、PC3 和 PC5 划分到 VLAN 10 中，并且能互相 Ping 通；PC2、PC4 和 PC6 划分到 VLAN 20 中，并且能互相 Ping 通；PC1 和 PC2、PC3 和 PC4、PC5 和 PC6 之间不能互相 Ping 通。

3.4 STP 原理与配置

3.4.1 理论知识与实验原理

为了增加局域网的冗余性，我们常常会在网络中引入冗余链路，然而这样却会引起交换环路。交换环路会带来三个问题：广播风暴、同一帧的多个拷贝以及交换机的 MAC 地址与端口的映射表(Context Address Map，CAM)表不稳定。

生成树协议(Spanning Tree Protocol，STP)是用来在冗余网络中阻止环路出现的一种与 VLAN 密切相关的技术。通过它,可以在需要时确保网络中的冗余链路立即激活使用,接替失效的主链路,而在正常工作时,冗余链路又处于阻塞状态,不产生网络环路的"树"型数据转发路径。

STP 是通过把网络中的交换机(也称为网桥,网桥是交换机的前身,以前的网桥最多有 8 个端口,后来被交换机替代,但我们仍然沿用网桥这个名词)指定为不同角色,然后又把交换机上的各端口指定为不同状态;同时定义了活动链路中所必需的端口状态、端口状态转换条件以及数据转发路径来实现以上功能的。

IEEE 802.1d 是最早关于 STP 的标准,它提供了网络的动态冗余切换机制。STP 使用户能在网络设计中部署备份线路,并且保证:

(1) 在主线路正常工作时,备份线路是关闭的。

(2) 在主线路出现故障时能自动备份线路,切换数据流。

1. STP 基本思想

在网桥之间传递特殊的消息(配置消息),包含足够的信息以完成如下工作:

(1) 从网络中的所有网桥中,选出一个作为根网桥;

(2) 计算本网桥到根网桥的最短路径;

(3) 对每个 LAN,选出离根桥最近的那个网桥作为指定网桥,负责所在 LAN 上的数据转发;

(4) 网桥选择一个根端口,通过该端口网桥到达根桥的路径最优;

(5) 选择除根端口之外的包含于生成树上的端口为指定端口;

(6) 堵塞所有其他端口。

2. STP 相关概念

(1) 根网桥(Root Bridge,RB):从网络中所有的网桥中选择一个根网桥作为属性拓扑的树根(一个交换网络中有且只有一个根桥交换机)。

(2) 根端口(Root Port,RP):在非根网桥中距离根网桥路径开销最小的端口(每一台非根桥交换机有且只有一个根端口)。

(3) 指定端口(Designated Port,DP):在一个网段中连接到该网段的网桥端口,它在该段网上向根交换机发送流量并从根交换机上接收流量(每一个网段有且只有一个指定端口)。

(4) 阻塞端口:每个非指定端口将成为阻塞端口。

(5) 最短路径开销:本网桥到根网桥的最短路径。

(6) 网段:星型网络对应于一个交换机端口,总线型网络对应于一条总线。

(7) 指定网桥(Designated Bridge,DB):距离根网桥最近的网桥,它负责处理所在网段到根网桥的数据转发。

(8) 网桥协议数据单元(Bridge Protocol Data Unit,BPDU):STP 要在交换机之间运行,交换配置信息,靠的就是 BPDU。在 STP 中,有两种类型的 BPDU:一种是配置 BPDU,用于交换机配置信息,它是由根网桥始发的,其类型值为 0x00;另一种是拓扑结构改变通告(TCN)BPDU,专用于在 STP 拓扑结构发生改变时发送。TCN BPDU 是由非根网桥始发的,其类型值为 0x80。

(9) 网桥 ID:网桥 ID 由两部分组成:网桥优先级(2 字节)和网桥 MAC 地址(6 字节)。网桥优先级默认为 32768,可指定优先级为 4096 的倍数,优先级值越小优先级越高。如果两个交换机有相同的优先级,那么较低的 MAC 地址就决定有较低的网桥 ID。

(10) 网桥端口 ID：网桥端口 ID 有 16 位,它是由端口优先级(8 位)和端口编号(8 位)组成的,其中端口优先级的取值范围是 0～240,默认值是 128,可以修改,但必须是 16 的倍数。

(11) 路径开销 cost：非根网桥到根网桥的路径上所有链路的成本之和。表 3.2 为不同带宽链路的链路开销。

表 3.2　不同带宽链路的链路开销

Link Speed	Cost(Revised IEEE Spec)	Cost(Previous IEEE Spec)
10 Gbps	2	1
1 Gbps	4	1
100 Mbps	19	10
10 Mbps	100	100

3. STP 角色选举

生成树(Spanning Tree,ST)的工作方式是为交换机和端口分配角色,以确保在任何时刻交换网络中点与点之间只有一条路径。它所分配的端口角色包括根网桥、指定网桥、根端口、指定端口和非指定端口。

当交换机第一次启动时就开始了根交换机的选举过程。每个交换机基于每 VLAN 方式传递一个 BPDU 到直接连接的交换机上。因为 BPDU 是通过网络传递的,所以每个交换机会把自己的 BPDU 与接收到的 BPDU 进行比较,然后交换机对哪台机成为根交换机达成一致意见。在网络中具有更低网桥 ID 的交换机将成为根交换机,赢得选举。

上述 STP 角色选举的基本过程如下：

(1) 根网桥。在整个交换网络中选举一个根网桥,即选举一个根交换机。

每个交换网络中只能有一个网桥担当根网桥。它是通过比较网桥的 BPDU 信息来选举的。在 BPDU 中包括了网桥 ID,具有更低网桥 ID 的交换机将成为根网桥。

(2) 根端口。确定了根网桥后,网络中其他交换机就成为非根网桥了。此时再为所有非根网桥选举根端口。根端口可以发送和接收配置 BPDU,或者接收 BPDU 消息包。

选择根端口的依据：

① 到达根网桥的路径开销 cost 最小。

② 直连网桥的网桥 ID 值最小。如果有多条等价路径,那么非根网桥先根据所直接连接的网桥的网桥 ID 来选择,选择连接网桥 ID 值最小的网桥的端口作为根端口。

③ 直连网桥的端口 ID 值最小。如果所连接的网桥的网桥 ID 都一样(也就是一台交换机与另一台交换机之间有两个或以上端口直接连接),则再根据所连网桥的端口 ID 值最小的那个端口作为根端口。

(3) 指定端口,指定网桥。在各个网段中选举一个指定端口。指定端口所在的交换机就是指定网桥,亦即指定交换机。

指定端口是相应网段所有端口中到达根网桥的路径开销最低的端口。在根网桥上,所有的端口都为指定端口,因为他们各自所代表的网段中到达根网桥的路径为 0。非根网桥上选择指定端口的依据：

① 到达根网桥的路径开销 cost 最小。

② 端口所在网桥的网桥 ID 值最小。如果有多条等价路径，那么先根据端口所在网桥的网桥 ID 来选择，选择所在网桥 ID 值最小的端口作为指定端口。

③ 直连网桥的端口 ID 值最小。根据所连网桥的端口 ID 值最小的那个端口作为指定端口。

(4) 非指定端口(阻塞端口)。在 STP 中，除了根端口和指定端口外的交换端口都属于非指定端口，非指定端口是处于阻塞状态的，不能接收和发送配置信息和 BPDU。

4. STP 端口状态

在 STP 中，各种类型的端口都有与其对应的工作状态。STP 中端口存在以下 5 种状态：

(1) 阻塞(Blocking)：不接收或转发数据，接收但不发送 BPDUs，不进行地址学习；

(2) 侦听(Listening)：这是端口自阻塞状态后的第一个过渡状态。不接收或转发数据，接收并发送 BPDUs，不进行地址学习；

(3) 学习(learning)：不接收或转发数据，接收并发送 BPDUs，开始地址学习；

(4) 转发(Forwarding)：接收并转发数据，接收并发送 BPDUs，进行地址学习；

(5) 禁止(Disabled)：不收发任何报文，不参与 STP。

以上状态的端口在数据通信中可进行以下 5 个状态转变过程：

(1) 从初始化到阻塞状态；

(2) 从阻塞到侦听或者禁用状态；

(3) 从侦听到学习或者禁用状态；

(4) 从学习到转发或者禁用状态；

(5) 从转发到禁用状态。

5. STP 默认配置

STP 是最初的生成树技术，通常是指单生成树，也就是一个 VLAN 对应一个生成树实例，配置的 STP 属性只在对应的 VLAN 中应用。默认时，Cisco 交换机会为每个 VLAN 都生成一个单独的 STP 树，称为 PVST(Per VLAN Spanning Tree)。

支持 STP 的交换机都有一个默认配置，实际应用的配置都是基于这个默认配置进行修改的。表 3.3 为交换机的默认 STP 配置。

表 3.3 STP 默认配置

特 征	默 认 值
启用状态	所有 VLAN 都启用 STP，最大可开启 128 个生成树实例
桥优先值	32768
STP 端口优先级	128
STP 端口开销	千兆以太网为 4，快速以太网为 19，以太网为 100
STP VLAN 端口优先级	128
STP VLAN 端口开销	千兆以太网为 4，快速以太网为 19，以太网为 100
发送 Hello 消息的时间间隔	2 秒
转发时延	15 秒
最大生存时间	20 秒
模式	PVST

3.4.2 相关命令讲解

1. spanning-tree vlan vlan-id priority npriority

命令用于配置交换机中指定 VLAN 的网桥优先级。其中的 vlan-id 参数用于指定 VLAN ID,可以用连接号或逗号隔开多个,VLAN ID 范围为 1～4094；npriority 参数用于指定网桥优先级,范围为 0～61440,步长为 4096(非 4096 的步长值,不接受),默认为 32768,数值越小将被优先选为根桥。该命令用于全局配置模式 Switch(config)#下。

命令使用示例：

```
Switch(config)#spanning-tree vlan 1 priority 4096
```

该命令配置交换机 VLAN 1 的网桥优先级值为 4096。

2. show spanning-tree

命令用于查看交换机中所有 VLAN 的 STP 树配置信息。该命令用于特权模式 Switch#下。

命令使用示例：

```
Switch# show spanning - tree
```

该命令查看交换机中所有 VLAN 的 STP 树配置信息。

3. show spanning-tree vlan vlan-id

命令用于查看交换机中指定 VLAN 的 STP 树配置信息。其中的 vlan-id 参数用来指定 VLAN ID,VLAN ID 范围为 1～4094。该命令用于特权模式 Switch#下。

命令使用示例：

```
Switch# show spanning - tree vlan 1
```

该命令查看交换机中 VLAN 1 的 STP 树配置信息。

3.4.3 实验目的

(1) 了解 STP 的工作原理；

(2) 掌握 STP 的配置方法；

(3) 掌握对 STP 配置的检查与测试；

(4) 掌握 STP 角色选举过程的分析。

3.4.4 实验环境

在图 3.9 所示的实验拓扑中,交换机 SW1、SW2 和 SW3 采用 Cisco 3640 路由器模拟的"EtherSwitch router"以太网交换机,分别在 slot1 上插入一块 NM-16ESW 的 16 口 10 兆以太网卡以接入各自所在的局域网和用于交换机之间互联。4 台 PC 采用 VPCS 模拟。

通过在交换机 SW1 上配置 VTP 模式为 Server 服务器模式,来创建和管理两个虚拟局域网 VLAN 10 和 VLAN 20,并将 SW1 的 f1/1 接口划分到 VLAN 10,将 f1/2 接口划分到 VLAN 20,实现基于接口的 VLAN 划分。在 SW2 和 SW3 上配置 VTP 模式为 Client 客户

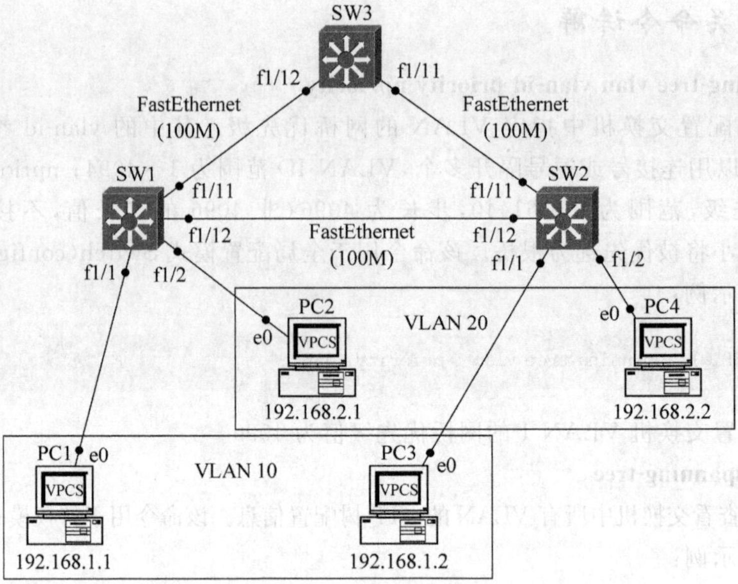

图 3.9　STP 实验拓扑

端模式，接收来自 VTP 服务器 SW1 的通告信息，以保持与 SW1 的 VLAN 配置信息同步，同时转发此通告消息，并将 SW2 的 f1/1 接口划分到 VLAN 10，将 f1/2 接口划分到 VLAN 20，实现基于接口的 VLAN 划分。要求通过适当的实验配置，分析 STP 角色选举过程并画出 STP 树，并且使用"show spanning-tree vlan vlan-id"命令进行确认。

3.4.5　实验步骤

(1) 在 SW1、SW2 和 SW3 上进行 VTP 配置，利用 VTP 在交换机上创建 VLAN 10 和 VLAN 20，三台交换机之间的链路配置为 Trunk。

```
!---SW1 的配置
!---vtp 设置
SW1#vlan database
SW1(vlan)#vtp server
SW1(vlan)#vtp domain vtp-test
SW1(vlan)#vtp password 123456
SW1(vlan)#exit
!---创建 vlan
SW1#vlan database
SW1(vlan)#vlan 10 name vlan10
VLAN 10 added:
    Name: vlan10
SW1(vlan)#vlan 20 name vlan20
VLAN 20 added:
    Name: vlan20
SW1(vlan)#exit
APPLY completed.
Exiting....
```

```
!--- 配置 trunk
SW1#conf t
SW1(config)#interface f1/11
SW1(config-if)#switchport trunk encapsulation dot1q
SW1(config-if)#switchport mode trunk
SW1(config-if)#no shutdown
SW1(config-if)#exit
SW1(config)#interface f1/12
SW1(config-if)#switchport trunk encapsulation dot1q
SW1(config-if)#switchport mode trunk
SW1(config-if)#no shutdown
SW1(config-if)#exit

!--- SW2 的配置
!--- vtp 设置
SW2#vlan database
SW2(vlan)#vtp client
SW2(vlan)#vtp domain vtp-test
SW2(vlan)#vtp password 123456
SW2(vlan)#exit
!--- 配置 trunk
SW2#conf t
SW2(config)#interface f1/12
SW2(config-if)#switchport trunk encapsulation dot1q
SW2(config-if)#switchport mode trunk
SW2(config-if)#no shutdown
SW2(config-if)#exit
SW2(config)#interface f1/11
SW2(config-if)#switchport trunk encapsulation dot1q
SW2(config-if)#switchport mode trunk
SW2(config-if)#no shutdown
SW2(config-if)#exit

!--- SW3 的配置
!--- vtp 设置
SW3#vlan database
SW3(vlan)#vtp client
SW3(vlan)#vtp domain vtp-test
SW3(vlan)#vtp password 123456
SW3(vlan)#exit
!--- 配置 trunk
SW3#conf t
SW3(config)#interface f1/12
SW3(config-if)#switchport trunk encapsulation dot1q
SW3(config-if)#switchport mode trunk
SW3(config-if)#no shutdown
SW3(config-if)#exit
SW3(config)#interface f1/11
SW3(config-if)#switchport trunk encapsulation dot1q
SW3(config-if)#switchport mode trunk
SW3(config-if)#no shutdown
SW3(config-if)#exit
```

(2) 分析 STP 选举过程(根网桥、根接口、指定端口、阻塞端口)。

① 选择根网桥。

在默认情况下,网桥优先级均为 32768。因此,网桥 ID 的大小由 Mac 地址决定。在本拓扑中,SW1 的 Mac 地址最小,故 SW1 作为根网桥。

② 选择根端口(RP)。

除了根网桥 SW1 以外,SW2、SW3 都需要选择 RP。

对于 SW2:

- f1/11 到根网桥 SW1 的路径累加成本 cost 是 19+19=38(需经 SW3);
- f1/12 到根网桥 SW1 的路径累加成本 cost 是 19;

因此选择 f1/12 作为根端口。

对于 SW3:

- f1/11 到根网桥 SW1 的路径累加成本 cost 是 19+19=38(需经 SW2);
- f1/12 到根网桥 SW1 的路径累加成本 cost 是 19;

因此选择 f1/12 作为根端口。

③ 选择指定端口(DP)。

每一个网段均需要选定 DP。

- 因为交换机 SW1 上的端口到根网桥的路径累加成本 cost 都是 0,比其他交换机端口到根网桥的 cost 都要小,所以 SW1 的两个端口都是指定端口 DP;
- 对于 SW2 和 SW3 的连接网段,比较从 SW2 的 f1/11 发出的 BDPU 的 cost 和从 SW3 的 f1/11 发出的 BDPU 的 cost,选取拥有较小的 cost 的端口为 DP。在此,cost 均为 19,因此要根据网桥 ID 和端口 ID 来决定,在此网桥 ID 较小者为 DP。因此 SW2 的 f1/11 为 DP。

④ 选择需要阻塞的端口。

在一个交换网络中,所有非指定端口 DP 都将被阻塞,所以 SW3 的 f1/11 被阻塞,如图 3.10 所示。

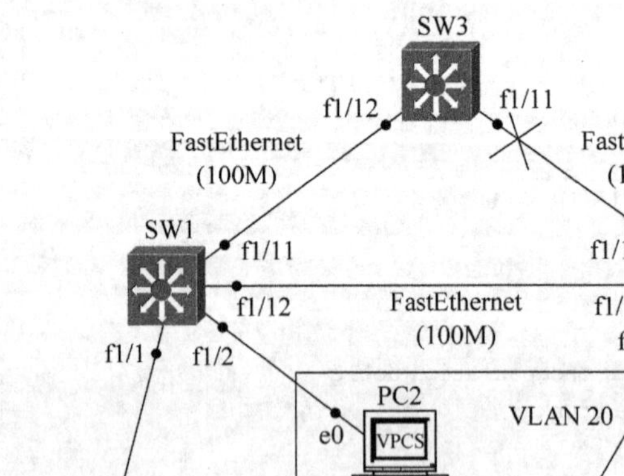

图 3.10 STP 阻塞的端口

⑤ STP 生成一棵没有环路的树，如图 3.11 所示。

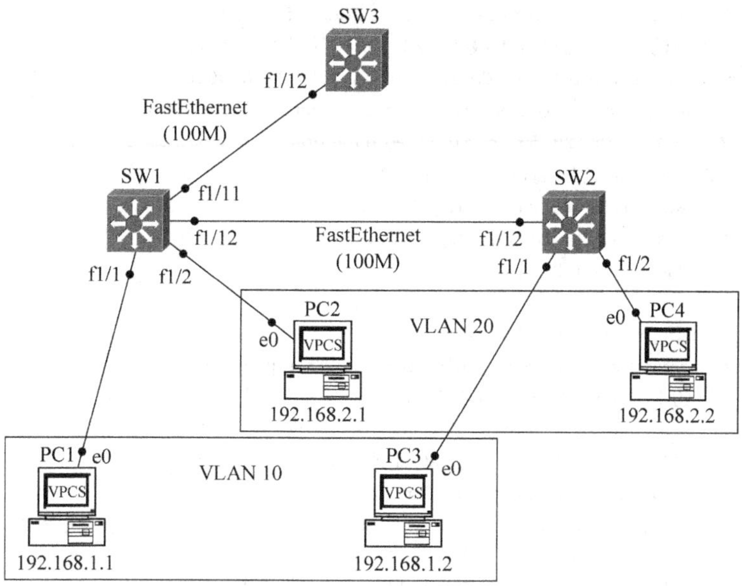

图 3.11　生成的 STP

(3) 检查初始的 STP 树。使用 show spanning-tree vlan vlan-id 命令查看交换机中指定 VLAN 的 STP 树配置。

```
!--- 查看交换机中 VLAN 1 的 STP 树配置信息
SW1#show spanning-tree vlan 1
VLAN1 is executing the ieee compatible Spanning Tree protocol
!--- 表明运行的 STP 协议是 IEEE 的 802.1D
  Bridge Identifier has priority 32768, address cc03.0100.0000
!--- 根网桥 ID 优先级为 32768 默认值; MAC 地址为 cc03.0100.0000
  Configured hello time 2, max age 20, forward delay 15
  We are the root of the spanning tree                    !--- SW1 为根网桥
  Topology change flag not set, detected flag not set
  Number of topology changes 1 last change occurred 00:02:27 ago
          from FastEthernet1/12
  Times: hold 1, topology change 35, notification 2
          hello 2, max age 20, forward delay 15
  Timers: hello 0, topology change 0, notification 0, aging 300
 Port 52 (FastEthernet1/11) of VLAN1 is forwarding       !--- f1/11 处于转发状态
   Port path cost 19, Port priority 128, Port Identifier 128.52.
!--- 端口路径开销为 19,端口优先级为 128,端口 ID 值为 128.52
   Designated root has priority 32768, address cc03.0100.0000
   Designated bridge has priority 32768, address cc03.0100.0000
   Designated port id is 128.52, designated path cost 0
!--- 本身就是根网桥的指定端口,cost 值为 0
   Timers: message age 0, forward delay 0, hold 0
   Number of transitions to forwarding state: 1
   BPDU: sent 307, received 20
```

```
Port 53 (FastEthernet1/12) of VLAN1 is forwarding            ! --- f1/12 处于转发状态
   Port path cost 19, Port priority 128, Port Identifier 128.53.
! --- 端口路径开销为 19,端口优先级为 128,端口 ID 值为 128.53
   Designated root has priority 32768, address cc03.0100.0000
   Designated bridge has priority 32768, address cc03.0100.0000
   Designated port id is 128.53, designated path cost 0
! --- 本身就是根网桥的指定端口,cost 值为 0
   Timers: message age 0, forward delay 0, hold 0
   Number of transitions to forwarding state: 1
   BPDU: sent 324, received 16

SW2 # show spanning - tree vlan 1
 VLAN1 is executing the ieee compatible Spanning Tree protocol
! --- 表明运行的 STP 协议是 IEEE 的 802.1D
  Bridge Identifier has priority 32768, address cc04.1700.0000
! --- 网桥 ID 优先级为 32768 默认值; MAC 地址为 cc04.1700.0000
  Configured hello time 2, max age 20, forward delay 15
  Current root has priority 32768, address cc03.0100.0000  ! --- SW1 为根网桥
  Root port is 53 (FastEthernet1/12), cost of root path is 19
! --- f1/12 为根端口,到根网桥 SW1 的路径累加成本 cost 值为 19
  Topology change flag not set, detected flag not set
  Number of topology changes 4 last change occurred 00:09:13 ago
          from FastEthernet1/12
  Times: hold 1, topology change 35, notification 2
          hello 2, max age 20, forward delay 15
  Timers: hello 0, topology change 0, notification 0, aging 300
 Port 52 (FastEthernet1/11) of VLAN1 is forwarding            ! --- f1/11 处于转发状态
   Port path cost 19, Port priority 128, Port Identifier 128.52.
! --- 端口路径开销为 19,端口优先级为 128,端口 ID 值为 128.52
   Designated root has priority 32768, address cc03.0100.0000
   Designated bridge has priority 32768, address cc04.1700.0000
   Designated port id is 128.52, designated path cost 19
! --- 穿越了本身的根端口,cost 值为 19
   Timers: message age 0, forward delay 0, hold 0
   Number of transitions to forwarding state: 1
   BPDU: sent 513, received 14
 Port 53 (FastEthernet1/12) of VLAN1 is forwarding            ! --- f1/12 处于转发状态
   Port path cost 19, Port priority 128, Port Identifier 128.53.
! --- 端口路径开销为 19,端口优先级为 128,端口 ID 值为 128.53
   Designated root has priority 32768, address cc03.0100.0000
   Designated bridge has priority 32768, address cc03.0100.0000
   Designated port id is 128.53, designated path cost 0
! --- 与 SW1 的指定端口直连,cost 值为 0
   Timers: message age 1, forward delay 0, hold 0
   Number of transitions to forwarding state: 1
   BPDU: sent 2, received 258

SW3 # show spanning - tree vlan 1
VLAN1 is executing the ieee compatible Spanning Tree protocol
! --- 表明运行的 STP 协议是 IEEE 的 802.1D
```

```
 Bridge Identifier has priority 32768, address cc05.15d4.0000
!--- 网桥 ID 优先级为 32768 默认值; MAC 地址为 cc05.04e0.0000
 Configured hello time 2, max age 20, forward delay 15
 Current root has priority 32768, address cc03.0100.0000          !--- SW1 为根网桥
 Root port is 53 (FastEthernet1/12), cost of root path is 19
!--- f1/12 为根端口,到根网桥 SW1 的路径累加成本 cost 值为 19
 Topology change flag not set, detected flag not set
 Number of topology changes 2 last change occurred 00:52:38 ago
          from FastEthernet1/11
 Times: hold 1, topology change 35, notification 2
          hello 2, max age 20, forward delay 15
 Timers: hello 0, topology change 0, notification 0, aging 300
Port 52 (FastEthernet1/11) of VLAN1 is blocking                  !--- f1/11 处于阻塞状态
  Port path cost 19, Port priority 128, Port Identifier 128.52.
!--- 端口路径开销为 19,端口优先级为 128,端口 ID 值为 128.52
  Designated root has priority 32768, address cc03.0100.0000
  Designated bridge has priority 32768, address cc04.1700.0000
  Designated port id is 128.52, designated path cost 19
!--- 穿越了本身的根端口,cost 值为 19
  Timers: message age 2, forward delay 0, hold 0
  Number of transitions to forwarding state: 0
  BPDU: sent 2, received 1580
Port 53 (FastEthernet1/12) of VLAN1 is forwarding                !--- f1/12 处于转发状态
  Port path cost 19, Port priority 128, Port Identifier 128.53.
!--- 端口路径开销为 19,端口优先级为 128,端口 ID 值为 128.53
  Designated root has priority 32768, address cc03.0100.0000
  Designated bridge has priority 32768, address cc03.0100.0000
  Designated port id is 128.52, designated path cost 0
!--- 与 SW1 的指定端口直连,cost 值为 0
  Timers: message age 9, forward delay 0, hold 0
  Number of transitions to forwarding state: 1
  BPDU: sent 1, received 1580

!--- 可在 SW1、SW2 和 SW3 上分别使用 show spanning - tree vlan 10 和 show spanning - tree vlan 20
命令查看 VLAN 10 和 VLAN 20 的 STP 树配置信息。
```

3.4.6 扩展实验

1. 实验环境

在图 3.12 所示的实验拓扑中,交换机 SW1、SW2 和 SW3 采用 Cisco 3640 路由器模拟的 EtherSwitch router 以太网交换机,分别在 slot1 上插入一块 NM-16ESW 的 16 口 10 兆以太网卡以接入各自所在的局域网和用于交换机之间互联。6 台 PC 采用 VPCS 模拟。

2. 实验要求

扩展实验要求在交换机 SW1 上配置 VTP 模式为 Server 服务器模式,来创建和管理两个虚拟局域网 VLAN 10 和 VLAN 20,并将 SW1 的 f1/1 接口划分到 VLAN 10,将 f1/2 接口划分到 VLAN 20,实现基于接口的 VLAN 划分。在 SW2 和 SW3 上配置 VTP 模式为 Client 客户端模式,接收来自 VTP 服务器 SW1 的通告信息,以保持与 SW1 的 VLAN 配置信息同步,同时转发此通告消息,并将 SW2 的 f1/1 接口划分到 VLAN 10,将 f1/2 接口划分

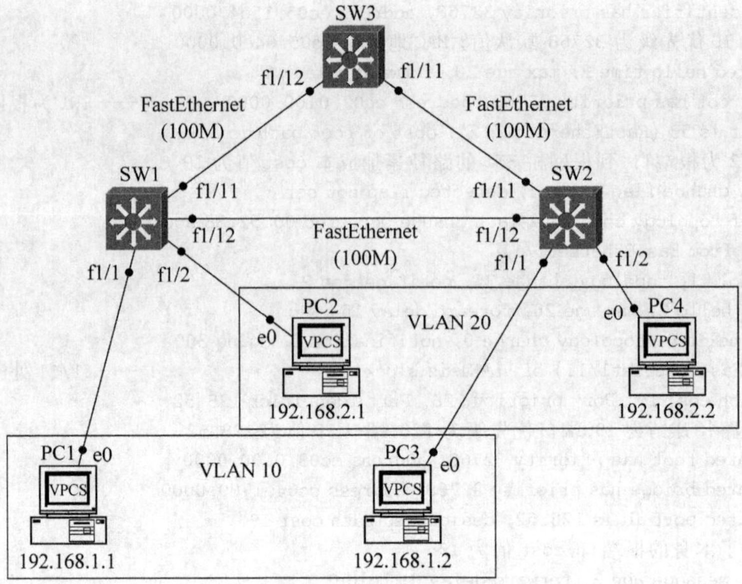

图 3.12 STP 扩展实验拓扑

到 VLAN 20,实现基于接口的 VLAN 划分。针对 VLAN 1 指定 SW3 作为根网桥,通过改变交换机 SW3 的 VLAN 1 的网桥优先级来改变根桥。

要求通过适当的配置,分析 STP 角色选举过程并画出 STP 树,并且使用 show spanning-tree 命令进行确认。

3.5 VLAN 间路由

3.5.1 理论知识与实验原理

不同局域网 LAN 之间物理上隔绝,而不同的虚拟局域网 VLAN 之间逻辑上隔绝。不同 VLAN 之间虽然物理上连接在一起,但是交换机自动丢弃不同 VLAN 之间的交换数据。因此,分属不同 LAN 或 VLAN 的计算机之间无法直接通信,需要借助于第三层设备(一般是路由器)在两个局域网之间转发数据,从而实现不同局域网的计算机之间的通信。

实现 VLAN 间通信要借助第三层设备,一般采用单臂路由模式或三层交换机。

1. 单臂路由

处于不同 VLAN 的计算机即使连接在同一交换机上,它们之间的通信也必须使用路由器转发。常见的方法是在每个 VLAN 上使用一个以太网口和路由器连接。采用这种方法,如果要实现 *N* 个 VLAN 间的通信,则路由器需要 *N* 个以太网接口,同时也需占用 *N* 个交换机接口。单臂路由提供了另外一种解决方案：路由器只需要一个以太网接口和其中一台交换机连接,交换机的这个接口设置为 Trunk 接口。在路由器上创建多个子接口和不同的 VLAN 连接,子接口是路由器物理接口上的逻辑接口。如图 3.13,当交换

图 3.13 单臂路由示意图

机收到 VLAN 1 的计算机发送给 VLAN 2 的计算机的数据帧后，通过 Trunk 接口转发给路由器。由于该链路是 Trunk 链路，帧中带有 VLAN 1 的标签，帧到达路由器后，路由器将把数据帧中的 VLAN 1 标签修改成为 VLAN 2 的标签并通过 Trunk 链路发回交换机继续转发；当与目的计算机相连的交换机收到该帧，去掉 VLAN 2 标签，发送给 VLAN 2 上的计算机，从而实现了 VLAN 间的通信。由于路由器与交换机之间使用单条链路相连，所有的数据包从 F0/0 进去，又从 F0/0 出来，不像传统网络拓扑中数据包从某个接口进入，从另一个接口离开路由器，所以大家给这种拓扑方式起了一个形象的名字——单臂路由。

当然，节省物理端口也为单臂路由带来一定的弊端：

(1) VLAN 之间的通信需要路由器来完成；

(2) 数据量增大，路由器与交换机之间的通道会成为整个网络的瓶颈。

2. 子接口

子接口(subinterface)是通过一定的协议和技术从一个物理接口(interface)虚拟出来的多个逻辑接口，它的出现打破了每个设备存在物理接口数量有限的局限性。相对子接口而言，这个物理接口称为父接口。一个父接口可以配置多个子接口，而且各子接口之间是互相独立的，子接口只支持三层转发，不支持二层转发，同一个父接口下的不同子接口按照 802.1q 值进行区分。在路由器中，一个子接口的取值范围是 0～4096，当然受父接口物理性能限制，实际中并无法完全达到 4096 个，数量越多，各子接口性能越差。子接口号的标识是在父接口号后面接一个小圆点(.)，然后带一个子接口号，如 FastEthernet 0/1.10、serial 0/1.1 等。

这些虚拟子接口只是共享物理接口的物理层参数，但数据链路层和网络层的参数可以各自配置，所以它可以封装不同的 802.1q 的标记(同一个物理接口上的不同子接口的 802.1q 标记必须不同)，可以配置不同的 IP 地址和子网掩码。

子接口与物理接口的配置过程基本类似，只是在接口号标记上有所不同，另外还需要以不同的 802.1q tag 进行二层封装。

3. 三层交换

采用单臂路由实现 VLAN 间的路由时转发速率较慢，在实际工作中多在局域网内部采用三层交换的方式实现 VLAN 间路由。由于三层交换机采用硬件来实现路由，所以其路由数据包的速率是普通路由器的几十倍。从使用者的角度可以把三层交换机看成是二层交换机和路由器的组合，如图 3.14 所示，这个虚拟的路由器和每个 VLAN 都有一个接口进行连接，不过这些接口的名称是 VLAN 1 或 VLAN 2。Cisco 主要采用特快交换(Cisco Express Forwarding，CEF)的三层交换技术。在 CEF 技术中，交换机利用路由表形成转发信息库(Forwording Information Base，FIB)，FIB 和路由表是同步的，关键的是它的查询是硬件化，查询速度快得多。除了 FIB，还有邻接表(Adjacency Table)，该表和 ARP 表有些类似，主要放置了第二层的封装信息。FIB 和邻接表都是在数据转发之前就已经建立准备好了，这样一有数据要转发，交换机就能直接利用它们进行数据转发和封装，不需要查询路由表和发送 ARP 请求，所以 VLAN 间的路由速率大大提高。

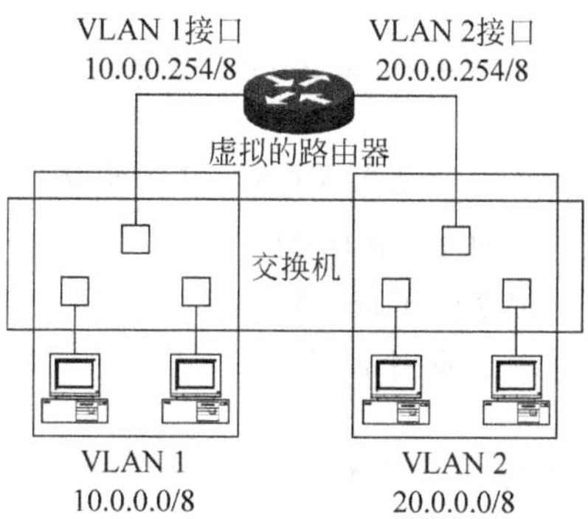

图 3.14　三层交换示意图

3.5.2 相关命令讲解

1. interface subinterface

命令用于定义子接口，进入子接口配置模式。其中的 subinterface 参数用来指定子接口。该命令用于接口配置模式 Router(config-if)＃下。

命令使用示例：

```
Router(config-if)# interface f0/0.10
```

该命令定义子接口 f0/0.10，进入子接口配置模式。

2. encapsulation dot1q tag

命令用于把子接口以 802.1q 协议进行封装，并分配标记号。其中的 tag 参数用来指定标记号。该命令用于子接口配置模式 Router(config-subif)＃下。

命令使用示例：

```
Router(config)# interface f0/0.10
Router(config-subif)# encapsulation dot1Q 10
```

该命令把子接口 f0/0.10 以 802.1q 协议进行封装，并承载 vlan 10 的流量。

3. ip routing

命令用于在三层交换机上启动路由功能，否则三层交换机不具备路由功能。该命令用于全局配置模式 Switch(config)＃下。

命令使用示例：

```
Switch(config)# ip routing
```

该命令启动三层交换机的路由功能。

4. interface vlan vlan-id

命令用于进入指定的 VLAN 逻辑接口。其中的 vlan-id 参数用来指定 VLAN ID，有效的 VLAN ID 范围是 1～4094。该命令用于全局配置模式 Switch(config)＃下。

命令使用示例：

```
Switch(config)# interface vlan 10
```

该命令进入 VLAN10 逻辑接口。

5. show ip route

命令用于查看路由表。该命令用于特权模式 Switch＃下。

命令使用示例：

```
Switch# show ip route
```

该命令查看路由表。

3.5.3 实验目的

(1) 了解 VLAN 间路由的工作原理；

(2) 掌握单臂路由实现 VLAN 路由的配置方法；

(3) 掌握三层交换实现 VLAN 路由的配置方法；

(4) 掌握对 VLAN 间路由配置的检查与测试；

(5) 能够使用单臂路由或三层交换技术实现不同 VLAN 间用户的通信。

3.5.4 实验环境

1. 单臂路由实验环境

在图 3.15 所示的实验拓扑中，交换机 SW1 和 SW2 采用 Cisco 3640 路由器模拟的 EtherSwitch router 以太网交换机，分别在 slot1 上插入一块 NM-16ESW 的 16 口 10 兆以太网卡以接入各自所在的局域网和用于交换机之间互联。Cisco 3640 路由器 R1，在 slot1 上插入一块 NM-1FE-TX 的 1 口 100 兆快速以太网卡以用于与交换机 SW1 之间互联。4 台 PC 采用 VPCS 模拟。

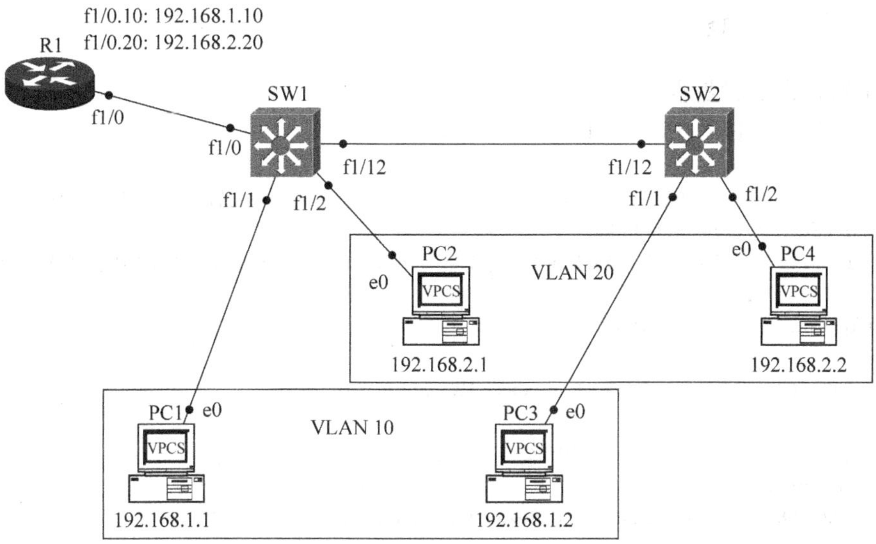

图 3.15 单臂路由实验拓扑

通过在交换机 SW1 和 SW2 上分别创建两个虚拟局域网 VLAN 10 和 VLAN 20，并将 SW1 的 f1/1 接口和 SW2 的 f1/1 接口划分到 VLAN 10，将 SW1 的 f1/2 接口和 SW2 的 f1/2 接口划分到 VLAN 20，实现基于接口的 VLAN 划分。在 R1 的物理以太网接口下创建子接口，并定义封装类型。要求通过适当的实验配置，使得 PC1 和 PC3 划分到 VLAN 10 中，并且能互相 Ping 通；PC2 和 PC4 划分到 VLAN 20 中，并且能互相 Ping 通；PC1 和 PC2、PC3 和 PC4 之间也能互相 Ping 通。

2. 三层交换实验环境

在图 3.16“三层交换实验拓扑”所示的实验拓扑中，交换机 SW 采用 Cisco 3640 路由器模拟的 EtherSwitch router 以太网交换机，在 slot1 上插入一块 NM-16ESW 的 16 口 10 兆以太网卡以接入其所在的局域网。两台 PC 采用 VPCS 模拟。

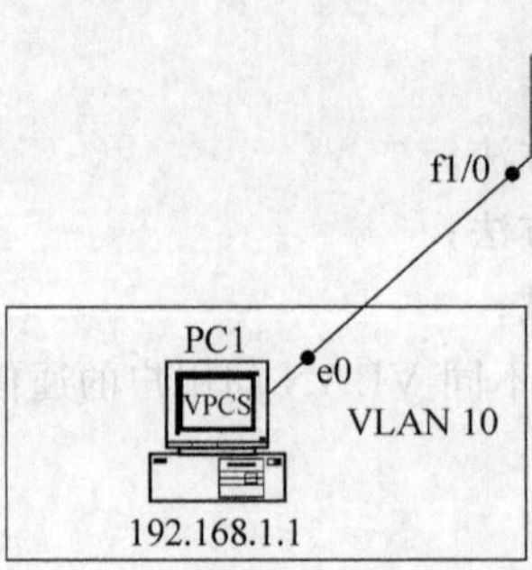

图 3.16　三层交换实验拓扑

通过在交换机 SW 上创建两个虚拟局域网 VLAN 10 和 VLAN 20，并将 SW 的 f1/0 接口划分到 VLAN 10，将 SW 的 f1/1 接口划分到 VLAN 20，实现基于接口的 VLAN 划分。在 SW 上开启路由功能，并在其 VLAN 接口上配置 IP 地址。要求通过适当的实验配置，使得 PC1 划分到 VLAN 10 中，PC2 划分到 VLAN 20 中，PC1 和 PC2 之间能互相 Ping 通。

3.5.5　实验步骤

1. 单臂路由实验步骤

(1) 主机 PC1、PC2、PC3 和 PC4 的基本配置。

```
PC1 > ip 192.168.1.1 192.168.1.10 24                          ! --- 配置 PC1 的 IP、网关和子网掩码
Checking for duplicate address...
PC1 : 192.168.1.1 255.255.255.0 gateway 192.168.1.10          ! --- 提示 PC1 的配置已修改成功

PC2 > ip 192.168.2.1 192.168.2.20 24
Checking for duplicate address...
PC2 : 192.168.2.1 255.255.255.0 gateway 192.168.2.20

PC3 > ip 192.168.1.2 192.168.1.10 24
Checking for duplicate address...
PC3 : 192.168.1.2 255.255.255.0 gateway 192.168.1.10

PC4 > ip 192.168.2.2 192.168.2.20 24
Checking for duplicate address...
PC4 : 192.168.2.2 255.255.255.0 gateway 192.168.2.20
```

(2) 在 SW1、SW2 上分别创建 VLAN，把接口划分到实验拓扑图中指定的 VLAN 中，并把连接 SW1 和 SW2 的 f1/12 接口配置成 Trunk 口。

```
SW1 # vlan database                          ! --- 进入 vlan 配置模式
SW1(vlan) # vlan 10 name vlan10              ! --- 创建 vlan10
VLAN 10 added:
    Name: vlan10
SW1(vlan) # vlan 20 name vlan20              ! --- 创建 vlan20
```

```
VLAN 20 added:
    Name: vlan20
SW1(vlan)#exit
APPLY completed.
Exiting....                                 !---退出 VLAN 模式,创建的 VLAN 立即生效
SW1#configure terminal
Enter configuration commands, one per line. End with CNTL/Z.
SW1(config)#interface f1/1
SW1(config-if)#switchport mode access       !---将接口 f1/1 配置为 access 模式
SW1(config-if)#switchport access vlan 10    !---接口 f1/1 划分到 vlan10 中
SW1(config-if)#no shutdown
SW1(config-if)#interface f1/2
SW1(config-if)#switchport mode access
SW1(config-if)#switchport access vlan 20    !---接口 f1/2 划分到 vlan20 中
SW1(config-if)#no shutdown
SW1(config-if)#exit
SW1(config)#interface f1/12
SW1(config-if)#switchport trunk encapsulation dot1q
SW1(config-if)#switchport mode trunk        !---将接口 f1/12 配置为 Trunk 模式
SW1(config-if)#no shutdown
SW1(config-if)#exit

SW2#vlan database
SW2(vlan)#vlan 10 name vlan10
VLAN 10 added:
    Name: vlan10
SW2(vlan)#vlan 20 name vlan20
VLAN 20 added:
    Name: vlan20
SW2(vlan)#exit
APPLY completed.
Exiting....
SW2#configure terminal
Enter configuration commands, one per line. End with CNTL/Z.
SW2(config)#interface f1/1
SW2(config-if)#switchport mode access
SW2(config-if)#switchport access vlan 10
SW2(config-if)#no shutdown
SW2(config-if)#exit
SW2(config)#interface f1/2
SW2(config-if)#switchport mode access
SW2(config-if)#switchport access vlan 20
SW2(config-if)#no shutdown
SW2(config-if)#exit
SW2(config)#interface f1/12
SW2(config-if)#switchport trunk encapsulation dot1q
SW2(config-if)#switchport mode trunk
SW2(config-if)#no shutdown
SW2(config-if)#end
```

(3) 把交换机 SW1 连接路由器 R1 的接口 f1/0 配置成 Trunk 接口。

```
SW1(config)#interface f1/0
SW1(config-if)#switchport trunk encapsulation dot1q
SW1(config-if)#switchport mode trunk
SW1(config-if)#no shutdown
SW1(config-if)#end
```

(4) 在路由器 R1 的物理以太网接口下创建子接口,并定义封装类型。

```
R1#configure terminal
Enter configuration commands, one per line. End with CNTL/Z.
R1(config)#interface f1/0                   !---进入子模式,配置 f1/0 接口
R1(config-if)#no shutdown                   !---打开接口
R1(config-if)#interface f1/0.10             !---创建子接口
R1(config-subif)#encapsulation dot1Q 10     !---封装 802.1q Tag,承载 vlan 10 流量
R1(config-subif)#ip address 192.168.1.10 255.255.255.0
!---设置子接口 IP 地址,该地址就是 PC1 和 PC3 的网关
R1(config-subif)#interface f1/0.20
R1(config-subif)#encapsulation dot1Q 20     !---封装 802.1q Tag,承载 vlan 20 流量
R1(config-subif)#ip address 192.168.2.20 255.255.255.0
!---设置子接口 IP 地址,该地址就是 PC2 和 PC4 的网关
R1(config-subif)#end
```

(5) 测试 VLAN 间的通信,PC1 和 PC2 之间的互 Ping,PC3 和 PC4 之间的互 Ping。

```
PC1>ping 192.168.2.1
84 bytes from 192.168.2.1 icmp_seq=1 ttl=63 time=16.001 ms
84 bytes from 192.168.2.1 icmp_seq=2 ttl=63 time=19.001 ms
84 bytes from 192.168.2.1 icmp_seq=3 ttl=63 time=19.001 ms
84 bytes from 192.168.2.1 icmp_seq=4 ttl=63 time=20.001 ms
84 bytes from 192.168.2.1 icmp_seq=5 ttl=63 time=20.001 ms

PC2>ping 192.168.1.1
84 bytes from 192.168.1.1 icmp_seq=1 ttl=63 time=20.002 ms
84 bytes from 192.168.1.1 icmp_seq=2 ttl=63 time=20.001 ms
84 bytes from 192.168.1.1 icmp_seq=3 ttl=63 time=19.001 ms
84 bytes from 192.168.1.1 icmp_seq=4 ttl=63 time=19.002 ms
84 bytes from 192.168.1.1 icmp_seq=5 ttl=63 time=19.001 ms

PC3>ping 192.168.2.2
84 bytes from 192.168.2.2 icmp_seq=1 ttl=63 time=21.001 ms
84 bytes from 192.168.2.2 icmp_seq=2 ttl=63 time=19.001 ms
84 bytes from 192.168.2.2 icmp_seq=3 ttl=63 time=19.001 ms
84 bytes from 192.168.2.2 icmp_seq=4 ttl=63 time=19.001 ms
84 bytes from 192.168.2.2 icmp_seq=5 ttl=63 time=20.001 ms

PC4>ping 192.168.1.2
84 bytes from 192.168.1.2 icmp_seq=1 ttl=63 time=21.002 ms
```

```
84 bytes from 192.168.1.2 icmp_seq = 2 ttl = 63 time = 19.001 ms
84 bytes from 192.168.1.2 icmp_seq = 3 ttl = 63 time = 19.001 ms
84 bytes from 192.168.1.2 icmp_seq = 4 ttl = 63 time = 19.001 ms
84 bytes from 192.168.1.2 icmp_seq = 5 ttl = 63 time = 19.001 ms
```

我们看到，PC1 和 PC2 能相互 Ping 通，PC3 和 PC4 能相互 Ping 通，可见，不同 VLAN 间的主机可以通过单臂路由实现通信。

2. 三层交换实验步骤

(1) 主机 PC1 和 PC2 的基本配置。

```
PC1 > ip 192.168.1.1 192.168.1.10 24                    ! --- 配置 PC1 的 IP、网关和子网掩码
Checking for duplicate address...
PC1 : 192.168.1.1 255.255.255.0 gateway 192.168.1.10! --- 提示 PC1 的配置已修改成功

PC2 > ip 192.168.2.1 192.168.2.20 24
Checking for duplicate address...
PC2 : 192.168.2.1 255.255.255.0 gateway 192.168.2.20
```

(2) 在 SW 上创建 VLAN，把接口划分到实验拓扑图中指定的 VLAN 中。

```
SW # vlan database                             ! --- 进入 vlan 配置模式
SW(vlan) # vlan 10 name vlan10                 ! --- 创建 vlan10
VLAN 10 added:
    Name: vlan10
SW(vlan) # vlan 20 name vlan20                 ! --- 创建 vlan20
VLAN 20 added:
    Name: vlan20
SW(vlan) # exit
APPLY completed.
Exiting....                                    ! --- 退出 VLAN 模式，创建的 VLAN 立即生效
SW # configure terminal
Enter configuration commands, one per line. End with CNTL/Z.
SW(config) # interface f1/0
SW(config - if) # switchport mode access       ! --- 将接口 f1/0 配置为 access 模式
SW(config - if) # switchport access vlan 10    ! --- 接口 f1/0 划分到 vlan10 中
SW(config - if) # no shutdown
SW(config - if) # interface f1/1
SW(config - if) # switchport mode access
SW(config - if) # switchport access vlan 20    ! --- 接口 f1/1 划分到 vlan20 中
SW(config - if) # no shutdown
SW(config - if) # exit
```

(3) 配置三层交换。

```
SW(config) # ip routing
! --- 开启 SW 的路由功能，这时 SW 就启用了三层功能
SW(config) # int vlan 10
```

```
SW(config-if)#no shutdown
SW(config-if)#ip address 192.168.1.10 255.255.255.0
SW(config)#int vlan 20
SW(config-if)#no shutdown
SW(config-if)#ip address 192.168.2.20 255.255.255.0
!---在VLAN接口上配置IP地址,vlan10接口上的地址就是PC1的网关,vlan20接口上的地址就是PC2的网关
!---在三层交换机上启用交换功能,还需要启用CEF(命令为: ip cef),不过这是默认值。
```

(4) 用show ip route命令查看SW上的路由表。

```
SW#show ip route
Codes: C - connected, S - static, R - RIP, M - mobile, B - BGP
       D - EIGRP, EX - EIGRP external, O - OSPF, IA - OSPF inter area
       N1 - OSPF NSSA external type 1, N2 - OSPF NSSA external type 2
       E1 - OSPF external type 1, E2 - OSPF external type 2
       i - IS-IS, su - IS-IS summary, L1 - IS-IS level-1, L2 - IS-IS level-2
       ia - IS-IS inter area, * - candidate default, U - per-user static route
       o - ODR, P - periodic downloaded static route
!---在上面的输出中,显示的是路由条目各种类型的简写,如"C"为直连网络,"S"为静态路由,"R"表示RIP协议,默认路由用"*"标志。
Gateway of last resort is not set
C    192.168.1.0/24 is directly connected, Vlan10
C    192.168.2.0/24 is directly connected, Vlan20
!---C表示此路由是直连网络学到的
```

(5) 测试VLAN间的通信,PC1和PC2之间的互Ping。

```
PC1>ping 192.168.2.1
84 bytes from 192.168.2.1 icmp_seq=1 ttl=63 time=11.001 ms
84 bytes from 192.168.2.1 icmp_seq=2 ttl=63 time=29.001 ms
84 bytes from 192.168.2.1 icmp_seq=3 ttl=63 time=19.001 ms
84 bytes from 192.168.2.1 icmp_seq=4 ttl=63 time=19.001 ms
84 bytes from 192.168.2.1 icmp_seq=5 ttl=63 time=19.001 ms

PC2>ping 192.168.1.1
84 bytes from 192.168.1.1 icmp_seq=1 ttl=63 time=20.001 ms
84 bytes from 192.168.1.1 icmp_seq=2 ttl=63 time=19.001 ms
84 bytes from 192.168.1.1 icmp_seq=3 ttl=63 time=19.001 ms
84 bytes from 192.168.1.1 icmp_seq=4 ttl=63 time=19.001 ms
84 bytes from 192.168.1.1 icmp_seq=5 ttl=63 time=19.002 ms
```

我们看到,PC1和PC2能相互Ping通,可见,不同VLAN间的主机可以通过三层交换实现通信。

3.5.6 扩展实验

请为3.3.6 VTP扩展实验的图3.8 VTP实验拓扑图加上一个单臂路由,并通过本章学习的指令配置,使得VLAN 10和VLAN 20中的PC互通。

第4章 HDLC和PPP

本章学习目标

- 了解广域网协议；
- 掌握HDLC和PPP封装配置；
- 掌握PPP协议上的PAP认证和CHAP认证配置。

路由器常用于组建广域网(WAN),广域网是由多个局域网相互连接而成的,其所建立的数据连接将跨越一个广阔的区域,一般覆盖的范围可从几百公里到几千公里,路由器经常用于构建广域网,广域网链路的封装和以太网上的封装有着非常大的差别。广域网的数据链路层描述了帧是如何在系统之间单一路径上进行传输,如何进行帧的封装,常用的帧封装格式有HDLC(高级数据链路控制协议)、PPP(点到点协议)、帧中继、SDN等,协议的选择取决于广域网技术和通信设备。本章向读者介绍广域网协议HDLC和PPP,通过实验让读者掌握HDLC和PPP封装配置,以及PPP协议上的PAP认证和CHAP认证配置。

4.1 HDLC和PPP封装实验

4.1.1 理论知识与实验原理

路由器常用于组建广域网(WAN),广域网不同于局域网(LAN)。局域网只在一座建筑或者其他很小的地址范围内连接工作站、终端及其他设备,而广域网是由多个局域网相互连接而成的,其所建立的数据连接将跨越一个广阔的区域,一般覆盖的范围可从几百公里到几千公里,路由器经常用于构建广域网,广域网链路的封装和以太网上的封装有着非常大的差别。广域网的数据链路层描述了数据帧是如何在系统之间单一路径上进行传输,如何进行帧的封装,常用的帧封装格式有HDLC(高级数据链路控制协议)、PPP(点到点协议)、帧中继、SDN等,协议的选择取决于广域网技术和通信设备。

路由器常使用串行电缆连接串口,串行通信最大的优势是布线简单,并且串行电缆可以比并行电缆更长。为了在点到点的物理链路上进行传输,数据要从网络层传递到数据链路层。数据链路层构造一个帧来封装网络层数据,以便进行必要的检查和控制。每种广域网连接类型都用第二层协议封装穿越广域网链路的流量。为了确保用正确的封装协议,在路由器上必须为每个串行接口配置所使用的第二层封装类型。

高级数据链路控制(High-Level Data Link Control,HDLC),是一个在同步网上传输数据,面向比特的数据链路层协议,HDLC是点到点串行线路上的帧封装格式,其帧格式和以太网帧格式有很大的区别,HDLC帧没有源MAC地址和目的MAC地址。所谓点到点线路是指该线路只有两个主机存在，那么从线路一端进入的数据一定是到达对端的，所以理论上可以不需要第二层地址。若链路两端都是 Cisco 设备，使用 HDLC 封装没有问题，但如果是 Cisco 设备与非 Cisco 设备连接，要使用 PPP 协议。

PPP(Point-to-Point Protocol)是提供在点到点链路上承载网络层数据包的一种链路层协议，也是一种帧封装格式，但 PPP 可以提供对多种网络层协议的支持。PPP 协议包括三个组成部分：

(1) 一个将 IP 数据包封装到串行链路的方法。PPP 帧格式和 HDLC 帧格式相似，主要区别是 PPP 面向字节，而 HDLC 面向比特。

(2) 一个用来建立、配置和测试数据链路连接的链路控制协议(Link Control Protocol, LCP)，PPP 协议通信双方可以通过 LCP 协商一些选项。

(3) 一套网络控制协议 NCP(Network Control Protocol)，每个协议支持不同的网络层协议。

PPP 协议是面向连接的协议，通过 4 个步骤在一个点到点的链路上建立连接：链路的建立和配置协调，链路质量检测，网络层协议配置协调，关闭链路。

同时，PPP 协议支持认证功能。PPP 协议的认证功能是指在建立 PPP 链路的过程中进行密码的验证，验证通过才能建立连接，否则拆除链路。PPP 协议支持两种认证协议：密码认证协议(Password Authentication Protocol, PAP)和询问握手认证协议(Challenge-Handshake Authentication Protocol, CHAP)。

4.1.2 相关命令讲解

在本实验中需要使用的新命令主要包括如下几个命令。

1. encapsulation encapsulation-type

命令的作用是配置广域网接口的协议封装类型，使用该命令有三个要点：

(1) encapsulation 命令需要在接口配置模式下使用。

```
Router(config-if)#encapsulation encapsulation-type
```

因此如果需要，可以依次使用 enable、configure terminal 和 interface serial 0/0 命令，从用户模式下依次进入特权模式 Router#、配置模式 Router(config)# 和接口配置模式 Router(config-if)#，再使用 encapsulation 命令来配置该接口的封装类型。

(2) encapsulation 命令只能在广域网接口上使用，因此路由器需要使用 NM-4T 串行广域网模块。

(3) 可封装的协议类型 encapsulation-type 包括：

atm-dxi：　ATM-DXI encapsulation
frame-relay：　Frame Relay networks
hdlc：　Serial HDLC synchronous
lapb：　LAPB(X.25 Level 2)
ppp：　Point-to-Point protocol
sdlc：　SDLC
sdlc-primary：　SDLC(primary)

sdlc-secondary：　SDLC(secondary)
smds：　Switched Megabit Data Service(SMDS)
stun：　Serial tunneling(STUN)
x25：　X.25

2. clock rate bps

命令的作用是配置时钟频率，需要在 DCE 设备上配置，默认自动配置。该命令需要在接口配置模式 Router(config-if)#下使用。

3. show interface serial

命令的作用是查看串行接口的配置信息，从而确认用户配置已经成功。该命令需要在特权模式 Router#下使用。

4.1.3 实验目的

(1) 串行链路上的封装概念；
(2) HDLC 的封装；
(3) PPP 的封装。

4.1.4 实验环境

实验环境如图 4.1 所示，包含两台 3640 路由器 R1 和 R2，并分别在两台路由器的 0 插槽(slot 0)上插入广域网卡 NM-4T，之后把两个路由器上 NM-4T 网卡上的 0 端口互联起来，也就是 R1 的 s0/0 端口连接 R2 的 s0/0 端口。

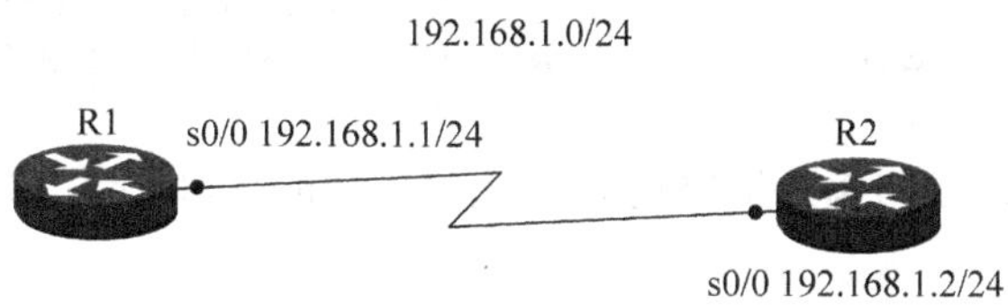

图 4.1　HDLC 和 PPP 封装实验拓扑

4.1.5 实验步骤

(1) 按照实验拓扑在路由器 R1 和 R2 上配置 IP 地址，保证直连链路的连通性。HDLC 是 Cisco 路由器使用的默认协议，一台新路由器在未指定封装协议时默认使用 HDLC 封装。

```
R1#configure terminal
Enter configuration commands, one per line. End with CNTL/Z.
R1(config)#interface serial 0/0
R1(config-if)#ip address 192.168.1.1 255.255.255.0
R1(config-if)#no shutdown

R2(config)# interface serial 0/0
R2(config-if)#clock rate 128000
```

```
R2(config-if)#ip address 192.168.1.2 255.255.255.0
R2(config-if)#no shutdown

R1#show interface
*Mar 1 00:12:56.103: %SYS-5-CONFIG_I: Configured from console by console
Serial0/0 is up, line protocol is up
  Hardware is M4T
  Internet address is 192.168.12.1/24
  MTU 1500 bytes, BW 1544 Kbit, DLY 20000 usec,
     reliability 255/255, txload 1/255, rxload 1/255
  Encapsulation HDLC, crc 16, loopback not set      !---该接口的默认封装为 HDLC 封装
```

(2) 改变串行链路两端的接口(s0/0)封装为 PPP 封装。

```
R1(config)# interface serial 0/0
R1(config-if)#encapsulation ppp                    !---设定 PPP 封装

R2(config)# interface serial 0/0
R2(config-if)#encapsulation ppp                    !---设定 PPP 封装
R1#show interface serial 0/0
Serial0/0 is up, line protocol is up
  Hardware is M4T
  Internet address is 192.168.12.1/24
  MTU 1500 bytes, BW 1544 Kbit, DLY 20000 usec,
     reliability 255/255, txload 1/255, rxload 1/255
  Encapsulation PPP, LCP Open                      !---该接口的封装为 PPP 封装
  Open: IPCP, CDPCP, crc 16, loopback not set      !---网络层支持 IP 和 CDP 协议
```

(3) 测试 R1 和 R2 之间串行链路连通性,用 R1 Ping 192.168.12.2。

```
R1#ping 192.168.1.2

Type escape sequence to abort.
Sending 5, 100-byte ICMP Echos to 192.168.12.2, timeout is 2 seconds:
!!!!!                            !---连通
Success rate is 100 percent (5/5), round-trip min/avg/max = 24/46/92 ms
```

(4) 链路两端封装不同协议时,链路不通。

```
R1(config)#interface serial 0/0
R1(config-if)#encapsulation ppp

R2(config)#interface serial 0/0
R2(config-if)#encapsulation hdlc

R1#show interface serial 0/0
Serial0/0 is up, line protocol is down     !---两端封装不匹配,导致链路故障
```

(5) 显示串行接口时，常见以下几种状态。

```
Serial0/0 is up, line protocol is up              !--- 链路正常
Serial0/0 is administratively down, line protocol is down
!--- 没有打开该接口，执行"no shutdown"可以打开接口
Serial0/0 is up, line protocol is down
!--- 物理层正常，数据链路层有问题，通常是没有配置时钟、两端封装不匹配或 PPP 认证错误
Serial0/0 is down, line protocol is down
!--- 物理层故障，通常是连线问题
```

4.1.6 扩展实验

1. 实验环境

如图 4.2 所示，实验环境包含三台 3640 路由器 R1、R2 和 R3，并分别在三台路由器的 0 插槽(slot 0)上插入广域网卡 NM-4T，之后把三个路由器上 NM-4T 网卡上的端口互联起来。

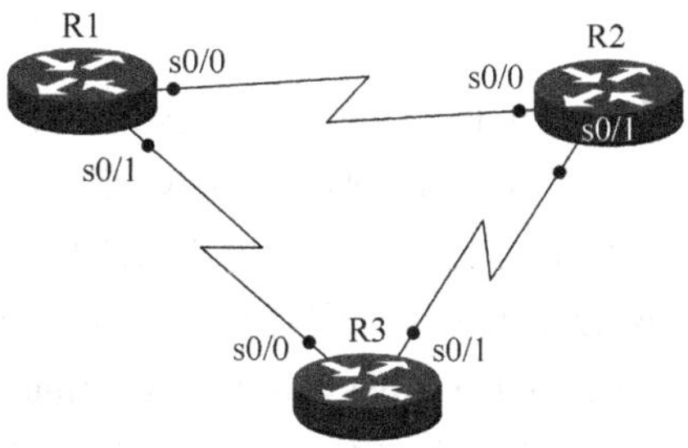

图 4.2 HDLC 和 PPP 封装扩展实验拓扑

2. 实验要求

分别在 R1、R2 和 R3 上配置封装 PPP 协议，使得 R1、R2 和 R3 能够互相 Ping 通。

4.2 PAP 认证

4.2.1 理论知识与实验原理

密码认证协议 PAP 是 PPP 协议中用于用户身份认证的一种协议，该协议使用密码来做身份认证。PAP 在网络中传输未加密的 ASCII 密码，因此被认为是不安全的认证方案。

PAP 认证过程如图 4.3 所示，协议利用二次握手的简单方法进行认证。在 PPP 链路建立完毕后，被认证端不停地在链路上发送未加密的用户名和密码，由认证端验证帐号、密码是否匹配，直到验证通过。PAP 协议仅在连接建立阶段进行，在数据传输阶段不进行 PAP 认证。在 PAP 认证过程中用户名和密码以明文的方式在链路中传输，而且由于验证重试的频率和次数由远程节点来控制，因此不能防止回放攻击和重复的尝试攻击。

在使用 PAP 认证的 PPP 协议中，通信的双方都既是认证端，又是被认证端，需要进行双向认证。配置认证时，需要首先在认证端添加一系列账号和密码对，同时在被认证端配置其中的一个账号密码对，使得被认证端可以通过该账号密码取得认证端的认证。

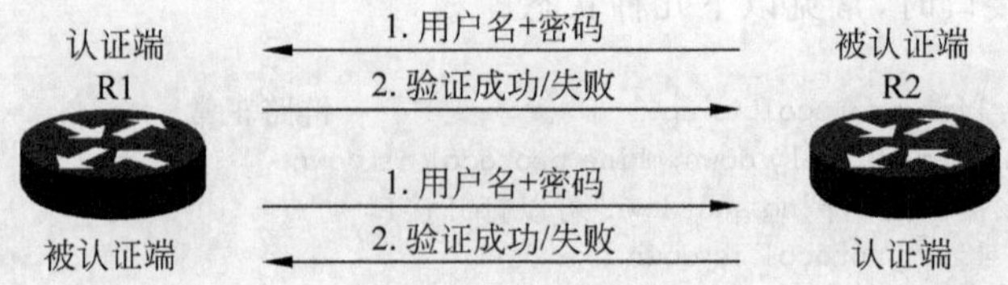

图 4.3　PAP 认证

4.2.2　相关命令讲解

1. username name { nopassword | password { password | [0|7] } }

命令的作用是在认证端建立本地口令数据库，用于验证被认证端提交的账号密码。该命令用于全局配置模式 Router(config)#下。

其中 name 为账号，password 为密码，如：

```
Router(config)#username R1 password 123456
```

2. ppp authentication { chap | pap | chap pap | pap chap } [callin]

命令的作用是在认证端指定 PPP 协议的认证方式，包括只用 CHAP 认证、只用 PAP 认证，同时启用 CHAP 和 PAP 认证(优先使用 CHAP 认证)，以及同时启用 PAP 和 CHAP 认证(优先使用 PAP 认证)。该命令用于接口配置模式 Router (config-if)#下。

3. ppp pap sent-username username [password encryption-type npassword]

命令的作用是在被认证端将用户名和口令发送到对端(认证端)，该命令用于接口配置模式 Router (config-if)#下。

其中 username 为账号，npassword 为密码，如：

```
Router(config-if)#ppp pap sent-username R1 password 123456
```

4. debug ppp authentication

命令的作用是打开 PPP 的认证调试信息，可以把 PPP 的 PAP 或 CHAP 认证过程中的信息打印在控制台，便于调试。该命令用于特权模式 Router#下。要关闭该调试命令可以通过 no debug ppp authentication 命令实现。

4.2.3　实验目的

(1) 掌握 PAP 认证的原理；

(2) 掌握 Cisco PAP 认证的配置指令。

4.2.4　实验环境

实验环境同上一个实验(图 4.1)，包含两台 3640 路由器 R1 和 R2，并分别在两台路由器的 0 插槽(slot 0)上插入广域网卡 NM-4T，之后把两个路由器上 NM-4T 网卡上的 0 端口互联起来，也就是 R1 的 s0/0 端口连接 R2 的 s0/0 端口，如图 4.4 所示。

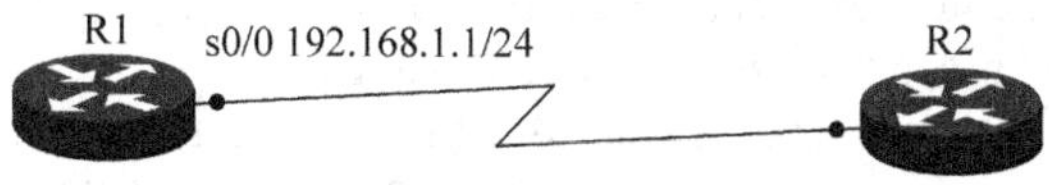

图 4.4　PPP 协议 PAP 认证实验拓扑

4.2.5　实验步骤

配置 R1 和 R2 的 PAP 互相认证。首先把 R1 作为被认证方，R2 作为认证方，R1 需要在 R2 上取得认证。最后再配置 R2 通过 R1 的认证。

(1) 同上一小节，分别在路由器 R1 和 R2 的 s0/0 端口上使用 encapsulation 命令配置串口采用 PPP 封装，配置如图 4.4 所示的 IP 地址。

```
R1(config)# interface serial 0/0
R1(config-if)# ip address 192.168.1.1 255.255.255.0
R1(config-if)# encapsulation ppp
R1(config-if)#  no shutdown

R2(config)# interface serial 0/0
R2(config-if)#  ip address 192.168.1.2 255.255.255.0
R2(config-if)# encapsulation ppp
R2(config-if)#  no shutdown
```

此时，R1 和 R2 如上一小节实验所示，通过 ping 命令会发现 R1 和 R2 已经互相连通。

(2) 在 PAP 协议配置前，先分别在 R1 和 R2 上使用 debug ppp authentication 命令以便观察 PAP 认证过程。注意如果路由器当前处于接口配置模式下，要通过 end 命令或连续两次 exit 命令退出到特权模式下再使用 debug 命令。

```
R1# debug ppp authentication
PPP authentication debugging is on          !--- 路由器会显示 debug 已经打开

R2# debug ppp authentication
PPP authentication debugging is on          !--- 路由器会显示 debug 已经打开
```

(3) 在认证端 R2 上使用 ppp authentication pap 命令配置 R2 对远程路由器的认证方式为 PAP，并且使用"username 用户名 password 密码"命令为 R2 建立本地口令数据库，设定一对账号密码对，用于对 R1 的身份认证。注意用户名和密码对字母大小写敏感。

```
R2(config-if)# ppp authentication pap
R2(config)# username R1 password 123456
```

当在 R2 上要求对远程路由器进行 PAP 认证之后，我们可以在 R1 和 R2 上看到 PPP 协议不停地要求认证的调试信息，并且看到 s0/0 端口由于没有认证信息而被关闭(down)。

```
R1/R2(config-if)#
*Mar  1 00:30:52.911: Se0/0 PPP: Authorization required
*Mar  1 00:30:53.843: Se0/0 PPP: Authorization required
*Mar  1 00:30:53.911: %LINEPROTO-5-UPDOWN: Line protocol on Interface Serial0/0, changed
state to down              !--- 由于 R1 没有正确的账号密码,端口被关闭
```

此时通过 ping 命令会发现,R1 和 R2 已经不连通。

(4) 在被认证端 R1 上使用"ppp pap sent-username 用户名 password 密码"命令配置其在认证端 R2 上登录的用户名和密码(要和步骤 3 在 R2 上设定的账号密码对一致)。注意用户名和密码对字母大小写敏感。

```
R1(config-if)#ppp pap sent-username R1 password 123456
```

在被认证端 R1 设置好账号密码后,R1 发送账号密码至 R2 做认证,R1 和 R2 上会分别输出 PAP 认证的结果,通过认证后原来关闭的端口被打开。此时通过 ping 命令会发现,R1 和 R2 已经恢复连通性。

```
R1(config-if)#
*Mar  1 00:09:36.039: Se0/0 PPP: Authorization required
*Mar  1 00:09:48.067: Se0/0 PPP: No authorization without authentication
*Mar  1 00:09:48.067: Se0/0 PAP: Using hostname from interface PAP
*Mar  1 00:09:48.071: Se0/0 PAP: Using password from interface PAP
*Mar  1 00:09:48.071: Se0/0 PAP: O AUTH-REQ id 1 len 14 from "R1"
*Mar  1 00:09:48.163: Se0/0 PAP: I AUTH-ACK id 1 len 5
*Mar  1 00:09:49.183: %LINEPROTO-5-UPDOWN: Line protocol on Interface Serial0/0, changed
state to up        !--- 对 R2 的 PAP 认证成功,端口打开

R2(config-if)#
*Mar  1 00:10:01.571: Se0/0 PPP: Authorization required
*Mar  1 00:10:01.679: %LINK-3-UPDOWN: Interface Serial0/0, changed state to up
*Mar  1 00:10:01.715: Se0/0 PAP: I AUTH-REQ id 1 len 14 from "R1"
*Mar  1 00:10:01.715: Se0/0 PAP: Authenticating peer R1
*Mar  1 00:10:01.743: Se0/0 PPP: Sent PAP LOGIN Request
*Mar  1 00:10:01.743: Se0/0 PPP: Received LOGIN Response PASS
*Mar  1 00:10:01.747: Se0/0 PPP: Sent LCP AUTHOR Request
*Mar  1 00:10:01.751: Se0/0 LCP: Received AAA AUTHOR Response PASS
*Mar  1 00:10:01.755: Se0/0 PAP: O AUTH-ACK id 1 len 5
*Mar  1 00:10:01.759: Se0/0 PPP: Sent CDPCP AUTHOR Request
*Mar  1 00:10:01.759: Se0/0 CDPCP: Received AAA AUTHOR Response PASS
*Mar  1 00:10:02.755: %LINEPROTO-5-UPDOWN: Line protocol on Interface Serial0/0, changed
state to up        !--- 对 R1 的 PAP 认证成功,端口打开
```

(5) 实际应用中认证是双向的,也就是 R2 要验证 R1,而 R1 也要验证 R2。此时 R2 作为被认证端,而 R1 作为认证端。

```
R1(config)#interface serial 0/0
R1(config-if)#ppp authentication pap
```

```
R1(config-if)#exit
R1(config)#username R2 password 654321

R2(config)# interface serial 0/0
R2(config-if)#ppp pap sent-username R2 password 654321
```

至此 R1 和 R2 完成了相互的 PAP 认证，实现互相连通。

4.2.6 扩展实验

1. 实验环境

如图 4.5 所示，实验环境包含三台 3640 路由器 R1、R2 和 R3，并分别在三台路由器的 0 插槽（slot 0）上插入广域网卡 NM-4T，之后把三个路由器上 NM-4T 网卡上的端口互联起来。

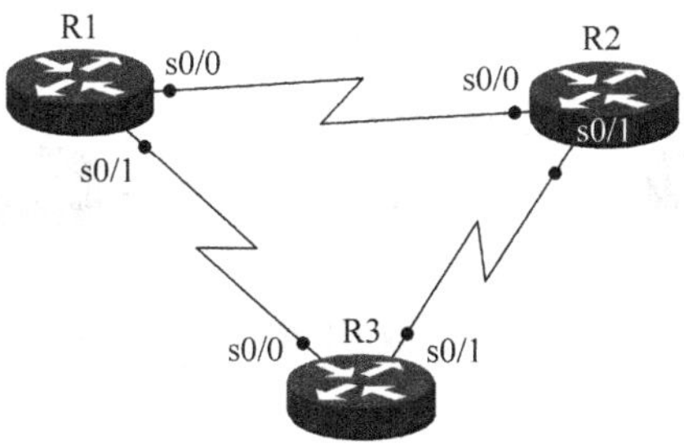

图 4.5 PPP 协议 PAP 认证扩展实验拓扑

2. 实验要求

配置 R1、R2 和 R3 的 PAP 互相认证，使得 R1、R2 和 R3 能够互相 Ping 通。

4.3 CHAP 认证

4.3.1 理论知识与实验原理

CHAP 利用三次握手周期地验证源端节点的身份，CHAP 认证过程如图 4.6 所示。CHAP 协议基本过程是认证方先发送一个随机挑战信息 r 给对方，接收方根据此挑战信息 r、用户名和共享的密钥信息，使用单向 HASH 函数计算出响应值 MD5(用户名||密码||r)，然后发送给认证者，认证者也进行相同的计算，验证自己的计算结果和接收到的结果是否一致，一致则认证通过，否则认证失败。这种认证方法的优点即在于密钥信息不需要在通信信道中发送，而且每次认证所交换的信息都不一样，可以很有效地避免监听攻击。

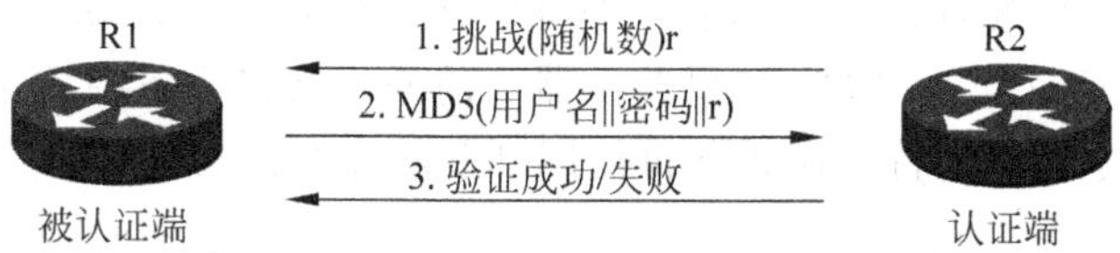

图 4.6 CHAP 认证

4.3.2 相关命令讲解

本小节没有新命令，使用和“4.2 PAP 认证”相同的命令，只是把认证方法改为 CHAP。

4.3.3 实验目的

(1) 掌握 CHAP 认证的原理；

(2) 掌握 Cisco CHAP 认证的配置指令。

4.3.4 实验环境

实验环境同 4.2.6 小节实验(图 4.1)，包含两台 3640 路由器 R1 和 R2，并分别在两台路由器的 0 插槽(slot 0)上插入广域网卡 NM-4T，之后把两个路由器上 NM-4T 网卡上的 0 端口互联起来，也就是 R1 的 s0/0 端口连接 R2 的 s0/0 端口，如图 4.7 所示。

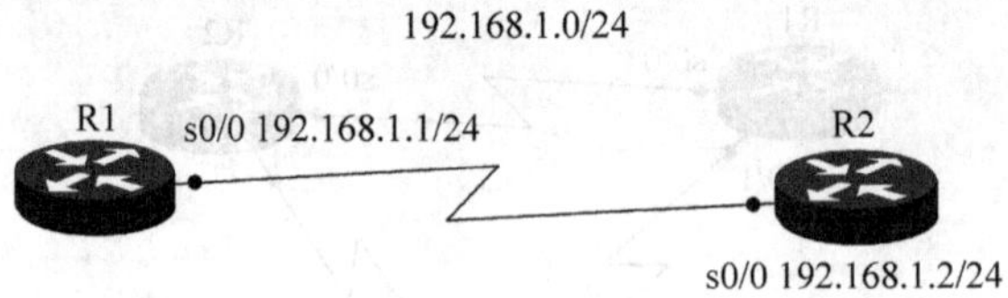

图 4.7 PPP 协议 CHAP 认证实验拓扑

4.3.5 实验步骤

配置 R1 和 R2 的 CHAP 互相认证。首先把 R1 作为被认证方，R2 作为认证方，R1 需要在 R2 上取得认证。最后再配置 R2 通过 R1 的认证。

(1) 同 4.3.4 小节，分别在路由器 R1 和 R2 的 s0/0 端口上使用 encapsulation 命令配置串口采用 PPP 封装，配置如图 4.7 所示的 IP 地址。

```
R1(config)#interface serial 0/0
R1(config-if)#ip address 192.168.1.1 255.255.255.0
R1(config-if)#encapsulation ppp
R1(config-if)# no shutdown

R2(config)#interface serial 0/0
R2(config-if)# ip address 192.168.1.2 255.255.255.0
R2(config-if)#encapsulation ppp
R2(config-if)# no shutdown
```

此时，R1 和 R2 如上一小节实验所示，通过 ping 命令会发现 R1 和 R2 已经互相连通。

(2) 在 CHAP 协议配置前，先分别在 R1 和 R2 上使用 debug ppp authentication 命令以便观察 CHAP 认证过程。注意：如果路由器当前处于接口配置模式下，要通过 end 命令或连续两次 exit 命令退出到特权模式下再使用 debug 命令。

```
R1#debug ppp authentication
PPP authentication debugging is on          !---路由器会显示 debug 已经打开
```

```
R2#debug ppp authentication
PPP authentication debugging is on          !--- 路由器会显示 debug 已经打开
```

(3) 在 R1 和 R2 上分别使用 ppp authentication chap 命令配置路由器的认证方式为 CHAP，并且分别使用"username 用户名 password 密码"命令为路由器 R1 和 R2 建立本地口令数据库，设定一对账号密码对，用于 CHAP 的身份认证，需要注意的是双方的密码要相同。

```
R1(config-if)#ppp authentication chap
R1(config)#username R2 password 123456

R2(config-if)#ppp authentication chap
R2(config)#username R1 password 123456
```

上面的命令实现了 CHAP 验证的配置，在配置时，要求用户名为对方路由器名，而双方密码必须一致。主要的原因：由于 CHAP 默认使用本地路由器的名字作为建立 PPP 连接时的标识符，路由器在收到对方发送过来的询问信息后，将本地路由器的名字作为身份标识发送给对方；而在收到对方发过来的身份标识之后，默认使用本地验证方法，即在配置文件中寻找，看看有没有用户身份标识和密码；如果有，计算加密值，结果正确则验证通过；否则验证失败，连接无法建立。

(4) 查看 CHAP 认证过程。

```
R1(config)#
*Mar  1 00:03:26.619: Se0/0 PPP: Authorization required
*Mar  1 00:03:26.687: Se0/0 CHAP: O CHALLENGE id 7 len 23 from "R1"
*Mar  1 00:03:26.687: Se0/0 CHAP: I CHALLENGE id 1 len 23 from "R2"
*Mar  1 00:03:26.695: Se0/0 CHAP: Using hostname from unknown source
*Mar  1 00:03:26.695: Se0/0 CHAP: Using password from AAA
*Mar  1 00:03:26.695: Se0/0 CHAP: O RESPONSE id 1 len 23 from "R1"
*Mar  1 00:03:26.763: Se0/0 CHAP: I RESPONSE id 7 len 23 from "R2"
*Mar  1 00:03:26.763: Se0/0 CHAP: I SUCCESS id 1 len 4
*Mar  1 00:03:26.767: Se0/0 PPP: Sent CHAP LOGIN Request
*Mar  1 00:03:26.771: Se0/0 PPP: Received LOGIN Response PASS
*Mar  1 00:03:26.775: Se0/0 PPP: Sent LCP AUTHOR Request
*Mar  1 00:03:26.779: Se0/0 PPP: Sent IPCP AUTHOR Request
*Mar  1 00:03:26.779: Se0/0 LCP: Received AAA AUTHOR Response PASS
*Mar  1 00:03:26.783: Se0/0 IPCP: Received AAA AUTHOR Response PASS
*Mar  1 00:03:26.783: Se0/0 CHAP: O SUCCESS id 7 len 4
*Mar  1 00:03:26.787: Se0/0 PPP: Sent CDPCP AUTHOR Request
*Mar  1 00:03:26.795: Se0/0 CDPCP: Received AAA AUTHOR Response PASS
*Mar  1 00:03:26.859: Se0/0 PPP: Sent IPCP AUTHOR Request
*Mar  1 00:03:27.895: %LINEPROTO-5-UPDOWN: Line protocol on Interface Serial0/0, changed
state to up              !--- 对 CHAP 认证成功，端口打开

R2(config)#
*Mar  1 00:03:25.935: Se0/0 PPP: Authorization required
```

```
*Mar  1 00:03:27.975: Se0/0 CHAP: O CHALLENGE id 1 len 23 from "R2"
*Mar  1 00:03:28.007: Se0/0 CHAP: I CHALLENGE id 7 len 23 from "R1"
*Mar  1 00:03:28.007: Se0/0 CHAP: I RESPONSE id 1 len 23 from "R1"
*Mar  1 00:03:28.015: Se0/0 PPP: Sent CHAP LOGIN Request
*Mar  1 00:03:28.015: Se0/0 CHAP: Using hostname from unknown source
*Mar  1 00:03:28.015: Se0/0 CHAP: Using password from AAA
*Mar  1 00:03:28.015: Se0/0 CHAP: O RESPONSE id 7 len 23 from "R2"
*Mar  1 00:03:28.015: Se0/0 PPP: Received LOGIN Response PASS
*Mar  1 00:03:28.015: Se0/0 PPP: Sent LCP AUTHOR Request
*Mar  1 00:03:28.015: Se0/0 PPP: Sent IPCP AUTHOR Request
*Mar  1 00:03:28.015: Se0/0 LCP: Received AAA AUTHOR Response PASS
*Mar  1 00:03:28.015: Se0/0 IPCP: Received AAA AUTHOR Response PASS
*Mar  1 00:03:28.015: Se0/0 CHAP: O SUCCESS id 1 len 4
*Mar  1 00:03:28.039: Se0/0 CHAP: I SUCCESS id 7 len 4
*Mar  1 00:03:28.043: Se0/0 PPP: Sent CDPCP AUTHOR Request
*Mar  1 00:03:28.043: Se0/0 PPP: Sent IPCP AUTHOR Request
*Mar  1 00:03:28.051: Se0/0 CDPCP: Received AAA AUTHOR Response PASS
*Mar  1 00:03:29.039: %LINEPROTO-5-UPDOWN: Line protocol on Interface Serial0/0, changed
state to up  !---对 CHAP 认证成功,端口打开
```

至此 R1 和 R2 完成了相互的 CHAP 认证,实现互相连通。

4.3.6 扩展实验

1. 实验环境

如图 4.8 所示,实验环境包含三台 3640 路由器 R1、R2 和 R3,并分别在三台路由器的 0 插槽(slot 0)上插入广域网卡 NM-4T,之后把三个路由器上 NM-4T 网卡上的端口互联起来。

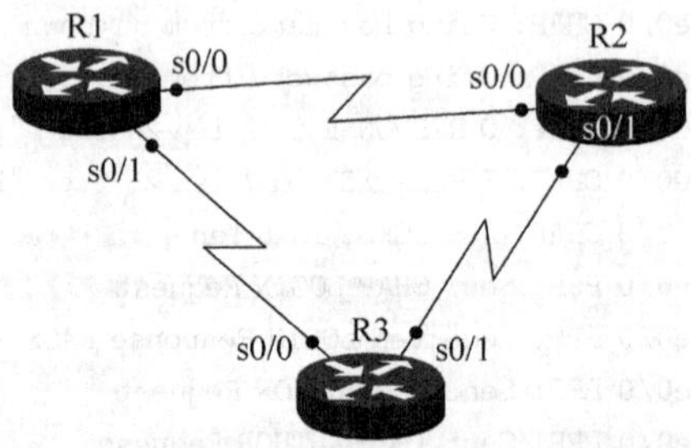

图 4.8 PPP 协议 CHAP 认证扩展实验拓扑

2. 实验要求

配置 R1、R2 和 R3 的 CHAP 互相认证,使得 R1、R2 和 R3 能够互相 Ping 通。

第5章 路由协议

本章学习目标

- 掌握路由协议的分类、作用和工作原理；
- 理解路由表各项的含义；
- 掌握路由协议配置方法；
- 掌握对路由协议配置的检查与测试；
- 能够使用路由技术实现网络互通。

本章首先向读者介绍路由协议的作用、工作原理和类型，接着分别介绍静态路由、RIP动态路由协议和OSPF动态路由协议三种路由协议的配置方法，让读者能够自行使用路由协议实现网络互通。

5.1 路由协议概述

通过网络接口层上的设备(如交换机)，可以组建一个个独立的网络，这些网络各自采用不同网络号的IP地址，逻辑上是分开的。路由器(Router)用于连接多个逻辑上分开的网络，转发这些网络之间的通信数据。同时，网络接口层上的协议多种多样(如前面学习过的以太网CSMA/CD和广域网的PPP协议等)，基于这些不同的协议，组建各种异构的网络，这些异构网络无法通信。而路由器为异构网络提供了互联的机制，实现了异构网络之间的数据通信。

路由信息是用于指导网络间数据(IP数据报)通信的路径信息。由于网络路径选择是一个非常复杂的问题，路由器之间往往需要通过一定的协议通信才能获取这些路由信息。路由协议是路由器事先约定好的交换路由信息的规定和标准。路由协议通过路由信息的交换生成并维护转发引擎所需的路由表。路由协议作为TCP/IP协议族中重要成员之一，其寻径过程实现的好坏将显著地影响整个Internet网络的通信效率。

1. 路由原理

路由是把数据从一个网络转发到另一个网络的过程，完成这个过程的设备就是路由器。数据在网络上以数据包为单元传送。每个数据包都携带两个逻辑地址(在Internet中这个逻辑地址就是IP地址)，一个是数据的源地址，另一个是数据的目的地地址，所以每个数据包可以被独立地转发。以图5.1为例解释一下路由过程。

在图5.1中，两台路由器R1和R2使用两条链路把两个网络连接起来，它们是192.168.1.0/24和192.168.2.0/24。两台路由器互连又占用了两个网段号，它们是10.0.0.0/8和11.0.0.0/8。

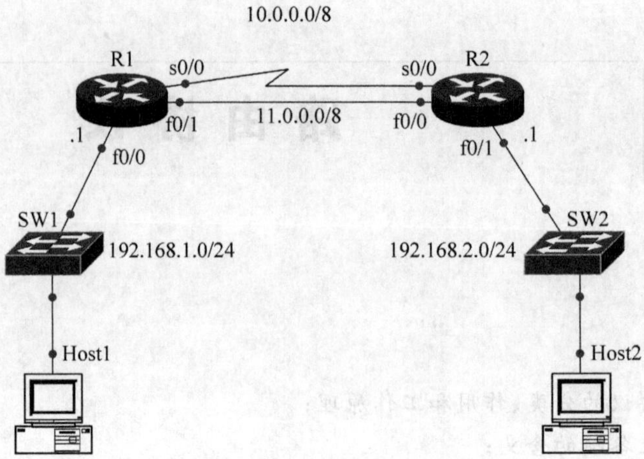

图 5.1　路由过程示意图

假如 Host1 向 Host2 发送数据。拓扑显示，Host1 和 Host2 不在同一个网络，数据要到达 Host2 有两条路可选，一条路是由路由器 R1 的 s0/0 接口和路由器 R2 的 s0/0 接口互连所形成的链路；另一条路是由路由器 R1 的 f0/1 接口和路由器 R2 的 f0/0 接口互连所形成的链路。

Host1 是看不到这个拓扑图的，它的首要任务是判断 Host2 是否与自己在同一个网段内。它的做法是：用自己的 IP 地址和子网掩码做"与"运算，计算出自己的网络号是 192.168.1.0；再用 Host2 的 IP 地址(这个地址 Host1 知道)和自己的掩码进行"与"运算，计算出 Host2 的网络号是 192.168.2.0。然后比较这两个计算结果，结果相同表示在同一网段内，结果不同则表示两者不在同一个网络中。

不同网络之间的主机通信需要借助路由器完成。路由器就像是邮局，用户把数据送到路由器后，具体怎么"邮递"就是路由器的工作，用户不必操心。因此，Host1 只需将数据包送到距它最近的路由器(R1)即可，如同生活中人们只需要把信件投递到最近的邮局一样。因此，Host1 需要知道路由器 R1 的位置。在 Host1 上除了配置 IP 地址和掩码外，还配置了另外一个参数——默认网关地址，其实就是路由器 R1 与 Host1 处于同一个网络的接口——f0/0 的地址。在 Host1 上设置默认网关的目的就是把那些去往外网(不同于自己所在的网络)的数据发送给默认网关。为了找到路由器 R1 的 f0/0 接口的 MAC 地址，Host1 使用了地址解析协议(ARP)。

获得了必要信息之后，Host1 开始封装数据：

(1) 把 f0/0 接口的 MAC 地址封装在数据链路层的目的地址域；

(2) 把自己的 MAC 地址封装在数据链路层的源地址域；

(3) 把自己的 IP 地址封装在网络层的源地址域；

(4) 把 Host2 的 IP 地址封装在网络层的目的地址域。

之后，Host1 把数据发送出去。

路由器 R1 收到 Host1 送来的数据后，把数据解开到第三层，读取数据包中的目的 IP 地址，然后查阅路由表决定如何转发数据。路由表是路由器转发数据的依据。如果路由表中没有任何可用的路径，路由器就会把该数据丢弃。路由表中记录有以下内容：

(1) 已知的目标网络号(目的地网络);

(2) 到达目标网络的距离;

(3) 到达目标网络应该经由自己哪一个接口;

(4) 到达目标网络的下一台路由器的地址是什么。

路由器使用最近的路径转发数据,而且只把数据交给路径中的下一台路由器,并不负责把数据送到最终目的地。

对于本例来说,路由器 R1 有两种选择,一种选择是经由自己的 s0/0 接口把数据交给路由器 R2;一种选择是经由自己的 f0/1 接口把数据交给路由器 R2。选择路径的依据是:经由哪一条链路到达目标网络的距离近,路由器就使用哪一条链路。这里假设经由 f0/1 接口的路径近。路由器 R1 经由 f0/1 接口把数据转发给路由器 R2。

路由器 R2 收到路由器 R1 的数据后所做的工作跟前面的 R1 所做的工作一样,即查阅路由表。不同的是在自己的路由表里有一条记录,该记录表明它的 f0/1 接口正好和数据声称到达的网络相连,也就是说,Host2 和它的 f0/1 接口在同一个网络中。路由器 R2 使用 ARP 获得 Host2 的 MAC 地址之后开始封装数据:

(1) 把 Host2 的 MAC 地址封装在数据链路层的目的地址域;

(2) 把自己 f0/1 接口的 MAC 地址封装在数据链路层的源地址域;

(3) 网络层的两个 IP 地址不变。

然后把数据传送给 Host2。

至此,数据传递的一个单程完成了。

Host2 回应给 Host1 的数据经过同样的处理过程到达目的地——Host1,只不过是数据包中的目的地 IP 地址是 Host1 的地址,先经过路由器 R2 再经由路由器 R1,最后到达 Host1。

从数据转发的过程看出,为了能够转发数据,路由器必须对整个网络拓扑有个清晰的了解,并把这些信息反映在路由表里。当网络拓扑结构发生变化时,路由器也需要及时地在路由表里反映出这些变化,这项工作由路由器的路由计算功能来完成。路由器还有一项独立于路由计算功能的工作就是交换/转发数据,即把数据从进入接口转移到外出接口的过程。路由器必须具备这两种功能。

2. 路由的分类

根据产生的方式、依据的算法和应用范围的不同,路由可进行如下分类:

1) 按产生的方式分类

路由信息根据产生的方式和特点可以分为直连路由、静态路由和动态路由。

2) 按依据的算法分类

路由协议分为距离矢量(Distance Vector)型路由协议、链路状态(Link State)型路由协议和混合(Hybrid)型路由协议。在 IP 协议集中,典型的距离矢量路由协议有 RIP、RIPv2 和 IGRP;典型的链路状态协议有 OSPF。Cisco 专有协议 EIGRP 协议属于混合型路由协议。

3) 按应用范围分类

根据路由协议运行在自治系统内还是运行在自治系统之间,路由协议又分为内部网关路由协议(Interior Gateway routing Protocol,IGP)和外部网关路由协议(Exterior Gateway routing Protocol,EGP)。在IP协议集中,属于IGP的有RIP、RIPv2、IGRP、EIGRP和OSPF;属于EGP的是边界网关协议(Border Gateway Protocol,BGP)。

3. 路由表的形成

路由器在转发数据时,要先在路由表(Routing Table)中查找相应的路由。路由器有以下三种途径建立路由。

(1) 直连路由:路由器自动添加和自己直接连接的网络的路由;

(2) 静态路由:网络管理员手动输入到路由器的路由;

(3) 动态路由:由路由协议(Routing Protocol)动态建立的路由。

4. 管理距离(AD)

管理距离用来表示路由的可信度,路由器可能从多种途径获得同一路由,例如,一个路由器要获得"10.2.0.0/24"网络的路由,可以来自RIP,也可以是静态路由。不同途径获得的路由可能采取不同的路径到达目的网络,为了区分不同路由协议的可信度,用管理距离加以表示。表5.1是通过各种路由协议获得的路由的默认管理距离。路由表中管理距离越小,说明路由的可靠程度越高;静态路由的管理距离为1,说明手工输入的路由优先于其他路由。

表5.1 路由协议的默认管理距离

路由协议	管理距离
直连接口	0
静态路由	1
外部BGP	20
内部EIGRP	90
IGRP	100
OSPF	110
RIP	120
外部EIGRP	170
内部BGP	200
不可达	255

5. 度量值(Metric)

度量值是用某一个路由协议判别到达目的网络的最佳路径的方法。当一路由器有多条路径到达某一目的网络时,路由协议必须判断其中哪一条是最佳的并把它放到路由表中,路由协议会给每一条路径计算出一个数,这个数就是度量值,通常这个值是没有单位的。度量值越小,这条路径越佳,然而不同的路由协议定义度量值的方法是不一样的,所以不同的路由协议选择出的最佳距离可能也是不一样的,具体请参见各路由协议的相关内容。

5.2 静态路由

5.2.1 理论知识与实验原理

静态路由(Static Route)是一种特殊的路由,它是由网络管理员手工配置的路由信息。

当网络的拓扑结构或链路的状态发生变化时，网络管理员需要手工去修改路由表中相关的静态路由信息。静态路由信息在默认情况下是私有的，不会传递给其他的路由器。当然，网络管理员也可以通过对路由器进行设置使之成为共享的。静态路由一般适用于比较简单的网络环境，在这样的环境中，网络管理员易于清楚地了解网络的拓扑结构，便于设置正确的路由信息。

1. 静态路由的优点

(1) 手工配置，可以对路由表查询实施精确的控制，改进网络的性能。

(2) 不需要动态路由协议参与，这将会减少路由器的开销，为重要的应用保证带宽，减少路由器之间链路上的数据传输量，因为网络在使用静态路由后，路由器之间没有必要进行路由信息的交换。

(3) 在一个支持 DDR(Dial-on-Demand Routing)的网络中，拨号链路只在需要时才拨通，因此不能为动态路由信息表提供路由信息的变更情况。在这种情况下，网络也适合使用静态路由。

(4) 网络安全保密性高。动态路由因为需要路由器之间频繁地交换各自的路由表，而对路由表的分析可以揭示网络的拓扑结构和网络地址等信息。因此，出于安全方面的考虑网络也可以采用静态路由。

2. 静态路由的缺点

大型和复杂的网络环境通常不宜采用静态路由，很明显，既然是人为的手工输入信息，那么如果网络规模过大，需要的工作量很大。一方面，网络管理员难以全面地了解整个网络的拓扑结构；另一方面，当网络的拓扑结构和链路状态发生变化时，路由器中的静态路由信息需要大范围地调整，这一工作的难度和复杂程度非常高。

3. 默认路由

默认路由是一种特殊的路由。当路由器在查找路由表，没有找到与目标相匹配的路由表项时，默认路由则是路由器为数据指定的路由。在路由表中，默认路由是以到网络 0.0.0.0/0 的路由形式出现。所有的网络都会和这条路由记录符合，由于路由器在查询路由表时采用的是深度优先原则，也就是子网掩码位数长的路由记录先作转发。而默认路由的掩码为 0，所以最后考虑。这样就保证了路由器将在路由表中查询不到数据包的相关路由信息时最后采用默认路由转发。默认路由可以通过静态路由手工配置，某些动态路由协议也可以自动生成默认路由，如 OSPF。默认路由通常会在存根网络(Stub Network，即只有一个出口的网络)中使用。在存根网络出口上配置这样一条默认路由可以代替大量具体路由项，因此可以极大地减少路由表大小。

4. 静态路由的汇总

汇总路由指的是通过对一组子网汇总，可以使静态路由项的数目迅速减少。但是在对地址进行汇总的时候需要小心，当汇总不正确的时候，可能会有意想不到的路由行为发生。下面是一个汇总路由的例子。

例如，R1 要和 R3 的所有网段通信，而 R3 存在 10.10.1.0 到 10.10.7.0 的多个网段，那么可在 R1 上面进行如下配置：

```
R1(config)# ip route 10.10.1.0 255.255.255.0 192.168.12.2
R1(config)# ip route 10.10.2.0 255.255.255.0 192.168.12.2
```

```
R1(config)# ip route 10.10.3.0 255.255.255.0 192.168.12.2
…
R1(config)# ip route 10.10.7.0 255.255.255.0 192.168.12.2
```

这样配置显然非常麻烦，如果 R3 的子网还有更多呢？这样管理员的负担就非常重，如果使用汇总路由，一切就简单的多了，只需用一条命令即可：

```
R1(config)# ip route10.10.1.0 255.255.248.0 192.168.12.2
```

显然，汇总路由可以降低管理员的负担，但是要注意汇总一定要精确。

5.2.2　相关命令讲解

1. ip route prefix mask {next-hop address|interface}

命令用于配置一条静态路由。其中的 prefix 参数用来指定目标主机或网络的 IP 地址；mask 参数用来指定目标主机或网络的子网掩码；next-hop address 参数用来指定静态路由中到达目标网络的下一跳 IP 地址(实际上就是网关 IP 地址)。如果是单路由器连接的两个网络，则下一跳地址为本地路由器的出口地址；而如果是路由器互联的，则下一跳地址是下一个路由器的入口地址，二选一选项；interface 参数用于指定下一跳接口的接口类型和接口号，二选一选项。可用"no ip route prefix mask {next-hop address|interface}"命令删除对应的静态路由。该命令用于全局配置模式 Router(config)#下。

命令使用示例：

1) Router(config)#ip route 192.168.1.0 255.255.255.0 s0/0

该命令配置了一条从路由器 Router 到目标主机所在网段 192.168.1.0/24 的静态路由，下一跳接口是 s0/0。

2) Router(config)#ip route 192.168.1.0 255.255.255.0 12.12.12.2

该命令配置了一条从路由器 Router 到目标主机所在网段 192.168.1.0/24 的静态路由，下一跳地址是 12.12.12.2。

注意：在写静态路由时，如果链路是点到点的链路(例如 PPP 封装的链路)，采用网关地址和接口都是可以的；然而如果链路是多路访问的链路(例如以太网)，则只能采用网关地址，即不能：ip route 192.168.1.0 255.255.255.0 f0/0。所以一般情况下，我们只在点对点的链路中采用 interface 选项，否则采用 next-hop address 选项。

2. ip route 0.0.0.0 0.0.0.0 {next-hop address|interface}

命令用于配置一条默认路由。其中除了用 0/0 替换掉普通静态路由里的目标地址字段外，其他的无变化，这里的 0/0 代表的是所有网络，也就是该路由器所有的未知网络，均从我们指定的接口或下一跳出去。可用"no ip route 0.0.0.0　0.0.0.0{next-hop address|interface}"命令删除对应的默认路由。该命令用于全局配置模式 Router(config)#下。

命令使用示例：

1) Router(config)#ip route 0.0.0.0 0.0.0.0 s0/0

该命令配置了一条从路由器 Router 到该路由器所有的未知网络的静态路由，下一跳接口是 s0/0。

2) Router(config)#ip route 0.0.0.0 0.0.0.0 12.12.12.2

该命令配置了一条从路由器 Router 到该路由器所有的未知网络的静态路由，下一跳地址是 12.12.12.2。

5.2.3 实验目的

(1) 了解静态路由技术的工作原理；

(2) 掌握静态路由的配置方法；

(3) 理解路由表各项的含义；

(4) 掌握对静态路由配置的检查与测试；

(5) 能够使用静态路由实现网络互通。

5.2.4 实验环境

在图 5.2 所示的实验拓扑中，Cisco 3640 路由器 R1、R2、R3 和 R4，分别在 slot0 上插入一块 NM-4E 的 4 口 10 兆以太网卡以接入各自所在的局域网和用于路由器之间互联。交换机采用软件模拟的 Ethernet switch 以太网交换机。三台 PC 采用 VPCS 模拟。

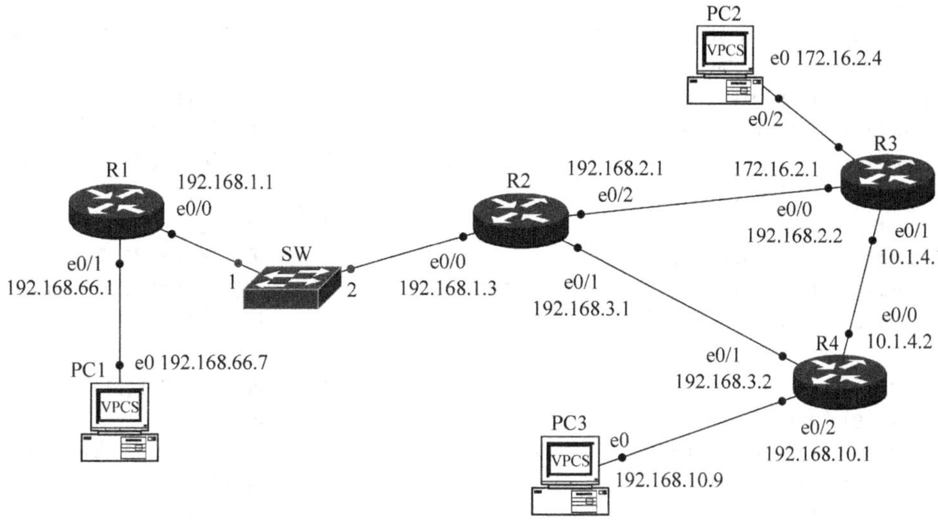

图 5.2 静态路由实验拓扑

通过在路由器 R1、R2 和 R3 上配置静态路由，实现 R1、R2 和 R3 所在网段互通。要求通过适当的实验配置，使得 PC1 和 PC2 能互相 Ping 通。

5.2.5 实验步骤

(1) 路由器 R1、R2、R3 和 R4 的基本配置。

```
R1#configure terminal                                  !--- 进入全局配置模式
R1(config)#interface e0/0                              !--- 进入接口 e0/0
R1(config-if)#ip address 192.168.1.1 255.255.255.0     !--- 配置接口的 IP 地址和掩码
R1(config-if)#no shut                                  !--- 打开接口
```

```
R1(config-if)#exit                                      !--- 退出接口
R1(config)#interface e0/1                               !--- 进入接口 e0/1
R1(config-if)#ip address 192.168.66.1 255.255.255.0     !--- 配置接口的 IP 地址和掩码
R1(config-if)#no shut                                   !--- 打开接口

R2#configure terminal                                   !--- 进入全局配置模式
R2(config)#interface e0/0                               !--- 进入接口 e0/0
R2(config-if)#ip address 192.168.1.3 255.255.255.0      !--- 配置接口的 IP 地址和掩码
R2(config-if)#no shut                                   !--- 打开接口
R2(config-if)#exit                                      !--- 退出接口
R2(config)#interface e0/1                               !--- 进入接口 e0/1
R2(config-if)#ip address 192.168.3.1 255.255.255.0      !--- 配置接口的 IP 地址和掩码
R2(config-if)#no shut                                   !--- 打开接口
R2(config-if)#exit                                      !--- 退出接口
R2(config)#interface e0/2                               !--- 进入接口 e0/2
R2(config-if)#ip address 192.168.2.1 255.255.255.0      !--- 配置接口的 IP 地址和掩码
R2(config-if)#no shut                                   !--- 打开接口

R3#configure terminal                                   !--- 进入全局配置模式
R3(config)#interface e0/0                               !--- 进入接口 e0/0
R3(config-if)#ip address 192.168.2.2 255.255.255.0      !--- 配置接口的 IP 地址和掩码
R3(config-if)#no shut                                   !--- 打开接口
R3(config-if)#exit                                      !--- 退出接口
R3(config)#interface e0/1                               !--- 进入接口 e0/1
R3(config-if)#ip address 10.1.4.1 255.255.255.0         !--- 配置接口的 IP 地址和掩码
R3(config-if)#no shut                                   !--- 打开接口
R3(config-if)#exit                                      !--- 退出接口
R3(config)#interface e0/2                               !--- 进入接口 e0/2
R3(config-if)#ip address 172.16.2.1 255.255.255.0       !--- 配置接口的 IP 地址和掩码
R3(config-if)#no shut                                   !--- 打开接口

R4#configure terminal                                   !--- 进入全局配置模式
R4(config)#interface e0/0                               !--- 进入接口 e0/0
R4(config-if)#ip address 10.1.4.2 255.255.255.0         !--- 配置接口的 IP 地址和掩码
R4(config-if)#no shut                                   !--- 打开接口
R4(config-if)#exit                                      !--- 退出接口
R4(config)#interface e0/1                               !--- 进入接口 e0/1
R4(config-if)#ip address 192.168.3.2 255.255.255.0      !--- 配置接口的 IP 地址和掩码
R4(config-if)#no shutdown                               !--- 打开接口
R4(config-if)#exit                                      !--- 退出接口
R4(config)#interface e0/2                               !--- 进入接口 e0/2
R4(config-if)#ip address 192.168.10.1 255.255.255.0     !--- 配置接口的 IP 地址和掩码
R4(config-if)#no shut                                   !--- 打开接口
```

(2) 主机 PC1～PC3 的基本配置。

```
PC1>ip 192.168.66.7 192.168.66.1 24                     !--- 配置 PC1 的 IP、网关和子网掩码
Checking for duplicate address...
PC1 : 192.168.66.7 255.255.255.0 gateway 192.168.66.1   !--- 提示 PC1 的配置已修改成功
```

```
PC2 > ip 172.16.2.4 172.16.2.1 24                    ! --- 配置 PC2 的 IP、网关和子网掩码
Checking for duplicate address...
PC2 : 172.16.2.4 255.255.255.0 gateway 172.16.2.1          ! --- 提示 PC2 的配置已修改成功

PC3 > ip 192.168.10.9 192.168.10.1 24                ! --- 配置 PC3 的 IP、网关和子网掩码
Checking for duplicate address...
PC3 : 192.168.10.9 255.255.255.0 gateway 192.168.10.1  ! --- 提示 PC3 的配置已修改成功
```

(3) 用 ping 命令测试各直连路由器之间的互通性、PC 之间的互通性。

```
! --- 测试各直连路由器之间的连通性
R1 和 R2 之间的链路: R1 # ping 192.168.1.3      ! --- 由 ping 结果"!"可知通了
R2 和 R3 之间的链路: R2 # ping 192.168.2.2      ! --- 由 ping 结果"!"可知通了
R2 和 R4 之间的链路: R2 # ping 192.168.3.2      ! --- 由 ping 结果"!"可知通了
R3 和 R4 之间的链路: R3 # ping 10.1.4.2         ! --- 由 ping 结果"!"可知通了

! --- 测试各主机之间的连通性
PC1 和 PC2 之间: PC1 > ping 172.16.2.4          ! --- 由结果 unreachable 可知它们不通
PC1 和 PC3 之间: PC1 > ping 192.168.10.9        ! --- 由结果 unreachable 可知它们不通
PC2 和 PC3 之间: PC2 > ping 192.168.10.9        ! --- 由结果 unreachable 可知它们不通

! --- 测试路由器 R1 和主机 PC2 之间的连通性
R1 # ping 172.16.2.4                            ! --- 由 ping 结果"."可知它们不通
! --- 测试路由器 R1 和主机 PC2 之间带参数的 ping,源地址用 R1 的 e0/1 接口(或扩展 ping ,源地址
为 e0/1 接口 IP 地址)
R1 # ping 172.16.2.4 source e0/1                ! --- 由 ping 结果"."可知它们不通
```

(4) 用 show ip route 命令显示路由表,找出为什么第三步不能 Ping 通。

```
R1 # show ip route                                         ! --- 查看路由表
Codes: C - connected, S - static, R - RIP, M - mobile, B - BGP
       D - EIGRP, EX - EIGRP external, O - OSPF, IA - OSPF inter area
       N1 - OSPF NSSA external type 1, N2 - OSPF NSSA external type 2
       E1 - OSPF external type 1, E2 - OSPF external type 2
       i - IS-IS, su - IS-IS summary, L1 - IS-IS level-1, L2 - IS-IS level-2
       ia - IS-IS inter area, * - candidate default, U - per-user static route
       o - ODR, P - periodic downloaded static route
! --- 在上面的输出中,首先显示路由条目各种类型的简写,如"C"为直连网络,"S"为静态路由,"R"
表示 RIP 协议,默认路由用" * "标志。
Gateway of last resort is not set
C    192.168.66.0/24 is directly connected, Ethernet0/1  ! --- C 表示此路由是直连网络学的
C    192.168.1.0/24 is directly connected, Ethernet0/0   ! --- 表示此路由是直连网络学的
```

我们看到,PC1 没有到 PC2 和 PC3 这两个网络(分别是 172.16.2.0 和 192.168.10.0 网络)的路由,所以 PC1 不能 Ping 通 PC2 和 PC3。同理用 show ip route 命令可分析出 PC2 不能 Ping 通 PC3、R1 不能 Ping 通 PC2 的原因。

(5) 采用配置静态路由的方法来添加路由。

```
!--- 在 R1 上配置静态路由
R1#configure terminal                              !--- 进入全局配置模式
R1(config)#ip route 172.16.2.0 255.255.255.0 192.168.1.3
!--- 配置静态路由。配置了一条从路由器 R1 到目标主机 PC2 所在网段 172.16.2.0/24 的静态路
由,下一跳是 192.168.1.3。

!--- 在 R2 上配置静态路由
R2#configure terminal                              !--- 进入全局配置模式
R2(config)#ip route 172.16.2.0 255.255.255.0 192.168.2.2
!--- 配置静态路由。配置了一条从路由器 R2 到目标主机 PC2 所在网段 172.16.2.0/24 的静态路
由,下一跳是 192.168.2.2。
R2(config)#ip route 192.168.66.0 255.255.255.0 192.168.1.1
!--- 配置静态路由。配置了一条从路由器 R2 到目标主机 PC1 所在网段 192.168.66.0/24 的静态路
由,下一跳是 192.168.1.1。

!--- 在 R3 上配置静态路由
R3#configure terminal                              !--- 进入全局配置模式
R3(config)#ip route 192.168.66.0 255.255.255.0 192.168.2.1
!--- 配置静态路由。配置了一条从路由器 R3 到目标主机 PC1 所在网段 192.168.66.0/24 的静态路
由,下一跳是 192.168.2.1。
```

(6) 用 show run 命令查看路由器配置,并用 show ip route 命令显示路由表,理解路由表含义。

```
!--- 查看路由器配置
R1#show run                                                 !--- 查看配置好的静态路由
Building configuration...
...(以下省略)
!
ip route 172.16.2.0 255.255.255.0 192.168.1.3               !--- 静态路由信息
!
...(以下省略)

!--- 查看路由表
R1#sh ip route                                              !--- 查看路由器中的路由表
Codes: C - connected, S - static, R - RIP, M - mobile, B - BGP
       D - EIGRP, EX - EIGRP external, O - OSPF, IA - OSPF inter area
       N1 - OSPF NSSA external type 1, N2 - OSPF NSSA external type 2
       E1 - OSPF external type 1, E2 - OSPF external type 2
       i - IS-IS, su - IS-IS summary, L1 - IS-IS level-1, L2 - IS-IS level-2
       ia - IS-IS inter area, * - candidate default, U - per-user static route
       o - ODR, P - periodic downloaded static route
!--- 我们看到,首先显示路由条目的各种类型的简写,如"C"为直连网络,"S"为静态路由,"R"为 RIP
协议,默认路由用"*"标志。
Gateway of last resort is not set
     172.16.0.0/24 is subnetted, 1 subnets
!--- 存在一个子网,有类地址是 172.16.0.0,子网掩码为/24
```

```
S 172.16.2.0 [1/0] via 192.168.1.3
!---"S"表示这条路由是静态路由;"172.16.2.0"是目的网络;"[1/0]"是管理距离 AD
(Administrative Distance)/度量值(Metric);"via 192.168.1.3"是指到达目的网络的下一跳路由器
的 IP 地址;
C     192.168.66.0/24 is directly connected, Ethernet0/1      !--- 直连路由
C     192.168.1.0/24 is directly connected, Ethernet0/0       !--- 直连路由

!--- 同理用 sh ip route 可查看其他路由器的路由表
```

(7) 用 ping 命令再次测试,并分析网络的互通性。

```
!--- PC1 和 PC2 之间
PC1> ping 172.16.2.4
84 bytes from 172.16.2.4 icmp_seq=1 ttl=61 time=34.002 ms
84 bytes from 172.16.2.4 icmp_seq=2 ttl=61 time=39.003 ms
84 bytes from 172.16.2.4 icmp_seq=3 ttl=61 time=39.002 ms
84 bytes from 172.16.2.4 icmp_seq=4 ttl=61 time=39.003 ms
84 bytes from 172.16.2.4 icmp_seq=5 ttl=61 time=39.002 ms

PC2> ping 192.168.66.7
84 bytes from 192.168.66.7 icmp_seq=1 ttl=61 time=40.003 ms
84 bytes from 192.168.66.7 icmp_seq=2 ttl=61 time=39.002 ms
84 bytes from 192.168.66.7 icmp_seq=3 ttl=61 time=39.003 ms
84 bytes from 192.168.66.7 icmp_seq=4 ttl=61 time=39.002 ms
84 bytes from 192.168.66.7 icmp_seq=5 ttl=61 time=39.003 ms
!--- 由结果可知它们通了

!--- R1 和 PC2 之间直接 Ping
R1# ping 172.16.2.4
Type escape sequence to abort.
Sending 5, 100-byte ICMP Echos to 172.16.2.4, timeout is 2 seconds:
.....
Success rate is 0 percent (0/5)
!--- 我们看到,以上无法 Ping 通,原因在于使用 ping 命令时,如果不指明源接口,则 R1 路由器使用
E0/0 接口的 IP 地址(192.168.1.1)作为 IP 数据包的源 IP 地址。当 PC2 上响应 R1 的数据包时,数据
包是发向 192.168.1.1 的。然而,由于 PC2 没有到 192.168.1.1/24 的路由,数据包无法发送。即:数
据包从 R1 到了 PC2 后,无法返回 R1。(解决办法,再配置一条到 R1 的 E0/0 网段的静态路由即可 Ping
通,读者可以自己验证一下)

!--- R1 和 PC2 之间带参数的 ping(或扩展 ping),源地址用 R1 的 E0/1 接口
R1# ping 172.16.2.4 source e0/1
Type escape sequence to abort.
Sending 5, 100-byte ICMP Echos to 172.16.2.4, timeout is 2 seconds:
Packet sent with a source address of 192.168.66.1
!!!!!
Success rate is 100 percent (5/5), round-trip min/avg/max = 168/201/288 ms
!--- 我们看到,从 R1 的 E0/1 接口可以 Ping 通 PC2。数据经过 192.168.2.0/24 网络,但是在 R1 上,
我们并没有添加 192.168.2.0/24 的路由。路由器转发数据包完全是根据路由表进行的,并且数据是
一跳一跳地被转发的,就像接力赛似的。当从 R1 的 E0/1 口 ping PC2 时,IP 数据包的源 IP 为 192.
168.66.1,目的 IP 为 172.16.2.4。R1 路由器首先查路由表,数据包被转发到了 R2;R2 路由器也查路
由表(172.16.2.0/24 路由),数据包被转发到了 R3;R3 知道这是直连路由,转发给 PC2;PC2 响应的数
据包进行类似的过程。
```

（8）删除静态路由。

```
!--- 删除 R1 上的静态路由(可用 sh run 命令查看先前配置的静态路由,再删除)
R1#configure terminal                !--- 进入全局配置模式
R1(config)#no ip route 172.16.2.0 255.255.255.0 192.168.1.3
!--- 删除到 PC2 主机所在网段的静态路由

!--- 用 sh run 或 sh ip route 命令可验证刚才配置的静态路由是否被删除
!--- 此时 PC1 与 PC2 之间是不能通信的,因为刚才设置的静态路由已被删除。
```

（9）配置静态默认路由。

```
!--- 配置 R1 上的静态默认路由
R1#configure terminal                !--- 进入全局配置模式
R1(config)#ip route 0.0.0.0 0.0.0.0 192.168.1.3
!--- 配置了一条静态默认路由,下一跳地址为 192.168.1.3

!--- 配置好后可用 sh ip route 命令查看当前路由表
R1#sh ip route
Codes: C - connected, S - static, R - RIP, M - mobile, B - BGP
       D - EIGRP, EX - EIGRP external, O - OSPF, IA - OSPF inter area
       N1 - OSPF NSSA external type 1, N2 - OSPF NSSA external type 2
       E1 - OSPF external type 1, E2 - OSPF external type 2
       i - IS-IS, su - IS-IS summary, L1 - IS-IS level-1, L2 - IS-IS level-2
       ia - IS-IS inter area, * - candidate default, U - per-user static route
       o - ODR, P - periodic downloaded static route

Gateway of last resort is 192.168.1.3 to network 0.0.0.0
C    192.168.66.0/24 is directly connected, Ethernet0/1
C    192.168.1.0/24 is directly connected, Ethernet0/0
S*   0.0.0.0/0 [1/0] via 192.168.1.3
!--- S*的路由条目即为刚才所配置的静态默认路由。
```

（10）用 ping 命令测试,并分析此时网络的互通性。

```
!--- PC1 与 PC2 之间
PC1>ping 172.16.2.4
84 bytes from 172.16.2.4 icmp_seq=1 ttl=61 time=36.002 ms
84 bytes from 172.16.2.4 icmp_seq=2 ttl=61 time=39.002 ms
84 bytes from 172.16.2.4 icmp_seq=3 ttl=61 time=39.003 ms
84 bytes from 172.16.2.4 icmp_seq=4 ttl=61 time=39.002 ms
84 bytes from 172.16.2.4 icmp_seq=5 ttl=61 time=39.003 ms

PC2>ping 192.168.66.7
84 bytes from 192.168.66.7 icmp_seq=1 ttl=61 time=42.003 ms
84 bytes from 192.168.66.7 icmp_seq=2 ttl=61 time=49.003 ms
84 bytes from 192.168.66.7 icmp_seq=3 ttl=61 time=49.003 ms
84 bytes from 192.168.66.7 icmp_seq=4 ttl=61 time=49.003 ms
84 bytes from 192.168.66.7 icmp_seq=5 ttl=61 time=49.003 ms
```

我们看到，采用静态默认路由后，主机 PC1 和 PC2 之间仍是互通的。

5.2.6 扩展实验

配置其他的静态路由表项，使得 PC1 与 PC3 可以互通，PC2 与 PC3 可以互通。

5.3 RIPv1 路由协议

5.3.1 理论知识与实验原理

路由信息协议(Routing Information Protocol，RIP)是一种分布式的基于距离向量的内部网关协议，是使用最广泛的距离向量协议。RIP 每隔 30 秒钟就送出自己完整的路由表到所有激活的接口，它只使用跳计数来决定到达远程网络的最优路径，并且在默认时它所允许的最大跳数为 15 跳，也就是说 16 跳的距离将被认为是不可达的。在小型的网络中，RIP 会运转良好，但是对于使用慢速 WAN 链接的大型网络或者对于安装有大量路由器的网络来说，它效率就很低了。

1. RIP 的主要特征

RIP 路由协议分为 RIPv1 版本 1 和 RIPv2 版本 2。不论是版本 1 还是版本 2 都具备下面的特征：

(1) 基于距离向量的路由协议；

(2) 使用跳数(Hop Count)作为度量；

(3) 默认路由更新周期为 30s；

(4) 管理距离(AD)为 120；

(5) 支持触发更新；

(6) 最大跳数为 15 跳；

(7) 支持等价路径，默认 4 条，最大 6 条；

(8) 使用 UDP 520 端口进行路由更新。

2. RIPv1 和 RIPv2 的区别

RIPv1 和 RIPv2 的区别如表 5.2 所示。

表 5.2 RIPv1 和 RIPv2 的区别

RIPv1	RIPv2
在路由更新过程中不携带子网信息	在路由更新的过程中携带子网信息
不提供认证	提供明文和 MD5 认证
不支持 VLSM	支持 VLSM 和 CIDR(无类别域间路由)
采用广播(255.255.255.255)更新	采用组播(224.0.0.9)更新
有类别(Classful)路由协议	无类别(Classless)路由协议

3. RIP 路由度量

RIP 路由协议使用单一路由度量“距离”也称为“跳数”来计算源和目的网络之间的距离。从一路由器到直接连接的网络的距离定义为 1。从一路由器到非直接连接的网络的距离定义为所经过的路由器数加 1。“加 1”是因为到达目的网络后就进行直接交付，而到直接连接的网络的距离已经定义为 1。

如果 RIP 发现对于同一个远程网络存在有不止一个链路，并且它们又都具有相同的跳数，则路由器将自动地执行循环负载均衡。RIP 可以对多达 6 个相同开销的链路实现负载均衡（默认时为 4 个）。

然而，当两个到达某一远程网络的链路具有不同的带宽但又具有相同的跳数，使用这种类型的路由度量将会带来一定的问题。如图 5.3 给出了两个到达远程网络 172.16.10.0 的链路。

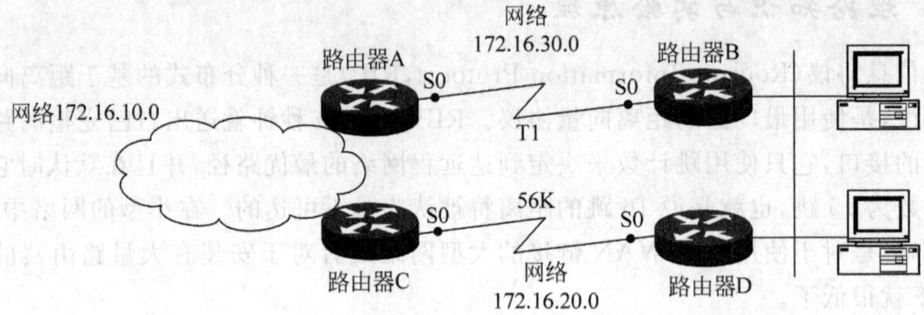

图 5.3　到达远程网络 172.16.10.0 的链路

由于网络 172.16.30.0 是一个 T1 链路，它的带宽是 1.544Mb/s，而网络 172.16.20.0 是一个 56K 的链路，用户当然是希望路由器选择 T1 而不是 56K 链路。但是，由于跳数是 RIP 路由选择协议唯一使用的量度，所以，这两个链路将被视为是具有相同开销的链路。这种情况被称为针孔拥塞。

4. 距离矢量路由选择协议的工作原理

网络中的路由器向相邻的路由器发送它们的全部路由信息，路由器根据从相邻路由器接收到的信息来更新自己的路由表，然后，将信息传递到它的相邻路由器，这样逐级地传递下去以达到全网同步。也就是距离矢量路由表中的某些路由项有可能建立在第二手信息的基础之上，每个路由器都不了解整个网络拓扑，它们只知道与自己直接相连的网络情况，并根据从邻居得到的路由信息更新自己的路由表，进行矢量叠加后转发给其他的邻居。

距离矢量路由协议启动时会首先初始化路由表，路由器在路由表中生成其直连路由并传播出去，直连路由是指与其直接相连的网络的情况。然后，路由器会定期地把路由表传送给相邻的路由器，让其他路由器知道自己的网络情况。

路由表至少包括三个字段：(目的网络，距离，下一跳路由器)。

例如，(D,2,R)表示到目的网络 D 的报文要送到相邻的路由器 R，距离（也称为跳数）为 2。

收到相邻路由器（其地址为 X）的一个 RIP 报文，进行以下步骤：

(1) 先修改此 RIP 报文中的所有项目：将“下一跳”字段中的地址都改为 X，并将所有的“距离”字段的值加 1。

(2) 对修改后的 RIP 报文中的每一个项目，重复以下步骤：

① 若项目中的目的网络不在路由表中，则将该项目加到路由表中。

② 否则，若下一跳字段给出的路由器地址是同样的，则将收到的项目替换原路由表中的项目。

③ 否则，若收到项目中的距离小于路由表中的距离，则进行更新。

④ 否则，什么也不做。

(3) 若 3 分钟还没有收到相邻路由器的更新路由表，则将此相邻路由器记为不可达的路由器，即将距离置为 16(距离为 16 表示不可达)。

(4) 返回。

某个网络可能会有多个链路可以到达同一个远程网络。如果出现这一情况，管理距离 AD 首先将被检查。如果 AD 是相同的，协议将会使用其他量度值来决定到达远程网络的最佳路径。

5. 路由环路

距离矢量路由选择协议会通过定期地广播路由更新所有激活的接口，来跟踪互联网络中的任何变化。这个广播包含着整个路由表。这样是可以正常工作的，尽管它会占用一定的 CPU 进程和链路带宽。但是，如果一个网络出现瘫痪，实质性的问题就会产生。特别是，距离矢量路由选择协议的慢会聚会造成矛盾的路由表和路由环路。

路由环路的发生是由于每台路由器不能同时或接近同时地完成路由表的更新。作为示例，让我们来假设在图 5.4 中的网络发生故障。所有的路由器都知道要到达网络 5 需要通过路由器 E。在路由器 A 的路由表中，存在一个网络 5 的路径，它需要通过路由器 B。

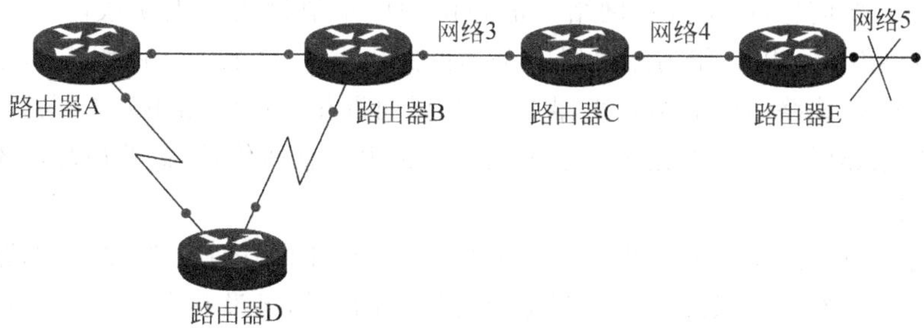

图 5.4　路由环路

当网络 5 出现故障时，路由器 E 告诉路由器 C。这样路由器 C 会停止使用通过路由器 E 到达网络 5 的路由。但是，路由器 A、B 和 D 还不知道关于网络 5 的事情，于是它们照旧发送出更新的路由信息。最后，路由器 C 会送出自己的路由更新，并导致 B 停止通向网络 5 的路由，但是这时路由器 A 和路由器 D 仍没有得到更新。对于它们来说，显然网络 5 依然是可以通过路由器 B 到达的，其度量值为 3。

当路由器 A 常规地每 30 秒送出“喂，我还在这里，这些是我所了解的链路情况”的信息，在这个信息中仍然包含有网络 5 可达的内容。之后，路由器 B 和 D 都会接收到网络 5 仍然可通过路由器 A 到达的好消息，于是它们也会送出网络 5 可达的信息。任何以网络 5 为目的的数据包将会到达路由器 A，再到达路由器 B，然后再返回路由器 A。这就是路由环路，解决路由环路问题的方法，概括来讲，主要分为 6 种：

1) 定义最大跳数

对度量值定义一个极限值，当跳数累加到该极限值时路由器就认为该路由不可达，也就不再使用这条路由了，从而有限度地避免了路由环路。不同协议有不同的极限值，RIP 协议的最大值是 16 跳，IGRP 协议的默认最大值为 100 跳。这样做的缺点是它将限制路由更新信息在大型网络中的传播,造成这种协议不适合运行在大型网络中。

2）水平分割

通过在距离矢量网络中强制信息的传送规则来减少不正确路由信息和路由管理开销的产生,具体做法是限制路由器不能将信息发送回接收信息的方向。换句话说,路由选择协议区分网络路由信息是从哪个接口获取的,一旦这个判断被确定,它将不再把有关这一路由的信息再发送回同一接口。这将阻止路由器 A 发送有关从路由器 B 处接收到的更新信息返回给路由器 B。

3）触发更新

路由器之间会周期性地互相发送路由更新包,但是,如果路由器在发现了网络故障之后,还要等到下一个发送路由更新包的周期才把这个网络故障的信息发给邻居,那就太慢了。由于其他路由器不能快速地学到这个网段故障的信息,造成了在网络里还会有大量的数据包被路由到该网段所直接连接的路由器,但是因为该网段已经不可用,这些数据包将被丢弃。

触发更新就是用来解决这个问题的。当路由器发现某个网段出现了故障时,它会立刻发出路由更新包来通知邻居,而不用等到下一次发送路由更新包的时间。

4）路由毒化和反向毒化

如图 5.4 所示,当路由器 E 检测到网络 5 不可用后,立即向路由器 C 发出包含该路由被毒化的路由更新信息,即把到达网络 5 的路由的度量值设为最大跳数,对于 RIP 来说是 16 跳,表明该路由不可用。作为路由器 E 邻居的路由器 C 也把到达网络 5 的路由毒化,当更新周期到达时把该路由回应给路由器 E,这叫反向毒化。同时路由器 C 也会把这条毒化路由通告给其他邻居。反向毒化避免了不正确的路由信息回传,因此路由环路不能形成。

5）保持计时器

保持计时器可以阻止定期地更新消息去恢复一个不断关闭(称为翻动)的路由。通常,在串行链路上连接的丢失然后又恢复都是经常发生的。如果没有办法来稳定这一状况,网络将决不会到达会聚并且翻动的接口会导致网络的瘫痪。

通过为每个已关闭的路由的恢复,或为提高下一个最佳路由修改前网络的稳定性设置一个允许定时器,保持计时器可以阻止过于频繁的路由修改。这可以告诉路由器,任何关于近期删除路由的修改,都将被限制在某个指定的时间间隔之外。这样,可以防止在其他路由器的路由表中过早地恢复某些无效路由。

当路由器接收到一个来自相邻路由器的更新,表明一个原先可以访问的网络现在不工作或不可达时,保持计时器将被启动。如果从相邻路由器接收到一个新的带有比原先网络度量值表项更好的路由更新信息时,保持计时器将被撤销,这个更新数据将被放行。然而,如果在保持计时器过期前从相邻路由器处接收到一个等于或不如原先路由度量的更新,这个更新信息将被忽略,并且保持计时器继续工作。为了保持网络的稳定,这将会花去更多的时间来达到会聚。保持计时器使用触发式更新来通告相邻路由器网络中的变化,并同时重新设置保持计时器。与来自相邻路由器更新消息不同的是,当在互联网中有个变化被发现时,触发更新会创建一个新的路由更新,并立即将它发送给相邻路由器。

当触发更新重新设置保持计时器时,会有三种情况发生:

(1) 保持计时器期满。

(2) 另一个带有更好的度量更新被接收到。

(3) 刷新定时,即一个路由在被删除之前,从路由表中删除该路由需要保持的时间。

以上方法的综合使用。

6. RIP 定时器种类

1) 路由更新定时器

用于设置定期路由更新的时间间隔(典型值为 30 秒),在这个间隔里路由器发送一个自己路由表的完整拷贝到所有相邻的路由器。

2) 路由失效定时器

用于决定一个时间长度,即路由器在认定一个路由成为无效路由之前需要等待的时间(180 秒)。如果路由器在此期间内没有得到关于某个指定路由的任何更新消息,它将认为这个路由失效。当这一情况发生时,这个路由器将会给它所有的邻居发送一个更新消息以通知它们这个路由已经无效。

3) 保持失效定时器

用于设置路由信息被抑制的时间数量。当指示某个路由为不可达的更新数据包被接收到时,路由器将会进入保持失效状态。这个状态会一直持续到一个带有更好度量的更新数据包被接收到或者这个保持失效定时器到期。默认时,取值为 180 秒。

4) 路由刷新定时器

用于设置某个路由成为无效路由并将它从路由表中删除的时间间隔(240 秒)。在将它从表中删除前,路由器会通告它的邻居这个路由即将消亡。路由失效定时器的值必须要小于路由刷新定时器的值。这就为路由器提供足够的时间在本地路由表更新前通告它的邻居有关这一无效路由的情况。

5.3.2 相关命令讲解

1. router rip

命令用于启用 RIP 路由进程。该命令用于全局配置模式 Router(config)# 下。

命令使用示例:

```
Router(config)#router rip
```

该命令表示在路由器 Router 上开启 RIP 路由进程,进入路由器配置模式。

2. network ip-network

命令用于向邻居通告网络号(路由),并启用相应的接口参与动态路由协议的运行进程。其中的 ip-network 参数用于指定要通告的网络的网络地址,即 A 类、B 类或 C 类。该变量的另一功能是,地址在该网络范围内的接口都参与动态路由进程,即从这些接口向邻居通告路由表,这些接口也接收邻居通告的路由表信息。可用"no network ip-network"命令删除对应通告的网络号。该命令用于路由器配置模式 Router(config-router)# 下。

命令使用示例:

```
Router(config-router)#network 10.1.1.0
```

该命令通告了一个直连网络为 10.1.1.0。

3. version｛1｜2｝

命令用于声明 RIP 协议版本号。该命令用于路由器配置模式 Router(config-router)＃下。

命令使用示例：

```
Router(config - router)# version 1
```

该命令配置路由器仅发送 RIPv1 版本的路由更新包。

4. show ip protocols

命令用于查看 IP 路由协议配置和统计信息。该命令用于特权模式 Router＃下。

命令使用示例：

```
Router# show ip protocols
```

该命令显示当前 IP 路由协议的配置和统计信息。

5. clear ip route *

命令用于清空路由表。该命令用于特权模式 Router＃下。

命令使用示例：

```
Router# clear ip route *
```

该命令清空路由表。

6. debug ip rip

命令用于查看 RIP 路由协议的动态更新过程。该命令用于特权模式 Router＃下。

命令使用示例：

```
Router# debug ip rip
```

该命令开启 debug rip 进程。

7. undebug all

命令用于停止所有 debug 进程。该命令用于特权模式 Router＃下。

命令使用示例：

```
Router# undebug all
```

该命令停止所有 debug 进程。

5.3.3 实验目的

(1) 了解 RIPv1 路由协议的工作原理；

(2) 掌握 RIPv1 路由的配置方法；

(3) 理解路由表各项的含义；

(4) 掌握对 RIPv1 路由配置的检查与测试；

(5) 能够使用 RIPv1 路由协议实现网络互通。

5.3.4 实验环境

在图 5.5 所示的实验拓扑中，Cisco 3640 路由器 R1、R2、R3 和 R4，分别在 slot0 上插入一块 NM-4E 的 4 口 10 兆以太网卡以接入各自所在的局域网和用于路由器之间互联。交换机采用软件模拟的 Ethernet switch 以太网交换机。三台 PC 采用 VPCS 模拟。

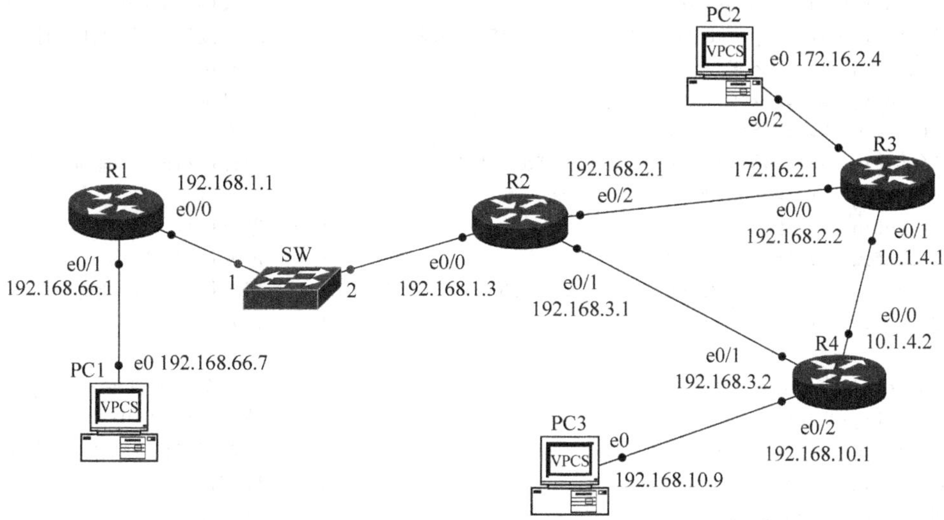

图 5.5 RIPv1 路由协议实验拓扑

通过在路由器 R1、R2 和 R3 上配置 RIPv1 路由协议，实现 R1、R2 和 R3 所在网段互通。要求通过适当的实验配置，使得 PC1 和 PC2 能互相 Ping 通。

5.3.5 实验步骤

(1) 路由器 R1、R2、R3 和 R4 的基本配置。

```
R1#configure terminal                                    !--- 进入全局配置模式
R1(config)#interface e0/0                                !--- 进入接口 e0/0
R1(config-if)#ip address 192.168.1.1 255.255.255.0       !--- 配置接口的 IP 地址和掩码
R1(config-if)#no shut                                    !--- 打开接口
R1(config-if)#exit                                       !--- 退出接口
R1(config)#interface e0/1                                !--- 进入接口 e0/1
R1(config-if)#ip address 192.168.66.1 255.255.255.0      !--- 配置接口的 IP 地址和掩码
R1(config-if)#no shut                                    !--- 打开接口

R2#configure terminal                                    !--- 进入全局配置模式
R2(config)#interface e0/0                                !--- 进入接口 e0/0
R2(config-if)#ip address 192.168.1.3 255.255.255.0       !--- 配置接口的 IP 地址和掩码
R2(config-if)#no shut                                    !--- 打开接口
R2(config-if)#exit                                       !--- 退出接口
R2(config)#interface e0/1                                !--- 进入接口 e0/1
R2(config-if)#ip address 192.168.3.1 255.255.255.0       !--- 配置接口的 IP 地址和掩码
R2(config-if)#no shut                                    !--- 打开接口
```

```
R2(config-if)#exit                                    !--- 退出接口
R2(config)#interface e0/2                             !--- 进入接口 e0/2
R2(config-if)#ip address 192.168.2.1 255.255.255.0    !--- 配置接口的 IP 地址和掩码
R2(config-if)#no shut                                 !--- 打开接口

R3#configure terminal                                 !--- 进入全局配置模式
R3(config)#interface e0/0                             !--- 进入接口 e0/0
R3(config-if)#ip address 192.168.2.2 255.255.255.0    !--- 配置接口的 IP 地址和掩码
R3(config-if)#no shut                                 !--- 打开接口
R3(config-if)#exit                                    !--- 退出接口
R3(config)#interface e0/1                             !--- 进入接口 e0/1
R3(config-if)#ip address 10.1.4.1 255.255.255.0       !--- 配置接口的 IP 地址和掩码
R3(config-if)#no shut                                 !--- 打开接口
R3(config-if)#exit                                    !--- 退出接口
R3(config)#interface e0/2                             !--- 进入接口 e0/2
R3(config-if)#ip address 172.16.2.1 255.255.255.0     !--- 配置接口的 IP 地址和掩码
R3(config-if)#no shut                                 !--- 打开接口

R4#configure terminal                                 !--- 进入全局配置模式
R4(config)#interface e0/0                             !--- 进入接口 e0/0
R4(config-if)#ip address 10.1.4.2 255.255.255.0       !--- 配置接口的 IP 地址和掩码
R4(config-if)#no shut                                 !--- 打开接口
R4(config-if)#exit                                    !--- 退出接口
R4(config)#interface e0/1                             !--- 进入接口 e0/1
R4(config-if)#ip address 192.168.3.2 255.255.255.0    !--- 配置接口的 IP 地址和掩码
R4(config-if)#no shutdown                             !--- 打开接口
R4(config-if)#exit                                    !--- 退出接口
R4(config)#interface e0/2                             !--- 进入接口 e0/2
R4(config-if)#ip address 192.168.10.1 255.255.255.0   !--- 配置接口的 IP 地址和掩码
R4(config-if)#no shut                                 !--- 打开接口
```

(2) 主机 PC1～PC3 的基本配置。

```
PC1>ip 192.168.66.7 192.168.66.1 24                        !--- 配置 PC1 的 IP、网关和子网掩码
Checking for duplicate address...
PC1 : 192.168.66.7 255.255.255.0 gateway 192.168.66.1      !--- 提示 PC1 的配置已修改成功

PC2>ip 172.16.2.4 172.16.2.1 24                            !--- 配置 PC2 的 IP、网关和子网掩码
Checking for duplicate address...
PC2 : 172.16.2.4 255.255.255.0 gateway 172.16.2.1          !--- 提示 PC2 的配置已修改成功

PC3>ip 192.168.10.9 192.168.10.1 24                        !--- 配置 PC3 的 IP、网关和子网掩码
Checking for duplicate address...
PC3 : 192.168.10.9 255.255.255.0 gateway 192.168.10.1      !--- 提示 PC3 的配置已修改成功
```

(3) 用 ping 命令测试各直连路由器之间的互通性、PC 之间的互通性。

```
!--- 测试各直连路由器之间的连通性
R1 和 R2 之间的链路：R1#ping 192.168.1.3        !--- 由 ping 结果"!"可知通了
R2 和 R3 之间的链路：R2#ping 192.168.2.2        !--- 由 ping 结果"!"可知通了
```

```
R2 和 R4 之间的链路：R2#ping 192.168.3.2          !--- 由 ping 结果"!"可知通了
R3 和 R4 之间的链路：R3#ping 10.1.4.2             !--- 由 ping 结果"!"可知通了

!--- 测试各主机之间的连通性
PC1 和 PC2 之间：PC1>ping 172.16.2.4             !--- 由结果 unreachable 可知它们不通
PC1 和 PC3 之间：PC1>ping 192.168.10.9           !--- 由结果 unreachable 可知它们不通
PC2 和 PC3 之间：PC2>ping 192.168.10.9           !--- 由结果 unreachable 可知它们不通

!--- 测试路由器 R1 和主机 PC2 之间的连通性
R1#ping 172.16.2.4                               !--- 由 ping 结果"."可知它们不通
!--- 测试路由器 R1 和主机 PC2 之间带参数的 ping,源地址用 R1 的 e0/1 接口(或扩展 ping,源地址
为 e0/1 接口 IP 地址)
R1#ping 172.16.2.4 source e0/1                   !--- 由 ping 结果"."可知它们不通
```

（4）用 show ip route 命令显示路由表，找出为什么第三步不能 Ping 通。

```
R1#show ip route                                          !--- 查看路由表
Codes: C - connected, S - static, R - RIP, M - mobile, B - BGP
       D - EIGRP, EX - EIGRP external, O - OSPF, IA - OSPF inter area
       N1 - OSPF NSSA external type 1, N2 - OSPF NSSA external type 2
       E1 - OSPF external type 1, E2 - OSPF external type 2
       i - IS-IS, su - IS-IS summary, L1 - IS-IS level-1, L2 - IS-IS level-2
       ia - IS-IS inter area, * - candidate default, U - per-user static route
       o - ODR, P - periodic downloaded static route
!--- 在上面的输出中,首先显示路由条目各种类型的简写,如"C"为直连网络,"S"为静态路由,"R"
表示 RIP 协议,默认路由用"*"标志。
Gateway of last resort is not set
C    192.168.66.0/24 is directly connected, Ethernet0/1  !--- C 表示此路由是直连网络学的
C    192.168.1.0/24 is directly connected, Ethernet0/0   !--- 表示此路由是直连网络学的
```

我们看到，PC1 没有到 PC2 和 PC3 这两个网络（分别是 172.16.2.0 和 192.168.10.0 网络）的路由，所以 PC1 不能 Ping 通 PC2 和 PC3。同理用 show ip route 命令可分析出 PC2 不能 Ping 通 PC3、R1 不能 Ping 通 PC2 的原因。

（5）在路由器 R1、R2 和 R3 上启动 RIPv1 进程并通告网络。

```
R1#configure terminal                            !--- 进入全局配置模式
R1(config)#router rip                            !--- 启动 RIP 进程
R1(config-router)#version 1                      !--- 配置 RIP 版本 1
R1(config-router)#network 192.168.1.0            !--- 通告直连网络
R1(config-router)#network 192.168.66.0           !--- 通告直连网络

R2#configure terminal
R2(config)#router rip
R2(config-router)#version 1
R2(config-router)#network 192.168.1.0
R2(config-router)#network 192.168.2.0
R2(config-router)#network 192.168.3.0

R3#configure terminal
```

```
R3(config)#router rip
R3(config-router)#version 1
R3(config-router)#network 192.168.2.0
R3(config-router)#network 172.16.0.0
R3(config-router)#network 10.1.4.0
```

(6) 用 show ip protocols 命令查看 IP 路由协议配置和统计信息。

```
R1#sh ip protocols                                  !--- 查看 IP 路由协议配置和统计信息
Routing Protocol is "rip"                           !--- 路由器上运行的路由协议是 RIP
  Outgoing update filter list for all interfaces is not set !--- 在出方向上没有设置过滤列表
  Incoming update filter list for all interfaces is not set !--- 在入方向上没有设置过滤列表
  Sending updates every 30 seconds, next due in 1 seconds
!--- 更新周期是 30s,距离下次更新还有 1s
  Invalid after 180 seconds, hold down 180, flushed after 240
!--- Invalid after 路由条目如果在 180s 还没收到更新,则被标记为无效; hold down 抑制计时器
的时间为 180s; flushed after 路由条目如果在 240s 还没有收到更新,则从路由表中删除此路由
条目
  Redistributing: rip                              !--- 只运行 RIP 协议,没有其他协议重分布进来
  Default version control: send version 1, receive version 1
!--- 默认发送版本 1 的路由更新,接收版本 1 的路由更新
    Interface        Send     Recv     Triggered RIP     Key-chain
    Ethernet0/0      1        1
    Ethernet0/1      1        1
!--- 以上两行显示运行 RIP 协议的接口,以及可以接收和发送的 RIP 路由更新的版本
  Automatic network summarization is in effect      !--- RIP 协议默认开启自动汇总功能
  Maximum path: 4                                   !--- RIP 可以支持 4 条等价路径,最大为 6 条
  Routing for Networks:
    192.168.1.0
    192.168.66.0
!--- 以上 3 行表明 RIP 通告的网络
  Routing Information Sources:
    Gateway          Distance        Last Update
    192.168.1.3          120         00:00:13
!--- 以上 3 行表明路由信息源,其中 Gateway: 学习路由信息的路由器的接口地址,也就是下一跳地
址; Distance: 管理距离; Last Update:更新发生在多长时间以前
  Distance: (default is 120)                        !--- 默认管理距离是 120
```

(7) 查看 RIPv1 路由协议的动态更新过程。

```
R1#clear ip route *                     !--- 清空路由表
R1#debug ip rip                         !--- 开启 debup RIP 进程
RIP protocol debugging is on
*Mar  1 01:20:42.923: RIP: received v1 update from 192.168.1.3 on Ethernet0/0
*Mar  1 01:20:42.927:        10.0.0.0 in 2 hops
*Mar  1 01:20:42.927:        172.16.0.0 in 2 hops
*Mar  1 01:20:42.931:        192.168.2.0 in 1 hops
*Mar  1 01:20:42.931:        192.168.3.0 in 1 hops
```

```
!--- 我们看到,从 Ethernet0/0 接收 4 条路由更新,分别是 10.0.0.0,度量值是 2 跳; 192.168.2.0,
度量值是 1 跳; 192.168.3.0,度量值是 1 跳。
R1#
*Mar  1 01:20:58.135: RIP: sending v1 update to 255.255.255.255 via Ethernet0/0 (192.168.1.1)
*Mar  1 01:20:58.139: RIP: build update entries
*Mar  1 01:20:58.139: network 192.168.66.0 metric 1
*Mar  1 01:20:58.271:RIP: sending v1 update to 255.255.255.255 via Ethernet0/1 (192.168.66.1)
!-- 我们看到,RIPv1 采用广播更新(255.255.255.255),分别向 Ethernet0/0 和 Ethernet0/1 发送路
由更新。
*Mar  1 01:20:58.271: RIP: build update entries
*Mar  1 01:20:58.275:    network 10.0.0.0 metric 3
*Mar  1 01:20:58.275:    network 172.16.0.0 metric 3
*Mar  1 01:20:58.279:    network 192.168.1.0 metric 1
*Mar  1 01:20:58.279:    network 192.168.2.0 metric 2
*Mar  1 01:20:58.283:    network 192.168.3.0 metric 2
R1#
*Mar  1 01:21:08.963: RIP: received v1 update from 192.168.1.3 on Ethernet0/0
*Mar  1 01:21:08.967:       10.0.0.0 in 1 hops
R1#undebug all          !--- 停止所有 debug 进程
All possible debugging has been turned off
```

(8) 用 show ip route 命令显示路由表,理解 RIP 路由表含义。

```
R1#sh ip route
Codes: C - connected, S - static, I - IGRP, R - RIP, M - mobile, B - BGP
       D - EIGRP, EX - EIGRP external, O - OSPF, IA - OSPF inter area
       N1 - OSPF NSSA external type 1, N2 - OSPF NSSA external type 2
       E1 - OSPF external type 1, E2 - OSPF external type 2, E - EGP
       i - IS-IS, su - IS-IS summary, L1 - IS-IS level-1, L2 - IS-IS level-2
       ia - IS-IS inter area, * - candidate default, U - per-user static route
       o - ODR, P - periodic downloaded static route
Gateway of last resort is not set

R    172.16.0.0/16 [120/2] via 192.168.1.3, 00:00:05, Ethernet0/0
C    192.168.66.0/24 is directly connected, Ethernet0/1
R    10.0.0.0/8 [120/2] via 192.168.1.3, 00:00:05, Ethernet0/0
C    192.168.1.0/24 is directly connected, Ethernet0/0
R    192.168.2.0/24 [120/1] via 192.168.1.3, 00:00:05, Ethernet0/0
R    192.168.3.0/24 [120/1] via 192.168.1.3, 00:00:05, Ethernet0/0
!--- 我们看到,路由器 R1 学到了 4 条 RIP 路由,其中路由条目"R 192.168.3.0/24 [120/1] via 192.
168.1.3, 00:00:05, Ethernet0/0"的含义如下:
1)  R: 表明此路由条目是通过 RIP 路由协议学习来的;
2)  192.168.3.0/24 : 目的网络;
3)  120: RIP 路由协议的默认管理距离;
4)  1: 度量值,从路由器 R1 到达网络 192.168.3.0/24 的度量值为 1 跳;
5)  192.168.1.3: 下一跳地址;
6)  00:00:05: 距离下一次更新还有 25s (30s-5s)。
7)  Ethernet0/0: 接收该路由条目的本路由器的接口。
同时通过该路由条目的掩码长度可以看到,RIPv1 确实不传递子网信息。
!--- 同理用 sh ip route 可查看其他路由器的路由表
```

(9) 用 ping 命令测试,并分析此时网络的互通性。

```
! --- PC1 与 PC2 之间
PC1 > ping 172.16.2.4
84 bytes from 172.16.2.4 icmp_seq = 1 ttl = 61 time = 44.002 ms
84 bytes from 172.16.2.4 icmp_seq = 2 ttl = 61 time = 49.003 ms
84 bytes from 172.16.2.4 icmp_seq = 3 ttl = 61 time = 49.002 ms
84 bytes from 172.16.2.4 icmp_seq = 4 ttl = 61 time = 49.002 ms
84 bytes from 172.16.2.4 icmp_seq = 5 ttl = 61 time = 49.002 ms

PC2 > ping 192.168.66.7
84 bytes from 192.168.66.7 icmp_seq = 1 ttl = 61 time = 41.002 ms
84 bytes from 192.168.66.7 icmp_seq = 2 ttl = 61 time = 49.002 ms
84 bytes from 192.168.66.7 icmp_seq = 3 ttl = 61 time = 49.003 ms
84 bytes from 192.168.66.7 icmp_seq = 4 ttl = 61 time = 49.003 ms
84 bytes from 192.168.66.7 icmp_seq = 5 ttl = 61 time = 49.003 ms
! --- 我们看到,采用 RIPv1 路由协议后,主机 PC1 和 PC2 之间是互通的

! --- R1 和 PC2 之间直接 ping
R1 # ping 172.16.2.4
Type escape sequence to abort.
Sending 5, 100 - byte ICMP Echos to 172.16.2.4, timeout is 2 seconds:
!!!!!
Success rate is 100 percent (5/5), round - trip min/avg/max  =  40/68/100 ms
! --- 由结果可知它们 ping 通了

! --- R1 和 PC2 之间带参数的 ping(或扩展 ping),源地址用 R1 的 E0/1 接口
R1 # ping 172.16.2.4 source e0/1
Type escape sequence to abort.
Sending 5, 100 - byte ICMP Echos to 172.16.2.4, timeout is 2 seconds:
Packet sent with a source address of 192.168.66.1
!!!!!
Success rate is 100 percent (5/5), round - trip min/avg/max  =  40/112/400 ms
! --- 由结果可知它们 ping 通了
```

5.3.6 扩展实验

在路由器 R4 上启动 RIPv1 进程并通告网络,使得 PC1 与 PC3 可以互通,PC2 与 PC3 可以互通。

5.4 RIPv2 路由协议

5.4.1 理论知识与实验原理

RIPv2 同样属于距离向量路由协议,是 RIP 的较新版本。

1. RIPv2 的主要特征

除了具有 RIP 的基本特征外,RIPv2 还具有以下特征:

(1) RIPv2 是无类别的(Classless)路由协议；

(2) 通告路由时携带子网信息；

(3) 支持明文和 MD5 两种认证；

(4) 使用组播(224.0.0.9)方式进行更新；

(5) 支持手工路由汇总；

(6) 支持 VLSM(可变长子网掩码)和 CIDR(无类别域间路由)。

2. 与 RIPv1 的兼容性

可以通过命令 ip rip send version 和 ip rip receive version 来控制在路由器接口上接收和发送的版本。接口特性优于进程特性，虽然在 RIP 进程中配置了 version 2，但是如果在接口上配置了 ip rip receive version 1 2，则该接口可以接收版本 1 和版本 2 的路由更新。例如，在 R2 的 e0/2 接口上接收版本 1 和版本 2 的路由更新，但是只发送版本 2 的路由更新，配置如下：

```
R2(config-if)#ip rip send version 2
R2(config-if)#ip rip receive version 1 2
```

3. 认证

RIPv2 支持明文和密文认证。密文认证是一种比较安全的认证方法，RIPv2 密文认证采用 MD5 认证。设置 RIPv2 认证的步骤如下：

(1) 定义钥匙链(key chain)的名字；

(2) 定义钥匙(key)或钥匙链的钥匙；

(3) 在接口配置模式下启用认证，并指定要使用的钥匙链；

(4) 配置认证模式。

5.4.2 相关命令讲解

1. no auto-summary

命令用于关闭自动汇总，RIP 协议默认是开启自动汇总功能的。该命令用于路由器配置模式 Router(config-router)#下。

命令使用示例：

```
Router(config-router)#no auto-summary
```

该命令表示在路由器 Router 上关闭自动汇总功能。

2. key chain key-chain-name

命令用于定义钥匙链。其中的 key-chain-name 参数用于指定钥匙链的名字，是本地有效，可以随便配置，但是在接口调用的时候必须一致。一个钥匙链中可以最多有 2147483647 个钥匙。该命令用于全局配置模式 Router(config)#下。

命令使用示例：

```
Router(config)#key chain rip-key
```

该命令定义了一个钥匙链,名字叫 rip-key。

3. key key-id

命令用于指定钥匙链中的一个钥匙 ID。其中的 key-id 参数用于指定钥匙 ID,取值范围为 0～2147483647,无需连续。可用 no key key-id 命令删除所配置的钥匙 ID。该命令用于钥匙链配置模式 Router(config-keychain)#下。

命令使用示例:

```
Router(config-keychain)#key 1
```

该命令指定钥匙 ID 值为 1。

4. key-string password

命令用于配置指定钥匙 ID 的密钥。其中的 password 参数用于指定密钥,相连的双方密钥要保持一致。可用 no key-string password 命令删除所配置的密钥。该命令用于钥匙链钥匙配置模式 Router(config-keychain-key)#下。

命令使用示例:

```
Router(config-keychain-key)#key cisco
```

该命令配置指定钥匙 ID 的密钥为 cisco。

5. ip rip authentication key-chain key-chain-name

命令用于为 RIPv2 启用认证,并为接口指定一可用的钥匙链。其中的 key-chain-name 参数用来指定一个有效的钥匙链名称。如果前面没有用 key-chain 命令定义密钥链,则在接口上不进行认证。可用 no ip rip authentication key-chain key-chain-name 命令禁止认证。该命令用于接口配置模式 Router(config-if)#下。

命令使用示例:

```
Router(config-if)#ip rip authentication key-chain rip-key
```

该命令启用认证,并为接口指定钥匙链 rip-key。

6. ip rip authentication mode {text | md5}

命令用于为 RIPv2 指定使用的认证模式。其中的 text 参数用来指定接口采用纯文本认证,二选一选项;md5 参数用来指定接口采用 MD5 摘要认证,二选一选项。默认为纯文本认证模式。可用 no ip rip authentication mode {text | md5}命令恢复到默认的纯文本认证模式。该命令用于接口配置模式 Router(config-if)#下。

命令使用示例:

```
Router(config-if)#ip rip authentication mode md5
```

该命令配置认证模式为 md5 方式。

5.4.3 实验目的

(1) 了解 RIPv2 路由协议的工作原理;

(2) 掌握 RIPv2 路由的配置方法;

(3) 理解路由表各项的含义;

(4) 理解 RIP 两个版本之间的区别;

(5) 掌握对 RIPv2 路由配置的检查与测试;

(6) 能够使用 RIPv2 路由协议实现网络互通。

5.4.4 实验环境

在图 5.6 所示的实验拓扑中,Cisco 3640 路由器 R1、R2、R3 和 R4,分别在 slot0 上插入一块 NM-4E 的 4 口 10 兆以太网卡以接入各自所在的局域网和用于路由器之间互联。交换机采用软件模拟的 Ethernet switch 以太网交换机。三台 PC 采用 VPCS 模拟。

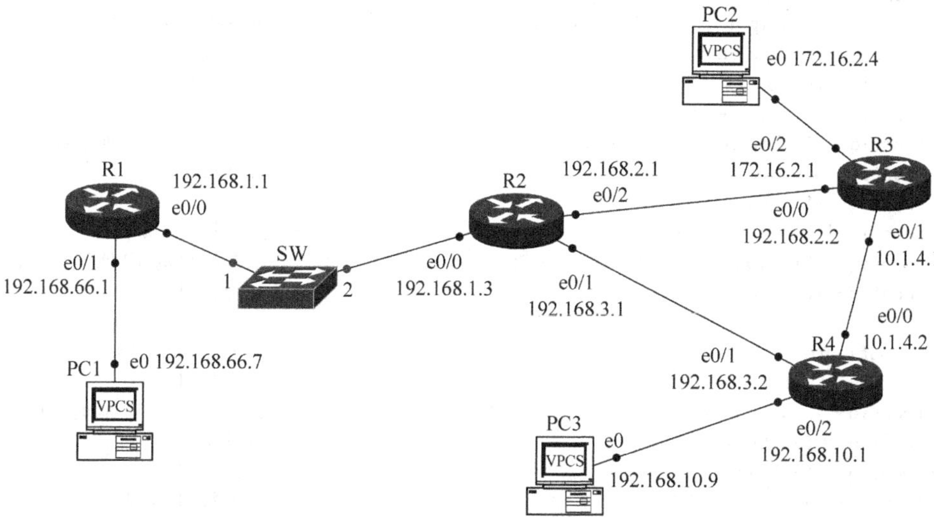

图 5.6 RIPv2 路由协议实验拓扑

通过在路由器 R1、R2 和 R3 上配置 RIPv2 路由协议,实现 R1、R2 和 R3 所在网段互通。要求通过适当的实验配置,使得 PC1 和 PC2 能互相 Ping 通。

5.4.5 实验步骤

(1) 路由器 R1、R2、R3 和 R4 的基本配置。

```
R1# configure terminal                                   !--- 进入全局配置模式
R1(config)# interface e0/0                               !--- 进入接口 e0/0
R1(config-if)# ip address 192.168.1.1 255.255.255.0      !--- 配置接口的 IP 地址和掩码
R1(config-if)# no shut                                   !--- 打开接口
R1(config-if)# exit                                      !--- 退出接口
R1(config)# interface e0/1                               !--- 进入接口 e0/1
R1(config-if)# ip address 192.168.66.1 255.255.255.0     !--- 配置接口的 IP 地址和掩码
R1(config-if)# no shut                                   !--- 打开接口

R2# configure terminal                                   !--- 进入全局配置模式
```

```
R2(config)#interface e0/0                              !--- 进入接口 e0/0
R2(config-if)#ip address 192.168.1.3 255.255.255.0     !--- 配置接口的 IP 地址和掩码
R2(config-if)#no shut                                  !--- 打开接口
R2(config-if)#exit                                     !--- 退出接口
R2(config)#interface e0/1                              !--- 进入接口 e0/1
R2(config-if)#ip address 192.168.3.1 255.255.255.0     !--- 配置接口的 IP 地址和掩码
R2(config-if)#no shut                                  !--- 打开接口
R2(config-if)#exit                                     !--- 退出接口
R2(config)#interface e0/2                              !--- 进入接口 e0/2
R2(config-if)#ip address 192.168.2.1 255.255.255.0     !--- 配置接口的 IP 地址和掩码
R2(config-if)#no shut                                  !--- 打开接口

R3#configure terminal                                  !--- 进入全局配置模式
R3(config)#interface e0/0                              !--- 进入接口 e0/0
R3(config-if)#ip address 192.168.2.2 255.255.255.0     !--- 配置接口的 IP 地址和掩码
R3(config-if)#no shut                                  !--- 打开接口
R3(config-if)#exit                                     !--- 退出接口
R3(config)#interface e0/1                              !--- 进入接口 e0/1
R3(config-if)#ip address 10.1.4.1 255.255.255.0        !--- 配置接口的 IP 地址和掩码
R3(config-if)#no shut                                  !--- 打开接口
R3(config-if)#exit                                     !--- 退出接口
R3(config)#interface e0/2                              !--- 进入接口 e0/2
R3(config-if)#ip address 172.16.2.1 255.255.255.0      !--- 配置接口的 IP 地址和掩码
R3(config-if)#no shut                                  !--- 打开接口

R4#configure terminal                                  !--- 进入全局配置模式
R4(config)#interface e0/0                              !--- 进入接口 e0/0
R4(config-if)#ip address 10.1.4.2 255.255.255.0        !--- 配置接口的 IP 地址和掩码
R4(config-if)#no shut                                  !--- 打开接口
R4(config-if)#exit                                     !--- 退出接口
R4(config)#interface e0/1                              !--- 进入接口 e0/1
R4(config-if)#ip address 192.168.3.2 255.255.255.0     !--- 配置接口的 IP 地址和掩码
R4(config-if)#no shutdown                              !--- 打开接口
R4(config-if)#exit                                     !--- 退出接口
R4(config)#interface e0/2                              !--- 进入接口 e0/2
R4(config-if)#ip address 192.168.10.1 255.255.255.0    !--- 配置接口的 IP 地址和掩码
R4(config-if)#no shut                                  !--- 打开接口
```

(2) 主机 PC1～PC3 的基本配置。

```
PC1>ip 192.168.66.7 192.168.66.1 24                    !--- 配置 PC1 的 IP、网关和子网掩码
Checking for duplicate address...
PC1 : 192.168.66.7 255.255.255.0 gateway 192.168.66.1  !--- 提示 PC1 的配置已修改成功

PC2>ip 172.16.2.4 172.16.2.1 24                        !--- 配置 PC2 的 IP、网关和子网掩码
Checking for duplicate address...
PC2 : 172.16.2.4 255.255.255.0 gateway 172.16.2.1      !--- 提示 PC2 的配置已修改成功

PC3>ip 192.168.10.9 192.168.10.1 24                    !--- 配置 PC3 的 IP、网关和子网掩码
Checking for duplicate address...
PC3 : 192.168.10.9 255.255.255.0 gateway 192.168.10.1  !--- 提示 PC3 的配置已修改成功
```

(3) 在路由器 R1、R2 和 R3 上启动 RIPv2 进程并通告网络。

```
R1#configure terminal                        !---进入全局配置模式
R1(config)#router rip                        !---启动 RIP 进程
R1(config-router)#version 2                  !---配置 RIP 版本 2
R1(config-router)#no auto-summary            !---关闭自动汇总
R1(config-router)#network 192.168.1.0        !---通告直连网络
R1(config-router)#network 192.168.66.0       !---通告直连网络

R2#configure terminal
R2(config)#router rip
R2(config-router)#version 2
R2(config-router)#no auto-summary
R2(config-router)#network 192.168.1.0
R2(config-router)#network 192.168.2.0
R2(config-router)#network 192.168.3.0

R3#configure terminal
R3(config)#router rip
R3(config-router)#version 2
R3(config-router)#no auto-summary
R3(config-router)#network 192.168.2.0
R3(config-router)#network 172.16.0.0
R3(config-router)#network 10.1.4.0
```

(4) 用 show ip protocols 命令查看 IP 路由协议配置和统计信息。

```
R1#sh ip protocols                            !---查看 IP 路由协议配置和统计信息
Routing Protocol is "rip"                     !---路由器上运行的路由协议是 RIP
  Outgoing update filter list for all interfaces is not set !---在出方向上没有设置过滤列表
  Incoming update filter list for all interfaces is not set !---在入方向上没有设置过滤列表
  Sending updates every 30 seconds, next due in 1 seconds
!---更新周期是 30s,距离下次更新还有 1s
  Invalid after 180 seconds, hold down 180, flushed after 240
!---Invalid after 路由条目如果在 180s 还没收到更新,则被标记为无效; hold down 抑制计时器
的时间为 180s; flushed after 路由条目如果在 240s 还没有收到更新,则从路由表中删除此路由
条目
  Redistributing: rip                         !---只运行 RIP 协议,没有其他协议重分布进来
  Default version control: send version 2, receive version 2
!---默认发送版本 2 的路由更新,接收版本 2 的路由更新
    Interface Send Recv Triggered RIP Key-chain
    Ethernet0/0 2 2
    Ethernet0/1 2 2
!---以上两行显示运行 RIP 协议的接口,以及可以接收和发送的 RIP 路由更新的版本
  Automatic network summarization is not in effect             !---关闭自动汇总功能
  Maximum path: 4                             !---RIP 可以支持 4 条等价路径,最大为 6 条
  Routing for Networks:
    192.168.1.0
    192.168.66.0
```

```
!--- 以上表明 RIP 通告的网络
  Routing Information Sources:
    Gateway Distance Last Update
    192.168.1.3 120 00:00:11
!--- 以上 3 行表明路由信息源,其中 Gateway: 学习路由信息的路由器的接口地址,也就是下一跳地址; Distance: 管理距离; Last Update:更新发生在多长时间以前。
  Distance: (default is 120)      !--- 默认管理距离是 120
```

【注意】 可以通过命令 ip rip send version 和 ip rip receive version 来控制在路由器接口上接收和发送的版本。接口特性优于进程特性,虽然在 RIP 进程中配置了 version 2,但是如果在接口上配置了 ip rip receive version 1 2,则该接口可以接收版本 1 和版本 2 的路由更新。例如,在 R2 的 e0/2 接口上接收版本 1 和版本 2 的路由更新,但是只发送版本 2 的路由更新,配置如下:

```
R2(config-if)# ip rip send version 2
R2(config-if)# ip rip receive version 1 2
```

(5) 在路由器 R1、R2 和 R3 上配置 RIPv2 认证。

```
R1(config)# key chain rip-key
!--- 定义一个钥匙链 rip-key,在这个链里面可以包含多个钥匙
R1(config-keychain)# key 1                          !--- 指定钥匙链中的一个钥匙 ID
R1(config-keychain-key)# key-string cisco           !--- 钥匙的密码为 cisco
R1(config)# interface e0/0                          !--- 进入接口
R1(config-if)# ip rip authentication key-chain rip-key
                                                     !--- 启动认证,并加载钥匙链 rip-key
R1(config-if)#  ip rip authentication mode md5
!--- 认证为模式为 md5,也就是加密的安全证,此命令不写的话,默认是明文认证

R2(config)# key chain rip-key
R2(config-keychain)# key 1
R2(config-keychain-key)# key-string cisco
R2(config)# int e0/0
R2(config-if)# ip rip authentication key-chain rip-key
R2(config-if)# ip rip authentication mode md5
R2(config)#  int e0/1
R2(config-if)# ip rip authentication key-chain rip-key
R2(config-if)# ip rip authentication mode md5
R2(config)#  int e0/2
R2(config-if)# ip rip authentication key-chain rip-key
R2(config-if)# ip rip authentication mode md5

R3(config)# key chain rip-key
R3(config-keychain)# key 1
R3(config-keychain-key)# key-string cisco
R3(config)# int e0/0
R3(config-if)# ip rip authentication key-chain rip-key
```

```
R3(config-if)# ip rip authentication mode md5
R3(config)#  int e0/1
R3(config-if)# ip rip authentication key-chain rip-key
R3(config-if)# ip rip authentication mode md5
```

(6) 再次用 show ip protocols 命令查看 IP 路由协议配置和统计信息。

```
R1# sh ip protocols
Routing Protocol is "rip"
  Sending updates every 30 seconds, next due in 6 seconds
  Invalid after 180 seconds, hold down 180, flushed after 240
  Outgoing update filter list for all interfaces is not set
  Incoming update filter list for all interfaces is not set
  Redistributing: rip
  Default version control: send version 2, receive version 2
    Interface        Send       Recv     Triggered RIP      Key-chain
    Ethernet0/0      2          2                           rip-key
    Ethernet0/1      2          2
!--- 以上两行表明接口 e0/0 和 e0/1 现在发送和接收的都是版本 2 的信息,接口 e0/0 启用了认证。
  Automatic network summarization is not in effect
  Maximum path: 4
  Routing for Networks:
    192.168.1.0
    192.168.66.0
  Routing Information Sources:
    Gateway          Distance    Last Update
    192.168.1.3      120         00:01:27
  Distance: (default is 120)
```

(7) 查看 RIPv2 路由协议的动态更新过程。

```
R1# clear ip route *                              !--- 清空路由表
R1# debug ip rip                                  !---  开启 debup RIP 进程
RIP protocol debugging is on
R1#
*Mar 1 00:49:50.723: RIP: received packet with MD5 authentication
!---  收到带有 MD5 认证的数据包
*Mar  1 00:49:50.727: RIP: received v2 update from 192.168.1.3 on Ethernet0/0
*Mar  1 00:49:50.727:        10.0.0.0/8 via 192.168.1.3 in 2 hops
*Mar  1 00:49:50.731:        172.16.0.0/16 via 192.168.1.3 in 2 hops
*Mar  1 00:49:50.735:        192.168.2.0/24 via 192.168.1.3 in 1 hops
*Mar  1 00:49:50.735:        192.168.3.0/24 via 192.168.1.3 in 1 hops
R1#
*Mar  1 00:50:07.151: %CDP-4-DUPLEX_MISMATCH: duplex mismatch discovered on Ethernet0/0
(not full duplex), with SW FastEthernet0/0 (full duplex).
R1#
*Mar  1 00:50:08.135: RIP: sending v2 update to 224.0.0.9 via Ethernet0/0 (192.168.1.1)
*Mar  1 00:50:08.139: RIP: build update entries
*Mar  1 00:50:08.139:     192.168.66.0/24 via 192.168.1.1, metric 1, tag 0
```

```
R1#
*Mar  1 00:50:09.983: RIP: sending v2 update to 224.0.0.9 via Ethernet0/1 (192.168.66.1)
*Mar  1 00:50:09.987: RIP: build update entries
*Mar  1 00:50:09.987:    10.0.0.0/8 via 192.168.66.1, metric 3, tag 0
*Mar  1 00:50:09.987:    172.16.0.0/16 via 192.168.66.1, metric 3, tag 0
*Mar  1 00:50:09.987:    192.168.1.0/24 via 192.168.66.1, metric 1, tag 0
*Mar  1 00:50:09.987:    192.168.2.0/24 via192.168.66.1, metric 2, tag 0
*Mar  1 00:50:09.987:    192.168.3.0/24 via 192.168.66.1, metric 2, tag 0
R1#
*Mar  1 00:50:18.683: RIP: received packet with MD5 authentication
*Mar  1 00:50:18.687: RIP: received v2 update from 192.168.1.3 on Ethernet0/0
*Mar  1 00:50:18.687:       10.0.0.0/8 via 192.168.1.3 in 2 hops
*Mar  1 00:50:18.691:       172.16.0.0/16 via 192.168.1.3 in 2 hops
*Mar  1 00:50:18.695:       192.168.2.0/24 via 192.168.1.3 in 1 hops
*Mar  1 00:50:18.695:       192.168.3.0/24 via 192.168.1.3 in 1 hops
R1#
R1#undebug all !---停止 debug 进程
!---我们看到,RIPv2 采用组播更新(224.0.0.9)。接口 e0/0 上接收的更新中带有"MD5 authentication"字样,证明 e0/0 接口启用了 MD5 认证。
```

(8) 用 show ip route 命令显示路由表,理解 RIP 路由表含义。

```
R1#sh ip route
Codes: C - connected, S - static, I - IGRP, R - RIP, M - mobile, B - BGP
       D - EIGRP, EX - EIGRP external, O - OSPF, IA - OSPF inter area
       N1 - OSPF NSSA external type 1, N2 - OSPF NSSA external type 2
       E1 - OSPF external type 1, E2 - OSPF external type 2, E - EGP
       i - IS-IS, su - IS-IS summary, L1 - IS-IS level-1, L2 - IS-IS level-2
       ia - IS-IS inter area, * - candidate default, U - per-user static route
       o - ODR, P - periodic downloaded static route
Gateway of last resort is not set

     172.16.0.0/16 is variably subnetted, 2 subnets, 2 masks
R 172.16.0.0/16 [120/2] via 192.168.1.3, 00:00:24, Ethernet0/0
R 172.16.2.0/24 [120/2] via 192.168.1.3, 00:00:22, Ethernet0/0
!---从上面的输出的路由条目可以看到,RIPv2 路由更新是携带子网信息的。
C 192.168.66.0/24 is directly connected, Ethernet0/1
     10.0.0.0/8 is variably subnetted, 2 subnets, 2 masks
R       10.0.0.0/8 [120/2] via 192.168.1.3, 00:00:24, Ethernet0/0
R       10.1.4.0/24 [120/2] via 192.168.1.3, 00:00:22, Ethernet0/0
C     192.168.1.0/24 is directly connected, Ethernet0/0
R     192.168.2.0/24 [120/1] via 192.168.1.3, 00:00:24, Ethernet0/0
R     192.168.3.0/24 [120/1] via 192.168.1.3, 00:00:24, Ethernet0/0
!---以上输出表明路由器 R1 学到了 4 条 RIP 路由,其中路由条目"R     192.168.3.0/24 [120/1] via 192.168.1.3, 00:00:24, Ethernet0/0"的含义如下:
1)  R:表明此路由条目是通过 RIP 路由协议学习来的;
2)  192.168.3.0/24:目的网络;
3)  120:RIP 路由协议的默认管理距离;
4)  1:度量值,从路由器 R1 到达网络 192.168.3.0/24 的度量值为 1 跳;
```

```
5)  192.168.1.3: 下一跳地址;
6)  00:00:24: 距离下一次更新还有 6s (30s - 24s);
7)  Ethernet0/0: 接收该路由条目的本路器的接口。

!--- 同理用 sh ip route 可查看其他路由器的路由表
```

(9) 用 ping 命令测试,并分析此时网络的互通性。

```
!---  PC1 与 PC2 之间
PC1 > ping 172.16.2.4
84 bytes from 172.16.2.4 icmp_seq = 1 ttl = 61 time = 33.002 ms
84 bytes from 172.16.2.4 icmp_seq = 2 ttl = 61 time = 39.003 ms
84 bytes from 172.16.2.4 icmp_seq = 3 ttl = 61 time = 39.002 ms
84 bytes from 172.16.2.4 icmp_seq = 4 ttl = 61 time = 39.003 ms
84 bytes from 172.16.2.4 icmp_seq = 5 ttl = 61 time = 39.002 ms

PC2 > ping 192.168.66.7
84 bytes from 192.168.66.7 icmp_seq = 1 ttl = 61 time = 31.002 ms
84 bytes from 192.168.66.7 icmp_seq = 2 ttl = 61 time = 39.002 ms
84 bytes from 192.168.66.7 icmp_seq = 3 ttl = 61 time = 39.002 ms
84 bytes from 192.168.66.7 icmp_seq = 4 ttl = 61 time = 39.002 ms
84 bytes from 192.168.66.7 icmp_seq = 5 ttl = 61 time = 39.002 ms
!--- 我们看到,采用 RIPv2 路由协议后,主机 PC1 和 PC2 之间是互通的。

!--- R1 和 PC2 之间直接 ping
R1 # ping 172.16.2.4
Type escape sequence to abort.
Sending 5, 100 - byte ICMP Echos to 172.16.2.4, timeout is 2 seconds:
!!!!!
Success rate is 100 percent (5/5), round - trip min/avg/max  =  28/39/76 ms
!--- 由结果可知它们 ping 通了

!--- R1 和 PC2 之间带参数的 ping(或扩展 ping),源地址用 R1 的 E0/1 接口
R1 # ping 172.16.2.4 source e0/1
Type escape sequence to abort.
Sending 5, 100 - byte ICMP Echos to 172.16.2.4, timeout is 2 seconds:
Packet sent with a source address of 192.168.66.1
!!!!!
Success rate is 100 percent (5/5), round - trip min/avg/max  =  28/40/84 ms
!--- 由结果可知它们 ping 通了
```

5.4.6 扩展实验

在路由器 R4 上启动 RIPv2 进程并通告网络、配置认证,使得 PC1 与 PC3 可以互通,PC2 与 PC3 可以互通。

5.5 单区域 OSPF 路由协议

5.5.1 理论知识与实验原理

RIP 动态路由协议的最大度量仅为 15，不适用于大型网络，同时 RIP 动态路由协议存在收敛速度慢、可能存在路由环路等问题。为了弥补 RIP 协议在网络扩展方面的严重不足，IETF 的 IGP 工作组特别开发出链路状态协议——OSPF。

开放最短路径优先(Open Shortest Path First，OSPF)是一种典型的链路状态动态路由协议，同时又是一种无路由环路的内部网关协议，用于属于单个自治系统(Autonomous System，AS)的路由器之间的路由协议。OSPF 采用链路状态技术，路由器互相发送直接相连的链路信息和它所拥有的到其他路由器的链路信息。每个 OSPF 路由器维护相同 AS 拓扑结构的数据库。从这个数据库里，构造出最短路径树来计算出路由表。当拓扑结构发生变化时，OSPF 协议能迅速重新计算出路径，而只产生少量的路由协议流量。此外，所有的 OSPF 路由选择分组的交换都是经过验证的。

1. OSPF 的主要特征

(1) 可适应大规模网络；

(2) 快速收敛；

(3) 无路由环路；

(4) 是无类别的路由协议，支持 VLSM 和 CIDR；

(5) 支持等价路由，支持到同一目的地址的多条等价路由；

(6) 支持区域划分，构成结构化的网络；

(7) 提供路由分级管理；

(8) 支持简单口令和 MD5 认证；

(9) 以组播方式传送协议报文；

(10) OSPF 路由协议采用开销(cost)作为度量标准；

(11) OSPF 维护邻居表、拓扑表和路由表。

2. 术语

(1) 链路(Link)：在 OSPF 中，链路被定义为一个网络或者是指定为给定网络的路由器接口。在 OSPF 中，链路与接口的含义是相同的。

(2) 链路状态(Link State)：用来描述路由器接口及其与邻居路由器的关系，所有链路状态信息构成链路状态数据库。

(3) 链路状态通告(Link State Advertisement，LSA)：链路状态通告是一个 OSPF 数据包，它包含有可在 OSPF 路由器间共享的链路状态和路由信息。

(4) 链路状态数据库(Link State DataBase，LSDB)：代表网络的拓扑结构，其中包含了网络中所有的路由器的链路状态信息。在一个区域内的所有的路由器有着相同的链路状态数据库。

(5) 接口：接口是路由器上一个物理的或逻辑的接口。当一个接口被加入到 OSPF 过程时，它便被 OSPF 认为是一个链路。如果这个接口是激活的，那么这个链路也是激活的。

OSPF 使用这个关联来建立它自己的链路数据库。

(6) 邻居：邻居被定义为一个运行有 OSPF 过程的已建立连接的相邻的路由器，并且这个路由器还要带有被指定为相同区域的邻接接口。邻居是通过 HELLO 数据包来发现的。除非邻接关系建立，否则路由信息不会在邻居间交换。

(7) 邻接：邻接被定义为路由器与它相应的指定路由器和备份指定路由器间的逻辑连接，这个关系类型的形成将主要取决于连接 OSPF 路由器的网络类型。在点到点连接中，两个路由器将形成相互的邻接关系。

(8) 指定路由器(Designated Router，DR)：DR 只在 OSPF 路由器被连接到一个广播(多路访问)网络时使用。为了减少所形成的邻接数目，DR 被选择进行散布/接收路由信息到广播网络或链路上的其余的路由器。

(9) 备份指定路由器(Backup Designated Router，BDR)：BDR 是在广播(多路访问)网络中热备份的 DR。BDR 将从 OSPF 邻接的路由器处接收所有的路由更新，但是它并不扩散 LSA 更新。

(10) 自治系统(Autonomous System，AS)：采用同一种路由协议交换路由信息的路由器及其网络构成一个自治系统。

(11) 区域(Area)：指有相同的区域标志的一组路由器和网络的集合。在同一个区域内的路由器有相同的拓扑结构数据库。

(12) 成本(Cost)：也称链路开销，用来描述从接口发送数据包所需要花费的代价。带宽越大，开销越小。成本的计算公式为：成本 Cost$=10^8$/带宽(bps)，带宽是接口下使用 bandwidth 命令设置的值。例如，默认情况下快速以太网的带宽为 100Mbps，所以开销是 1。

不同链路类型对应的链路开销如表 5.3 所示。

表 5.3　不同链路类型对应的链路开销表

链路类型	速　度	链路开销
串口	56000	1785
DS0	64000	1562
T1	1544000	65
E1	2048000	48
令牌环	4000000	25
以太网	10000000	10
令牌环	16000000	6
T3	44736000	3
快速以太网	100000000	1
1000M 以太网	1000000000	1
OC-3	155520000	1
OC-12	622080000	1

3. OSPF 的三张表

OSPF 主要维护邻居表、拓扑表和路由表。

1) 邻居表(Neighbor table)

邻居表列出了所有和本路由器直接相连的 OSPF 邻居。

2）拓扑表(Topology table)

拓扑表指的是链路状态数据库 LSDB，列举了所有从自己的邻居那得到的 LSA。在同一个 OSPF 区域中的路由器都有完全一致的 OSPF LSDB。一个 OSPF 区域，就对应着一个 OSPF LSDB。

3）路由表(Routing table)

从 OSPF 这个路由协议学到的路由。在 OSPF 的数据库中，通过 SPF 算法，计算得到了路由。路由表也称为转发数据库 Forwarding Database。

4. OSPF 的 5 种分组类型

OSPF 共有以下 5 种分组类型：

1）类型 1，问候(Hello)分组

发现及维持邻居关系。

2）类型 2，数据库描述(Database Description)分组

向邻站给出自己的链路状态数据库中的所有链路状态项目的摘要信息。

3）类型 3，链路状态请求(Link State Request)分组

向对方请求发送某些链路状态项目的详细信息。

4）类型 4，链路状态更新(Link State Update)分组

用洪泛法对全网更新链路状态。

5）类型 5，链路状态确认(Link State Acknowledgment)分组

收到 LSU 之后，进行确认。

5. OSPF 的 SPF 算法

(1) 每一个 OSPF 区域，就对应着一个独立的 OSPF 链路状态数据库 LSDB，意味着同在一个 OSPF 区域中的，所有路由器都保存着相同的 LSDB；

(2) 每一个 OSPF 路由器，根据最短路径优先算法生成以自己为根的一棵 SPF 树；

(3) 根据 SPF 树，从本路由器出发到达每一个特定目标网络只有唯一一条路径，且该路径是整体开销最小的路径，称为最佳路径；

(4) OSPF 协议把这些最佳路径提交给路由表，作为到达这些目标网络的最佳路由。

6. OSPF 邻接关系的建立过程

在 OSPF 邻接关系建立的过程中，接口可以处于下面 7 种状态之一，并且从 Down 状态到 Full Adjacency 状态，逐步进行。

1）Down

路由器 A 从运行 OSPF 的接口以组播地址 224.0.0.4 发送 Hello 数据包。

2）Init

所有收到从路由器 A 发送来的 Hello 数据包的路由器，都把路由器 A 添加到自己的邻居(Neighbor)列表中。

3）Two Way

所有收到路由器 A 的 Hello 包的路由器都向其发送一个单点传送的回复 Hello 包，其中包含有它们的信息。路由器 A 收到这些信息后，检查这些数据包，把那些 Hello 包的邻居域中有自己 ID 的路由器也加入自己的邻居列表中。在这个过程中同时选举出 DR 和 BDR。

4) Exstart

DR 和 BDR 与其他的路由器建立相邻关系(Adjacency)。

5) Exchange

由 DR 向其他路由器发送数据库描述数据包 DBD(DataBase Description)。DBD 有序号,由 DR 决定 DBD 的序号。

6) Loading

发送链路状态请求包的过程。

7) Full

路由器及那个新的链路状态条目添加到它们的链路状态数据库中。当所有的 LSR 都得到答复时,相邻的路由器就被认为达到了同步并处于"Full"状态了。路由器必须在达到 Full 状态后才能正常转发数据。此时区域内的每个链路应该都有相同的数据链路状态数据库。

7. LSA 的传播更新规律

OSPF 是链路状态协议,无须遵循水平分割,距离矢量协议才遵循水平分割。其 LSA 的传播更新规律如下:

Step1:如果本路由器从来没有收到过此 LSA,那么路由器就将其加入 LSDB,并且转发/泛洪此 LSA,同时继续 SPF 计算,得出达到此目标的最佳路由。

Step2:如果本路由器曾经受到过描述同一个网络的 LSA,则分以下几种情况:

(1) 如果新收到的 LSA 序号与自己已有的相同,则丢弃此 LSA;

(2) 如果新收到的 LSA 序号比自己已有的更新,则同 Step1,去计算最佳路由;

(3) 如果新收到的 LSA 的序号,比自己的更旧,就将自己较新的 LSA,发送给源。

8. OSPF 操作

OSPF 的操作可以被划分为三个类别:

(1) 邻居和邻接初始化;

(2) LSA 的扩散;

(3) SPF 树的计算。

OSPF 操作的基本过程如下:

(1) OSPF 路由器从所有加入到 OSPF 过程的接口发送 Hello 数据包。如果在连接两端的路由器和路由器认可在 Hello 数据包参数设置,则这些路由器将会形成邻居关系。

(2) 一部分的邻居将形成邻接。形成邻接取决于被发送的 Hello 数据包所通过的网络类型和交换这些 Hello 数据包的路由器类型。

(3) 之后,路由器将发送链路状态通告(LSA),这些通告将包含有路由器的链路描述和到每个邻接路由器链路的状态。

(4) 然后,接收 LSA 的路由器将会记录这些 LSA 到它们的链路数据库,并转发此 LSA 到各自的邻居。这就使得所有加入此 OSPF 过程的路由器都会有相同的网络视图。

(5) 在学习了所有的 LSA 之后,每个路由器将运行 Dijkstra SPF 算法来了解到达所有已知目的地的最短路径。每个路由器都会使用这个信息创建自己的 SPF 树。之后,包含在 SPF 树中的信息会用来构建路由表。

9. OSPF 的路由器 ID(要求全网唯一)

路由器 ID 是一个用于识别路由器的 IP 地址。一旦启动 OSPF,就需要立刻确定 Router-ID,通过 show ip ospf 命令可以查看 Router-ID。在 OSPF 路由器上,按照下面的步骤可确定 Router_ID:

Step1:建议使用 router-id 命令来确定 Router-ID

通过 router-id 命令,修改 Router-ID,其优先级别最高,也是建议的。

Step2:假如没有通过 router-id 命令指定 Router-ID

那么路由器会自动将自己的环回口的 IP 作为 Router-ID。如果存在多个环回口,那么路由器会自动的选择一个 IP 地址值最大的那个环回口 IP 作为自己的 Router-ID。

Step3:如果路由器上,连一个环回口都没有

那么路由器会自动从当前是 Active(激活状态下:UP/UP)的物理接口中,选择 IP 地址最大的那个接口的 IP 作为自己的 Router-ID。这是很不稳定的,不建议的方法。

10. OSPF 网络类型

OSPF 协议可运行在多种物理网络链路类型上,主要有三种:

1) 点对点链路:P2P(HDLC/PPP Serial/ Point2Point Sub-if)

一定要求是 Full 状态,没有 DR/BDR 的选举,例如图 5.7 所示广域网上两台路由器直连。

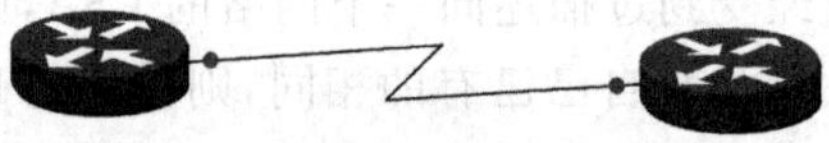

图 5.7 点对点链路

2) 广播多路访问(Broadcast Multi-Access,BMA)

例如图 5.8 所示局域网,有 DR/BDR 的选举,默认可以传输广播流量的多路访问网络。

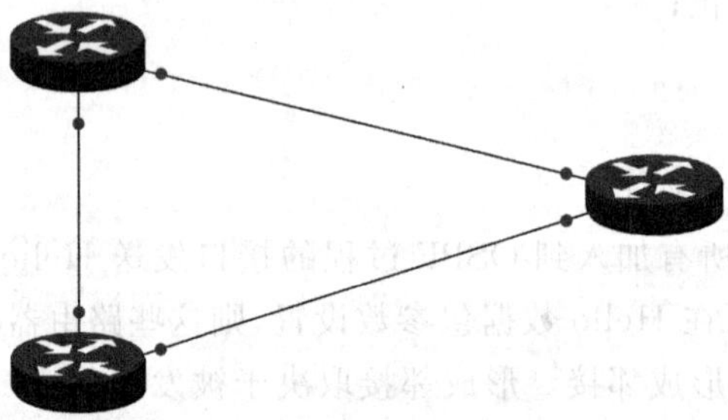

图 5.8 广播多路访问

3) 非广播多路访问(Non-Broadcast Multi-Access,NBMA)

是指像帧中继、X.25 和 ATM 等类型的网络。例如图 5.9 所示广域网的帧中继,有 DR/BDR 的选举,但默认不传输广播流量的多路访问网络。

11. OSPF 认证

为了安全的原因,可以在相同 OSPF 区域的路由器上启用认证的功能。只有经过认证,同一区域的路由器才能相互通告路由信息。

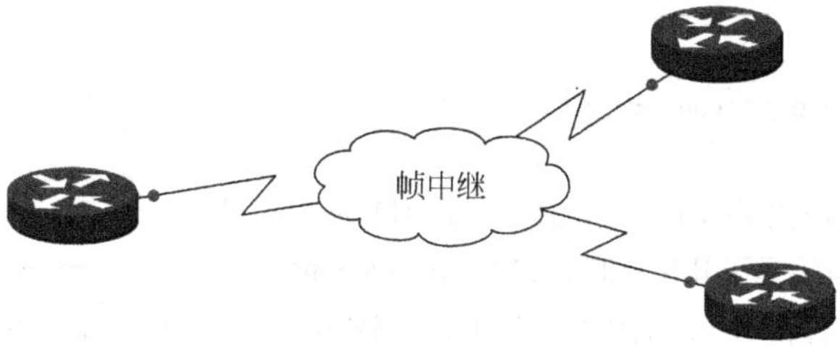

图 5.9 非广播多路访问

(1) 按照参与认证的成员，进行分类：

① 链路认证。

参与认证的成员：一条链路两端的路由器。在接口上启用链路认证。

只能确保两路由设备之间的链路是安全的。

链路：两个路由器之间的物理链路。

② 区域认证。

参与认证的成员：这个区域中的所有路由器，在 OSPF 进程里启用区域认证。

能够确保整个 OSPF 区域的所有路由器的安全性。

③ 虚链路认证(Virtual Link，VL)。

参与认证的成员：OSPF VL 两端的 ABR 路由器。

能保证跨越多个路由器的 Virtual Link 的连接安全性。

(2) 按照认证的加密方式，进行分类：

① 明文认证(简单口令认证)。

② MD5 认证。

5.5.2 相关命令讲解

1. router ospf process-id

命令用于启用 OSPF 路由进程，并指定路由进程 ID。其中的 process-id 参数用于指定路由进程 ID，其范围必须在 1～65535 之间，在这个范围内，进程 ID 可以随意设置，只标识 OSPF 为本路由器内的一个进程。process-id 只有本地含义，不同路由器的 process-id 可以不同，如果想启动 OSPF 进程，至少确保有一个接口是 up 的。该命令用于全局配置模式 Router(config)＃下。

命令使用示例：

```
Router(config)#router ospf 1
```

该命令表示在路由器 Router 上开启 OSPF 路由进程，指定路由进程 ID 为 1，并进入路由器配置模式。

2. router-id A. B. C. D

命令用于手动配置路由器 ID。其中的 A. B. C. D 参数用于指定路由器的 IP 地址。该命令用于路由器配置模式 Router(config-router)＃下。

命令使用示例：

```
Router(config-router)#router-id 1.1.1.1
```

该命令表示指定路由器 Router 的路由器 ID 为 1.1.1.1。

3. network ip-address wildcard-mask area area-id

命令用于通告所直接连接的网络，并且通告该网络属于哪一个 OSPF 区域。其中的 ip-address 参数用于指定要通告的网络地址，可以是代表多个子网的网络地址，也可以用 0.0.0.0 代表一切网络(此时的通配符掩码 wildcard-mask 值为 255.255.255.255)。它必须覆盖接口的主地址，如果覆盖的是从地址，则 OSPF 路由进程将不能在该接口上启用；wildcard-mask 参数用于指定以上被通告的网络的通配符掩码(也称"反掩码")，与参数 ip-address 一起可以通过一条命令定义路由器上一个或多个接口与后面指定的区域进行关联；area-id 参数用于为以上接口指定要加入的 OSPF 区域，可以是 IP 地址格式(主要是在基于 IP 子网划分区域时用)，或者十进制整数，取值范围在 0～4294967295。当区域 ID 为 0 或 0.0.0.0 时为骨干区域。可用 no network ip-address wildcard-mask area area-id 命令删除对应通告的直连网络；可用 no area area-id 命令删除指定区域的所有选项，如认证等。该命令用于路由器配置模式 Router(config-router)#下。

命令使用示例：

1) Router(config-router)#network 192.16.1.1 0.0.0.0 area 0

该命令通告了一个特定接口 192.16.1.1 运行 OSPF 协议，并把它指派到区域 0 中。

2) Router(config-router)#network 0.0.0.0 255.255.255.255 area 0

该命令通告路由器上的所有接口都运行 OSPF 协议，并把它们指派到区域 0 中。

3) Router(config-router)#network 192.168.1.0 0.0.0.255 area 1

该命令通告 192.168.1.0 网络地址运行 OSPF 协议，并把它们指派到区域 1 中。

【注意】 反掩码的匹配原则：

0：表示准确匹配；

1：表示忽略不计。

network 命令中携带的反掩码，不表示这个接口所在的网络长度，而表示运行路由协议的接口范围(有哪些接口在运行 OSPF)。在高版本的 IOS 中通告 OSPF 网络的时候，网络号的后面可以跟网络掩码，也可以跟反掩码。

4. area area-id authentication [message-digest]

命令用于配置基于区域的认证，所配置的认证方式适用于该区域中所有 OSPF 路由器接口。其中的 area-id 参数用于指定启用认证的区域；message-digest 参数用于指定采用 MD5 认证方式，可选选项，如果未使用该参数则采用简单口令认证方式。可用 no area area-id authentication [message-digest]命令删除指定区域上的认证类型设置。该命令用于路由器配置模式 Router(config-router)#下。

命令使用示例：

1) Router(config-router)#area 1 authentication

该命令配置区域 1 启用基于区域的简单口令认证方式。

2) Router(config-router)#area 1 authentication message-digest

该命令配置区域 1 启用基于区域的 MD5 认证方式。

5. ip ospf authentication-key key

命令用于基于接口设置 OSPF 邻居路由器间进行 OSPF 简单身份认证的密码。可以为每个网络基于接口来配置独立的密码,所有同一网络中的路由器必须使用相同密码来交换 OSPF 路由信息。其中的 key 参数用于指定所设置的密码,是一个连续(无空格)的字符串,最长可达 8 个字节,默认没有设置密码。可用 no ip ospf authentication-key key 命令恢复默认的无密码设置。该命令用于接口配置模式 Router(config-if)#下。

命令使用示例:

```
Router(config)#interface e0/0
Router(config-if)#ip ospf authentication-key cisco
```

该命令配置接口 e0/0 的简单口令认证密码为 cisco。

6. ip ospf message-digest-key key-id md5 key

命令用于基于接口设置 OSPF 邻居路由器间进行 MD5 认证时所使用的密钥 ID 和密钥。在邻居路由器上相同的密钥 ID 必须有相同的密钥值设置。其中的 key-id 参数用于定义一个密钥 ID,取值范围为 1~255 之间的整数; key 参数用于指定密钥 ID 所对应的密码,最多可达 16 个字节。默认是不采用 MD5 认证方式的,可用 no ip ospf message-digest-key key-id 命令删除指定 ID 的密钥设置。该命令用于接口配置模式 Router(config-if)#下。

命令使用示例:

```
Router(config)#interface e0/0
Router(config-if)#ip ospf message-digest-key 1 md5 cisco
```

该命令配置接口 e0/0 的 MD5 认证密钥 ID 为 1,密码为 cisco。

7. ip ospf authentication [message-digest]

命令用于配置基于接口的认证,所配置的认证方式仅对具体接口有效。其中的 message-digest 参数用于指定采用 MD5 认证方式,可选选项,如果未使用该参数则采用简单口令认证方式。如果配置的是简单口令认证方式,在此之前要使用 ip ospf authentication-key key 命令为接口配置简单口令认证密码; 如果配置的是 MD5 认证方式,则要用 ip ospf message-digest-key key-id md5 key 命令为接口配置 MD5 认证密钥。为了向后兼容,在 IOS 15.0 中总是支持认证类型配置的。如果在接口上没有使用本命令指定认证类型,则接口将采用区域中设置的认证类型。可用 no ip ospf authentication [message-digest]命令删除指定接口上的认证类型设置。该命令用于接口配置模式 Router(config-if)#下。

命令使用示例:

1) Router(config)#interface e0/0

```
Router(config-if)#ip ospf authentication
```

该命令配置在接口 e0/0 上启用基于接口的简单口令认证方式。

2）Router(config)#interface e0/0

```
Router(config-if)# ip ospf authentication message-digest
```

该命令配置在接口 e0/0 上启用基于接口的 MD5 认证方式。

8. show ip ospf interface

命令用于查看运行 OSPF 所有或特定接口的情况。如果该命令后面跟路由器的具体接口，那么只显示特定接口的信息，否则显示所有运行 OSPF 协议的接口信息。该命令用于特权模式 Router#下。

命令使用示例：

1）Router#show ip ospf interface

该命令显示所有运行 OSPF 协议的接口信息。

2）Router#show ip ospf interface e0/0

该命令显示运行 OSPF 协议的 e0/0 接口的信息。

9. show ip ospf

命令用于显示 OSPF 进程及其细节，如路由器运行 SPF 算法的次数等。该命令用于特权模式 Router#下。

命令使用示例：

```
Router# show ip ospf
```

该命令显示 OSPF 进程及其细节。

10. show ip ospf database

命令用于查看 OSPF 链路状态数据库。该命令用于特权模式 Router#下。

命令使用示例：

```
Router# show ip ospf database
```

该命令查看 OSPF 链路状态数据库。

5.5.3 实验目的

（1）了解单区域 OSPF 路由协议的工作原理；

（2）掌握单区域 OSPF 路由的配置方法；

（3）理解路由表各项的含义；

（4）掌握对单区域 OSPF 路由配置的检查与测试；

（5）能够使用单区域 OSPF 路由协议实现网络互通。

5.5.4 实验环境

在图 5.10 所示的实验拓扑中，Cisco 3640 路由器 R1、R2、R3 和 R4，分别在 slot0 上插入一块 NM-4E 的 4 口 10 兆以太网卡以接入各自所在的局域网和用于路由器之间互联。交换机采用软件模拟的 Ethernet switch 以太网交换机。三台 PC 采用 VPCS 模拟。

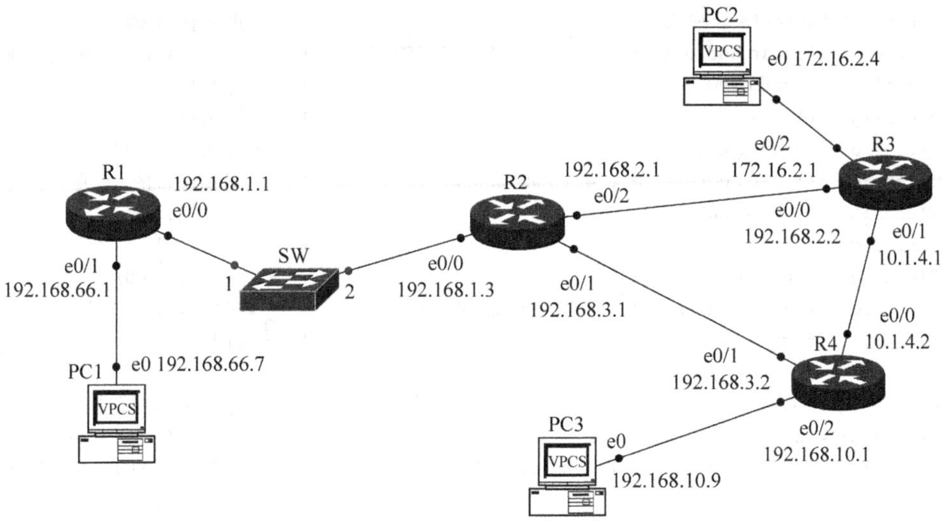

图 5.10 单区域 OSPF 路由协议实验拓扑

通过在路由器 R1～R4 上配置单区域 OSPF 路由协议，并配置基于区域的 OSPF 简单口令认证，实现全网互通。要求通过实验配置，使得 PC1～PC3 之间能互相 Ping 通。

5.5.5 实验步骤

(1) 路由器 R1、R2、R3 和 R4 的基本配置。

```
R1#configure terminal                                  !--- 进入全局配置模式
R1(config)#interface e0/0                              !--- 进入接口 e0/0
R1(config-if)#ip address 192.168.1.1 255.255.255.0     !--- 配置接口的 IP 地址和掩码
R1(config-if)#no shut                                  !--- 打开接口
R1(config-if)#exit                                     !--- 退出接口
R1(config)#interface e0/1                              !--- 进入接口 e0/1
R1(config-if)#ip address 192.168.66.1 255.255.255.0    !--- 配置接口的 IP 地址和掩码
R1(config-if)#no shut                                  !--- 打开接口

R2#configure terminal                                  !--- 进入全局配置模式
R2(config)#interface e0/0                              !--- 进入接口 e0/0
R2(config-if)#ip address 192.168.1.3 255.255.255.0     !--- 配置接口的 IP 地址和掩码
R2(config-if)#no shut                                  !--- 打开接口
R2(config-if)#exit                                     !--- 退出接口
R2(config)#interface e0/1                              !--- 进入接口 e0/1
R2(config-if)#ip address 192.168.3.1 255.255.255.0     !--- 配置接口的 IP 地址和掩码
R2(config-if)#no shut                                  !--- 打开接口
R2(config-if)#exit                                     !--- 退出接口
R2(config)#interface e0/2                              !--- 进入接口 e0/2
R2(config-if)#ip address 192.168.2.1 255.255.255.0     !--- 配置接口的 IP 地址和掩码
R2(config-if)#no shut                                  !--- 打开接口

R3#configure terminal                                  !--- 进入全局配置模式
```

```
R3(config)#interface e0/0                              !--- 进入接口 e0/0
R3(config-if)#ip address 192.168.2.2 255.255.255.0     !--- 配置接口的 IP 地址和掩码
R3(config-if)#no shut                                  !--- 打开接口
R3(config-if)#exit                                     !--- 退出接口
R3(config)#interface e0/1                              !--- 进入接口 e0/1
R3(config-if)#ip address 10.1.4.1 255.255.255.0        !--- 配置接口的 IP 地址和掩码
R3(config-if)#no shut                                  !--- 打开接口
R3(config-if)#exit                                     !--- 退出接口
R3(config)#interface e0/2                              !--- 进入接口 e0/2
R3(config-if)#ip address 172.16.2.1 255.255.255.0      !--- 配置接口的 IP 地址和掩码
R3(config-if)#no shut                                  !--- 打开接口

R4#configure terminal                                  !--- 进入全局配置模式
R4(config)#interface e0/0                              !--- 进入接口 e0/0
R4(config-if)#ip address 10.1.4.2 255.255.255.0        !--- 配置接口的 IP 地址和掩码
R4(config-if)#no shut                                  !--- 打开接口
R4(config-if)#exit                                     !--- 退出接口
R4(config)#interface e0/1                              !--- 进入接口 e0/1
R4(config-if)#ip address 192.168.3.2 255.255.255.0     !--- 配置接口的 IP 地址和掩码
R4(config-if)#no shutdown                              !--- 打开接口
R4(config-if)#exit                                     !--- 退出接口
R4(config)#interface e0/2                              !--- 进入接口 e0/2
R4(config-if)#ip address 192.168.10.1 255.255.255.0    !--- 配置接口的 IP 地址和掩码
R4(config-if)#no shut                                  !--- 打开接口
```

(2) 主机 PC1～PC3 的基本配置。

```
PC1>ip 192.168.66.7 192.168.66.1 24                        !--- 配置 PC1 的 IP、网关和子网掩码
Checking for duplicate address...
PC1 : 192.168.66.7 255.255.255.0 gateway 192.168.66.1      !--- 提示 PC1 的配置已修改成功

PC2>ip 172.16.2.4 172.16.2.1 24                            !--- 配置 PC2 的 IP、网关和子网掩码
Checking for duplicate address...
PC2 : 172.16.2.4 255.255.255.0 gateway 172.16.2.1          !--- 提示 PC2 的配置已修改成功

PC3>ip 192.168.10.9 192.168.10.1 24                        !--- 配置 PC3 的 IP、网关和子网掩码
Checking for duplicate address...
PC3 : 192.168.10.9 255.255.255.0 gateway 192.168.10.1      !--- 提示 PC3 的配置已修改成功
```

(3) 用 ping 命令测试各直连路由器之间的互通性、PC 之间的互通性。

```
!--- 测试各直连路由器之间的连通性
R1 和 R2 之间的链路: R1#ping 192.168.1.3        !--- 由 ping 结果"!"可知通了
R2 和 R3 之间的链路: R2#ping 192.168.2.2        !--- 由 ping 结果"!"可知通了
R2 和 R4 之间的链路: R2#ping 192.168.3.2        !--- 由 ping 结果"!"可知通了
R3 和 R4 之间的链路: R3#ping 10.1.4.2           !--- 由 ping 结果"!"可知通了

!--- 测试各主机之间的连通性
PC1 和 PC2 之间: PC1>ping 172.16.2.4            !--- 由结果 unreachable 可知它们不通
```

```
PC1 和 PC3 之间: PC1 > ping 192.168.10.9        ! --- 由结果 unreachable 可知它们不通
PC2 和 PC3 之间: PC2 > ping 192.168.10.9        ! --- 由结果 unreachable 可知它们不通

! --- 测试路由器 R1 和主机 PC2 之间的连通性
R1 # ping 172.16.2.4                            ! --- 由 ping 结果"."可知它们不通
! --- 测试路由器 R1 和主机 PC2 之间带参数的 ping,源地址用 R1 的 e0/1 接口(或扩展 ping,源地址
为 e0/1 接口 IP 地址)
R1 # ping 172.16.2.4 source e0/1                ! --- 由 ping 结果"."可知它们不通
```

(4) 用 show ip route 命令显示路由表,找出为什么第三步不能 Ping 通。

```
R1 # show ip route                                              ! --- 查看路由表
Codes: C - connected, S - static, R - RIP, M - mobile, B - BGP
       D - EIGRP, EX - EIGRP external, O - OSPF, IA - OSPF inter area
       N1 - OSPF NSSA external type 1, N2 - OSPF NSSA external type 2
       E1 - OSPF external type 1, E2 - OSPF external type 2
       i - IS - IS, su - IS - IS summary, L1 - IS - IS level - 1, L2 - IS - IS level - 2
       ia - IS - IS inter area, * - candidate default, U - per - user static route
       o - ODR, P - periodic downloaded static route
! --- 在上面的输出中,首先显示路由条目各种类型的简写,如"C"为直连网络,"S"为静态路由,"R"
表示 RIP 协议,默认路由用" * "标志。
Gateway of last resort is not set
C    192.168.66.0/24 is directly connected, Ethernet0/1  ! --- C 表示此路由是直连网络学的
C    192.168.1.0/24 is directly connected, Ethernet0/0   ! --- 表示此路由是直连网络学的
```

我们看到,PC1 没有到 PC2 和 PC3 这两个网络(分别是 172.16.2.0 和 192.168.10.0 网络)的路由,所以 PC1 不能 Ping 通 PC2 和 PC3。同理用 show ip route 命令可分析出 PC2 不能 Ping 通 PC3、R1 不能 Ping 通 PC2 的原因。

(5) 在路由器 R1、R2、R3 和 R4 上启动 OSPF 协议进程并通告网络。

```
R1 # configure terminal                                         ! --- 进入全局配置模式
R1(config) # router ospf 1                                      ! --- 启动 OSPF 进程
R1(config - router) # router - id 1.1.1.1                       ! --- 指定路由 ID 为 1.1.1.1
R1(config - router) # network 192.168.1.0 255.255.255.0 area 1  ! --- 通告直连网络
R1(config - router) # network 192.168.66.0 255.255.255.0 area 1 ! --- 通告直连网络
R1(config - router) # exit

R2 # configure terminal                                         ! --- 进入全局配置模式
R2(config) # router ospf 1                                      ! --- 启动 OSPF 进程
R2(config - router) # router - id 2.2.2.2                       ! --- 指定路由 ID 为 2.2.2.2
R2(config - router) # network 192.168.1.0 255.255.255.0 area 1  ! --- 通告直连网络
R2(config - router) # network 192.168.2.0 255.255.255.0 area 1  ! --- 通告直连网络
R2(config - router) # network 192.168.3.0 255.255.255.0 area 1  ! --- 通告直连网络
R2(config - router) # exit

R3 # configure terminal                                         ! --- 进入全局配置模式
R3(config) # router ospf 1                                      ! --- 启动 OSPF 进程
R3(config - router) # router - id 3.3.3.3                       ! --- 指定路由 ID 为 3.3.3.3
```

```
R3(config-router)#network 192.168.2.0 255.255.255.0 area 1   !--- 通告直连网络
R3(config-router)#network 172.16.0.0 255.255.0.0 area 1      !--- 通告直连网络
R3(config-router)#network 10.1.4.0 255.255.255.0 area 1      !--- 通告直连网络
R3(config-router)#exit

R4#configure terminal                                        !--- 进入全局配置模式
R4(config)#router ospf 1                                     !--- 启动 OSPF 进程
R4(config-router)#router-id 4.4.4.4                          !--- 指定路由 ID 为 4.4.4.4
R4(config-router)#network 192.168.3.0 255.255.255.0 area 1   !--- 通告直连网络
R4(config-router)#network 192.168.10.0 255.255.255.0 area 1  !--- 通告直连网络
R4(config-router)#network 10.1.4.0 255.255.255.0 area 1      !--- 通告直连网络
R4(config-router)#exit
```

(6) 配置基于区域的 OSPF 简单口令认证。

```
R1(config)#router ospf 1                             !--- 进入 OSPF 进程
R1(config-router)#area 1 authentication              !--- 为区域 1 启用 OSPF 的简单口令认证
R1(config-router)#exit
R1(config)#int e0/0                                  !--- 进入 e0/0 接口
R1(config-if)#ip ospf authentication-key cisco       !--- 在接口下配置区域认证的明文密码

R2(config)#router ospf 1
R2(config-router)#area 1 authentication
R2(config-router)#exit
R2(config)#interface e0/0
R2(config-if)#ip ospf authentication-key cisco
R2(config-if)#interface e0/1
R2(config-if)#ip ospf authentication-key cisco
R2(config-if)#interface e0/2
R2(config-if)#ip ospf authentication-key cisco

R3(config)#router ospf 1
R3(config-router)#area 1 authentication
R3(config-router)#exit
R3(config)#interface e0/0
R3(config-if)#ip ospf authentication-key cisco
R3(config-if)#interface e0/1
R3(config-if)#ip ospf authentication-key cisco

R4(config)#router ospf 1
R4(config-router)#area 1 authentication
R4(config-router)#exit
R4(config)#interface e0/0
R4(config-if)#ip ospf authentication-key cisco
R4(config-if)#interface e0/1
R4(config-if)#ip ospf authentication-key cisco
```

(7) 基于区域的简单口令认证结果验证。

```
R1#sh ip ospf interface                    !--- 查看运行了 OSPF 协议的所有接口的情况
Ethernet0/1 is up, line protocol is up
  Internet Address 192.168.66.1/24, Area 1
  Process ID 1, Router ID 1.1.1.1, Network Type BROADCAST, Cost: 10
  Transmit Delay is 1 sec, State DR, Priority 1
  Designated Router (ID) 1.1.1.1, Interface address 192.168.66.1
  No backup designated router on this network
  Timer intervals configured, Hello 10, Dead 40, Wait 40, Retransmit 5
    oob-resync timeout 40
    Hello due in 00:00:00
  Supports Link-local Signaling (LLS)
  Index 2/2, flood queue length 0
  Next 0x0(0)/0x0(0)
  Last flood scan length is 0, maximum is 0
  Last flood scan time is 0 msec, maximum is 0 msec
  Neighbor Count is 0, Adjacent neighbor count is 0
  Suppress hello for 0 neighbor(s)
  Simple password authentication enabled
!--我们看到,E0/1 接口启用了简单口令认证

Ethernet0/0 is up, line protocol is up
  Internet Address 192.168.1.1/24, Area 1
  Process ID 1, Router ID 1.1.1.1, Network Type BROADCAST, Cost: 10
  Transmit Delay is 1 sec, State BDR, Priority 1
  Designated Router (ID) 2.2.2.2, Interface address 192.168.1.3
  Backup Designated router (ID) 1.1.1.1, Interface address 192.168.1.1
  Timer intervals configured, Hello 10, Dead 40, Wait 40, Retransmit 5
    oob-resync timeout 40
    Hello due in 00:00:02
  Supports Link-local Signaling (LLS)
  Index 1/1, flood queue length 0
  Next 0x0(0)/0x0(0)
  Last flood scan length is 1, maximum is 1
  Last flood scan time is 0 msec, maximum is 4 msec
  Neighbor Count is 1, Adjacent neighbor count is 1
    Adjacent with neighbor 2.2.2.2 (Designated Router)
  Suppress hello for 0 neighbor(s)
  Simple password authentication enabled
!---我们看到,E0/0 接口启用了简单口令认证

R1#sh ip ospf                              !--- 查看 OSPF 进程及其细节
 ...(以上输出内容省略)
    Area 1
        Number of interfaces in this area is 2
        Area has simple password authentication
!--- 区域 1 采用了简单口令认证
        SPF algorithm last executed 00:14:43.892 ago
        SPF algorithm executed 16 times
```

```
        Area ranges are
        Number of LSA 7. Checksum Sum 0x04ECA7
        Number of opaque link LSA 0. Checksum Sum 0x000000
        Number of DCbitless LSA 0
        Number of indication LSA 0
        Number of DoNotAge LSA 0
        Flood list length 0

!--- 同理用 sh ip ospf interface、sh ip ospf 可对其他路由器进行简单口令认证结果验证
```

(8) 用 show ip protocols 命令查看 IP 路由协议配置和统计信息。

```
R1# show ip protocols                          !--- 查看 IP 路由协议配置和统计信息
Routing Protocol is "ospf 1"                   !--- 当前路由器运行的协议是 OSPF,进程 ID 为 1
  Outgoing update filter list for all interfaces is not set
  Incoming update filter list for all interfaces is not set
  Router ID 1.1.1.1                            !--- 本路由器 ID
  Number of areas in this router is 1. 1 normal 0 stub 0 nssa
!--- 本路由器参与的区域数量和类型
  Maximum path: 4                              !--- 支持等价路径最大数目
  Routing for Networks:
    192.168.1.0 0.0.0.255 area 1
    192.168.66.0 0.0.0.255 area 1
!--- 以上 3 行表明 OSPF 通告的网络以及这些网络所在的区域
 Reference bandwidth unit is 100 mbps
  Routing Information Sources:
    Gateway         Distance      Last Update
    3.3.3.3              110      00:00:45
    4.4.4.4              110      00:00:45
    2.2.2.2              110      00:24:55
!--- 以上 5 行表明路由信息的来源
  Distance: (default is 110)                   !--- OSPF 默认的管理距离为 110

!--- 同理用 show ip protocols 可查看其他路由器的 IP 路由协议配置和统计信息
```

(9) 用 show ip ospf 命令查看 OSPF 进程及区域的细节。

```
R1# show ip ospf                                          !--- 查看 OSPF 进程及区域的细节
Routing Process "ospf 1" with ID 1.1.1.1                  !--- 进程 ID 和路由器 ID
 Start time: 00:00:03.964, Time elapsed: 00:29:57.956
 Supports only single TOS(TOS0) routes
 Supports opaque LSA
 Supports Link-local Signaling (LLS)
 Supports area transit capability
 Router is not originating router-LSAs with maximum metric
 Initial SPF schedule delay 5000 msecs
 Minimum hold time between two consecutive SPFs 10000 msecs
 Maximum wait time between two consecutive SPFs 10000 msecs
 Incremental-SPF disabled
```

```
Minimum LSA interval 5 secs
 Minimum LSA arrival 1000 msecs
 LSA group pacing timer 240 secs
 Interface flood pacing timer 33 msecs
 Retransmission pacing timer 66 msecs
 Number of external LSA 0. Checksum Sum 0x000000
 Number of opaque AS LSA 0. Checksum Sum 0x000000
 Number of DCbitless external and opaque AS LSA 0
 Number of DoNotAge external and opaque AS LSA 0
 Number of areas in this router is 1. 1 normal 0 stub 0 nssa
 Number of areas transit capable is 0
 External flood list length 0
    Area 1                                          !--- 区域 1
        Number of interfaces in this area is 2
        Area has simple password authentication     !--- 区域 1 采用了简单口令认证
        SPF algorithm last executed 00:04:55.780 ago
        SPF algorithm executed 5 times              !--- SPF 算法已经计算了五次
        Area ranges are
        Number of LSA 8. Checksum Sum 0x04213C
        Number of opaque link LSA 0. Checksum Sum 0x000000
        Number of DCbitless LSA 0
        Number of indication LSA 0
        Number of DoNotAge LSA 0
        Flood list length 0

!--- 同理用 show ip ospf 可查看其他路由器的 OSPF 进程及区域的细节
```

(10) 查看 OSPF 的链路状态数据库。

```
R1# show ip ospf database                !--- 查看 OSPF 的链路状态数据库
             OSPF Router with ID (1.1.1.1) (Process ID 1)
!--- 运行 OSPF 路由器 ID 以及进程 ID
                Router Link States (Area 1)
Link ID         ADV Router      Age         Seq#            Checksum        Link count
1.1.1.1         1.1.1.1         353         0x80000003      0x00D4AC        2
2.2.2.2         2.2.2.2         332         0x80000005      0x007DD5        3
3.3.3.3         3.3.3.3         327         0x80000004      0x00041D        3
4.4.4.4         4.4.4.4         331         0x80000004      0x00EA76        3
!--- 以上输出是 R1 的区域 1 的链路状态数据库的信息,标题行的解释如下:
1)Link ID: 是指 Link State ID,代表整个路由器,而不是某个链路;
2)ADV Router: 是指正在通告链路状态信息的路由器 ID;
3)Age: 老化时间;
4)Seq#: 序列号;
5)Checksum: 校验和;
6)Link count: 通告路由器在本区域内的链路数目。

                Net Link States (Area 1)
!--- 显示区域 1 的网络链路状态信息
```

```
Link ID          ADV Router       Age       Seq#            Checksum
10.1.4.2         4.4.4.4          127       0x80000002      0x007586
192.168.1.3      2.2.2.2          1619      0x80000002      0x00FCBA
192.168.2.2      3.3.3.3          95        0x80000002      0x003279
192.168.3.2      4.4.4.4          1618      0x80000002      0x002B77

! --- 同理用 show ip ospf database 可查看其他路由器的链路状态数据库
```

(11) 用 show ip route 命令显示路由表,理解 OSPF 路由表含义。

```
R1# show ip route
Codes: C - connected, S - static, R - RIP, M - mobile, B - BGP
       D - EIGRP, EX - EIGRP external, O - OSPF, IA - OSPF inter area
       N1 - OSPF NSSA external type 1, N2 - OSPF NSSA external type 2
       E1 - OSPF external type 1, E2 - OSPF external type 2
       i - IS-IS, su - IS-IS summary, L1 - IS-IS level-1, L2 - IS-IS level-2
       ia - IS-IS inter area, * - candidate default, U - per-user static route
       o - ODR, P - periodic downloaded static route
Gateway of last resort is not set
O     192.168.10.0/24 [110/30] via 192.168.1.3, 00:37:31, Ethernet0/0
      172.16.0.0/24 is subnetted, 1 subnets
O        172.16.2.0 [110/30] via 192.168.1.3, 00:37:31, Ethernet0/0
C     192.168.66.0/24 is directly connected, Ethernet0/1
      10.0.0.0/24 is subnetted, 1 subnets
O        10.1.4.0 [110/30] via 192.168.1.3, 00:37:31, Ethernet0/0
C     192.168.1.0/24 is directly connected, Ethernet0/0
O     192.168.2.0/24 [110/20] via 192.168.1.3, 00:37:31, Ethernet0/0
O     192.168.3.0/24 [110/20] via 192.168.1.3, 00:37:31, Ethernet0/0
! --- 输出结果表明同一个区域内通过 OSPF 路由协议学习的路由条目用代码"O"表示。其中,路由条目"192.168.10.0"的度量值为 30,计算过程如下:
  计算公式为 10^8/带宽(bps)然后取整,而且是所有链路入口的 cost 之和。路由条目"192.168.10.0"到路由器 R1 经过的入接口包括路由器 R4 的 e0/2,路由 R2 的 e0/1,路由器 R1 的 e0/0,所以计算如下: 10^8/10485760 + 10^8/10485760 + 10^8/10485760 = 30。

! --- 同理用 sh ip route 可查看其他路由器的路由表
```

(12) 用 ping 命令测试,并分析此时网络的互通性。

```
! --- PC1 与 PC2 之间
PC1 > ping 172.16.2.4
84 bytes from 172.16.2.4 icmp_seq = 1 ttl = 61 time = 36.002 ms
84 bytes from 172.16.2.4 icmp_seq = 2 ttl = 61 time = 39.002 ms
84 bytes from 172.16.2.4 icmp_seq = 3 ttl = 61 time = 39.002 ms
84 bytes from 172.16.2.4 icmp_seq = 4 ttl = 61 time = 39.002 ms
84 bytes from 172.16.2.4 icmp_seq = 5 ttl = 61 time = 39.002 ms

PC2 > ping 192.168.66.7
84 bytes from 192.168.66.7 icmp_seq = 1 ttl = 61 time = 36.002 ms
84 bytes from 192.168.66.7 icmp_seq = 2 ttl = 61 time = 79.004 ms
```

```
84 bytes from 192.168.66.7 icmp_seq = 3 ttl = 61 time = 79.004 ms
84 bytes from 192.168.66.7 icmp_seq = 4 ttl = 61 time = 80.005 ms
84 bytes from 192.168.66.7 icmp_seq = 5 ttl = 61 time = 49.003 ms
! --- 我们看到,采用 OSPF 路由协议后,主机 PC1 和 PC2 之间是互通的。

! --- PC1 与 PC3 之间
PC1 > ping 192.168.10.9
84 bytes from 192.168.10.9 icmp_seq = 1 ttl = 61 time = 72.004 ms
84 bytes from 192.168.10.9 icmp_seq = 2 ttl = 61 time = 79.004 ms
84 bytes from 192.168.10.9 icmp_seq = 3 ttl = 61 time = 79.005 ms
84 bytes from 192.168.10.9 icmp_seq = 4 ttl = 61 time = 49.003 ms
84 bytes from 192.168.10.9 icmp_seq = 5 ttl = 61 time = 49.003 ms

PC3 > ping 192.168.66.7
84 bytes from 192.168.66.7 icmp_seq = 1 ttl = 61 time = 36.002 ms
84 bytes from 192.168.66.7 icmp_seq = 2 ttl = 61 time = 39.002 ms
84 bytes from 192.168.66.7 icmp_seq = 3 ttl = 61 time = 39.002 ms
84 bytes from 192.168.66.7 icmp_seq = 4 ttl = 61 time = 39.002 ms
84 bytes from 192.168.66.7 icmp_seq = 5 ttl = 61 time = 39.002 ms
! --- 我们看到,采用 OSPF 路由协议后,主机 PC1 和 PC3 之间是互通的。

! --- PC2 与 PC3 之间
PC2 > ping 192.168.10.9
84 bytes from 192.168.10.9 icmp_seq = 1 ttl = 62 time = 39.003 ms
84 bytes from 192.168.10.9 icmp_seq = 2 ttl = 62 time = 39.002 ms
84 bytes from 192.168.10.9 icmp_seq = 3 ttl = 62 time = 30.002 ms
84 bytes from 192.168.10.9 icmp_seq = 4 ttl = 62 time = 59.004 ms
84 bytes from 192.168.10.9 icmp_seq = 5 ttl = 62 time = 59.003 ms

PC3 > ping 172.16.2.4
84 bytes from 172.16.2.4 icmp_seq = 1 ttl = 62 time = 34.002 ms
84 bytes from 172.16.2.4 icmp_seq = 2 ttl = 62 time = 39.002 ms
84 bytes from 172.16.2.4 icmp_seq = 3 ttl = 62 time = 39.002 ms
84 bytes from 172.16.2.4 icmp_seq = 4 ttl = 62 time = 69.004 ms
84 bytes from 172.16.2.4 icmp_seq = 5 ttl = 62 time = 69.004 ms
! --- 我们看到,采用 OSPF 路由协议后,主机 PC2 和 PC3 之间是互通的。
```

5.5.6 扩展实验

在路由器 R1～R4 上配置基于区域的 OSPF MD5 认证,并对认证结果进行验证。

5.6 多区域 OSPF 路由协议

5.6.1 理论知识与实验原理

为了使 OSPF 适用于大规模网络,OSPF 将一个网络划分为若干个更小的范围,叫作区域(Area)。区域由相同区域标志的一组路由器和网络组成,在同一个区域内的路由器有相同的拓扑结构数据库。一个 OSPF 自治系统可以由单一区域或者多个区域组成，每个区域内的路由器最好不超过 200 个。其中，一个特别的区域被称为主干区域(Backbone Area)，该区域是整个 OSPF 网络的核心区域，其他普通区域必须围绕在主干区域周边并且与之直接连接。

每一个区域都由一个 32 位的区域标识符(Identifier)表示。区域标识符由一个长度为 32 位的字段所定义并有两种表示方法，一种为点分十进制(如 Area 1.1.1.1，写法规则同 IPv4 地址)；另外一种为十进制数字格式(如 Area 1，注意 Area 1 不等于 Area 1.1.1.1)，通常使用十进制数字格式作为区域标识符。

OSPF 定义了多种区域类型，包括：

(1) 骨干区域：Area 0，连接各个区域的核心区域，在不同的非骨干区域之间分发路由信息，所有其他区域都要连接到这个区域上。

(2) 非骨干区域：除骨干区域 Area 0 之外的所有其他许可范围内的区域。又分为：

① 标准区域：正常传输数据的区域，可以接收链路更新信息和路由汇总；

② 末梢区域(Stub Area)：不允许自治系统外部路由通告(AS External LSA)在其内部进行洪泛扩散的区域，即不接收外部自治系统的路由信息；

③ 完全末梢区域(Totally Stubby Area)：Cisco 私有的一种区域类型，不仅不允许自治系统外部路由通告在其内部洪泛，还不允许区域间汇总路由(Network Summary LSA)在其内部洪泛；

④ 不完全末梢区域(Not-So-Stubby Area，NSSA)：允许引入 AS 外部路由并且扩散到其他区域，但是仍旧不允许其他区域通告的自治系统外部路由进入该区域；

⑤ 完全非纯末梢区域(Totally NSSA)：Cisco 私有的区域类型，该种区域除了拥有和 NSSA 相同的特性外，还不允许区域间汇总路由在该区域内部洪泛。

OSPF 协议中的路由器，根据其处的不同区域位置，分为如下 4 种类型：

(1) 内部路由器(Internal Router)：路由器上所有启用了 OSPF 的接口都在同一区域，这样的路由器就是内部路由器。

(2) 骨干路由器(Backbone Router)：路由器上至少有一个启用了 OSPF 的接口是和骨干区域(Area 0)相连，这样的路由器就是骨干路由器。

(3) 区域边界路由器(Area Border Router，ABR)：路由器有多个启用了 OSPF 的接口，分别与多个区域相连，这样的路由器就是区域边界路由器。

(4) 自治系统边界路由器(Autonomous System Boundary Router，ASBR)：路由器与自治系统外部的路由器相连并互相交换路由信息，这样的路由器就是自治系统边界路由器。

图 5.11 演示了自治系统、主干区域和标准区域，以及内部路由器、骨干路由器、区域边界路由器 ABR 和自治系统边界路由器 ASBR 等概念。

将一个网络划分为多个区域有以下优点：

(1) 区域内的路由器只需要维护本区域的链路状态数据库，而不是整个 OSPF 网络的链路状态数据库，从而极大减小其链路状态数据库 LSDB 的大小。

(2) 将区域网络拓扑变化的影响限制在本区域内，不会影响到整个 OSPF 网络，从而减小路由器计算 SPF 的频率。

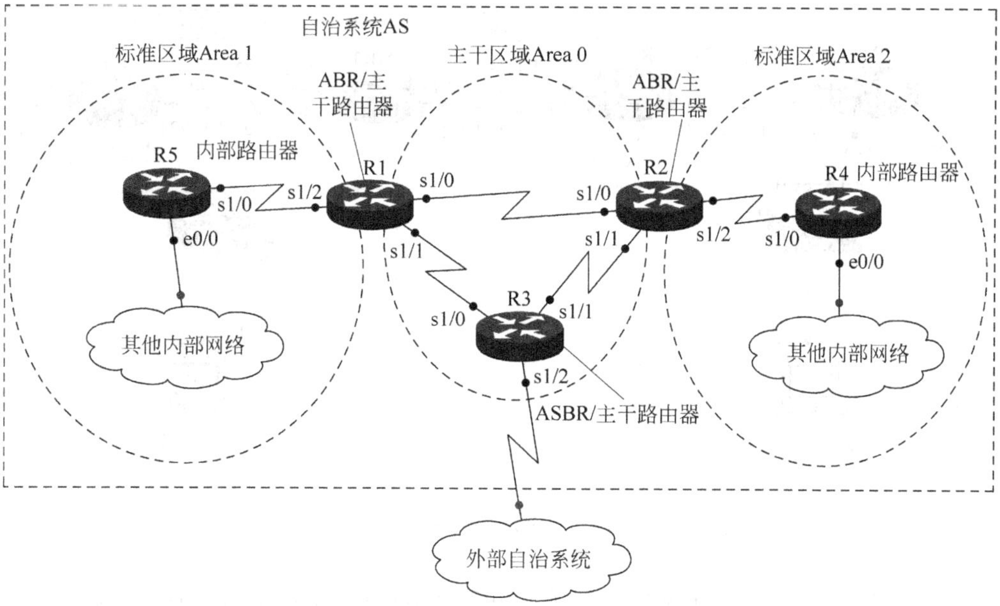

图 5.11 OSPF 区域与路由器类型示意图

(3) 将链路状态通告(LSA)的洪泛限制在本区域内,从而大大降低 OSPF 协议产生的数据量。

(4) 划分区域有利于网络的层次化结构设计。

(5) 划分区域有利于资源合理调配,核心区域部署性能较好的设备资源,边缘区域部署性能较差的设备资源即可。

5.6.2 相关命令讲解

本小节没有新命令,使用和"5.5 单区域 OSPF 路由协议"相同的命令,只是把命令中使用的区域标识符修改为实际需要的区域标识符即可。

5.6.3 实验目的

(1) 掌握多区域 OSPF 路由协议的相关概念和原理;
(2) 掌握多区域 OSPF 路由的配置方法;
(3) 理解多区域 OSPF 路由表各项的含义;
(4) 掌握对多区域 OSPF 路由配置的检查与测试;
(5) 能够使用多区域 OSPF 路由协议实现网络互通。

5.6.4 实验环境

在图 5.12 所示的实验拓扑中,Cisco 3640 路由器 R1、R2、R3 和 R4,分别在 slot0 上插入一块 NM-4T 的 4 口广域网卡用于路由器之间互联。同时 R1 和 R4 在 slot1 上插入一块 NM-4E 的 4 口 10 兆以太网卡以接入各自所在的局域网。交换机采用软件模拟的 Ethernet switch 以太网交换机。两台 PC 采用 VPCS 模拟。

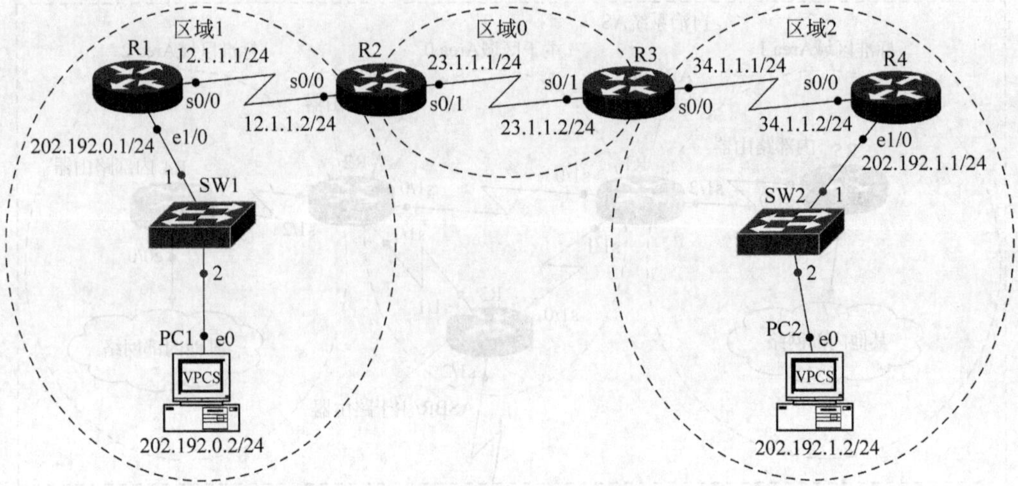

图 5.12　多区域 OSPF 实验拓扑

通过在路由器 R1～R4 上配置多区域 OSPF 路由协议，实现全网互通。要求通过适当的实验配置，使得 PC1 和 PC2 之间能互相 Ping 通。

5.6.5　实验步骤

(1) 路由器 R1、R2、R3 和 R4 的基本配置。

```
R1#configure terminal                               !--- 进入全局配置模式
R1(config)#interface s0/0                           !--- 进入接口 s0/0
R1(config-if)#ip address 12.1.1.1 255.255.255.0     !--- 配置接口的 IP 地址和掩码
R1(config-if)#no shut                               !--- 打开接口
R1(config-if)#exit                                  !--- 退出接口
R1(config)#interface e1/0                           !--- 进入接口 e1/0
R1(config-if)#ip address 202.192.0.1 255.255.255.0  !--- 配置接口的 IP 地址和掩码
R1(config-if)#no shut                               !--- 打开接口

R2#configure terminal                               !--- 进入全局配置模式
R2(config)#interface s0/0                           !--- 进入接口 s0/0
R2(config-if)#ip address 12.1.1.2 255.255.255.0     !--- 配置接口的 IP 地址和掩码
R2(config-if)#no shut                               !--- 打开接口
R2(config-if)#exit                                  !--- 退出接口
R2(config)#interface s0/1                           !--- 进入接口 s0/1
R2(config-if)#ip address 23.1.1.1 255.255.255.0     !--- 配置接口的 IP 地址和掩码
R2(config-if)#no shut                               !--- 打开接口
R2(config-if)#exit                                  !--- 退出接口

R3#configure terminal                               !--- 进入全局配置模式
R3(config)#interface s0/0                           !--- 进入接口 s0/0
R3(config-if)#ip address 34.1.1.1 255.255.255.0     !--- 配置接口的 IP 地址和掩码
R3(config-if)#no shut                               !--- 打开接口
R3(config-if)#exit                                  !--- 退出接口
```

```
R3(config)# interface s0/1                                   !--- 进入接口 s0/1
R3(config-if)# ip address 23.1.1.2 255.255.255.0             !--- 配置接口的 IP 地址和掩码
R3(config-if)# no shut                                       !--- 打开接口
R3(config-if)# exit                                          !--- 退出接口

R4# configure terminal                                       !--- 进入全局配置模式
R4(config)# interface s0/0                                   !--- 进入接口 s0/0
R4(config-if)# ip address 34.1.1.2 255.255.255.0             !--- 配置接口的 IP 地址和掩码
R4(config-if)# no shut                                       !--- 打开接口
R4(config-if)# exit                                          !--- 退出接口
R4(config)# interface e1/0                                   !--- 进入接口 e1/0
R4(config-if)# ip address 202.192.1.1 255.255.255.0          !--- 配置接口的 IP 地址和掩码
R4(config-if)# no shutdown                                   !--- 打开接口
R4(config-if)# exit                                          !--- 退出接口
```

(2) 主机 PC1 和 PC2 的基本配置。

```
PC1> ip 202.192.0.2 202.192.0.1 24                       !--- 配置 PC1 的 IP、网关和子网掩码
Checking for duplicate address...
PC1 : 202.192.0.2 255.255.255.0 gateway 202.192.0.1      !--- 提示 PC1 的配置已修改成功

PC2> ip 202.192.1.2 202.192.1.1 24                       !--- 配置 PC2 的 IP、网关和子网掩码
Checking for duplicate address...
PC2 : 202.192.1.2 255.255.255.0 gateway 202.192.1.1      !--- 提示 PC2 的配置已修改成功
```

(3) 用 ping 命令测试各直连路由器之间的互通性、PC 之间的互通性(省略)。

(4) 在路由器 R1、R2、R3 和 R4 上启动 OSPF 协议进程,并通告网络。

```
R1# configure terminal                                          !--- 进入全局配置模式
R1(config)# router ospf 1                                       !--- 启动 OSPF 进程
R1(config-router)# router-id 1.1.1.1                            !--- 指定路由 ID 为 1.1.1.1
R1(config-router)# network 12.1.1.0 255.255.255.0 area 1        !--- 通告区域 1 的直连网络
R1(config-router)# network 202.192.0.0 255.255.255.0 area 1     !--- 通告区域 1 的直连网络
R1(config-router)# exit

R2# configure terminal                                          !--- 进入全局配置模式
R2(config)# router ospf 1                                       !--- 启动 OSPF 进程
R2(config-router)# router-id 2.2.2.2                            !--- 指定路由 ID 为 2.2.2.2
R2(config-router)# network 12.1.1.0 255.255.255.0 area 1        !--- 通告区域 1 的直连网络
R2(config-router)# network 23.1.1.0 255.255.255.0 area 0        !--- 通告区域 0 的直连网络
R2(config-router)# exit

R3# configure terminal                                          !--- 进入全局配置模式
R3(config)# router ospf 1                                       !--- 启动 OSPF 进程
R3(config-router)# router-id 3.3.3.3                            !--- 指定路由 ID 为 3.3.3.3
R3(config-router)# network 23.1.1.0 255.255.255.0 area 0        !--- 通告区域 0 的直连网络
R3(config-router)# network 34.1.1.0 255.255.255.0 area 2        !--- 通告区域 2 直连网络
R3(config-router)# exit
```

```
R4#configure terminal                                           !--- 进入全局配置模式
R4(config)#router ospf 1                                        !--- 启动 OSPF 进程
R4(config-router)#router-id 4.4.4.4                             !--- 指定路由 ID 为 4.4.4.4
R4(config-router)#network 34.1.1.0 255.255.255.0 area 2         !--- 通告区域 2 的直连网络
R4(config-router)# network 202.192.1.0 255.255.255.0 area 2     !--- 通告区域 2 的直连网络
R4(config-router)#exit
```

(5) 用 show ip route 命令显示路由表，理解 OSPF 路由表含义。

```
R2#show ip route
Codes: C - connected, S - static, R - RIP, M - mobile, B - BGP
       D - EIGRP, EX - EIGRP external, O - OSPF, IA - OSPF inter area
       N1 - OSPF NSSA external type 1, N2 - OSPF NSSA external type 2
       E1 - OSPF external type 1, E2 - OSPF external type 2
       i - IS-IS, su - IS-IS summary, L1 - IS-IS level-1, L2 - IS-IS level-2
       ia - IS-IS inter area, * - candidate default, U - per-user static route
       o - ODR, P - periodic downloaded static route

     34.0.0.0/24 is subnetted, 1 subnets
O IA    34.1.1.0 [110/128] via 23.1.1.2, 01:02:34, Serial0/1
O    202.192.0.0/24 [110/74] via 12.1.1.1, 01:02:44, Serial0/0
     23.0.0.0/24 is subnetted, 1 subnets
C       23.1.1.0 is directly connected, Serial0/1
O IA 202.192.1.0/24 [110/138] via 23.1.1.2, 01:02:26, Serial0/1
     12.0.0.0/24 is subnetted, 1 subnets
C       12.1.1.0 is directly connected, Serial0/0
!--- 其中，通过同一个区域内的 OSPF 路由协议学习得到的路由条目用代码"O"表示，如 202.192.0.0
(该网络与 R2 同处区域 1)。通过不同区域的 OSPF 路由协议学习得到的路由条目用代码"O IA"表示，
如 34.1.1.0,202.192.1.0(这两个网络处于区域 2，而 R2 处区域 0 和 1，不在同网络)。

!--- 同理用 show ip route 可查看其他路由器的路由表
```

(6) 查看 OSPF 的链路状态数据库。

```
R2#show ip ospf database                        !--- 查看 OSPF 的链路状态数据库
            OSPF Router with ID (2.2.2.2) (Process ID 1)
!--- 区域 0 内运行 OSPF 路由器 ID 以及进程 ID
                Router Link States (Area 0)
Link ID         ADV Router      Age         Seq#          Checksum Link count
2.2.2.2         2.2.2.2         254         0x80000004    0x00163B 2
3.3.3.3         3.3.3.3         223         0x80000004    0x00B596 2

                Summary Net Link States (Area 0)
!--- 显示区域 0 的网络链路状态信息
Link ID         ADV Router      Age         Seq#          Checksum
12.1.1.0        2.2.2.2         254         0x80000003    0x0018CC
34.1.1.0        3.3.3.3         223         0x80000003    0x00DAEF
202.192.0.0     2.2.2.2         254         0x80000003    0x00DA82
202.192.1.0     3.3.3.3         223         0x80000003    0x00B1A6
```

```
                    Router Link States (Area 1)
!--- 区域 1 内运行 OSPF 路由器 ID 以及进程 ID
Link ID        ADV Router     Age       Seq#            Checksum Link count
1.1.1.1        1.1.1.1        278       0x80000004      0x007757 3
2.2.2.2        2.2.2.2        254       0x80000004      0x0094D9 2

                    Summary Net Link States (Area 1)
!--- 区域 1 的网络链路状态信息
Link ID        ADV Router     Age       Seq#            Checksum
23.1.1.0       2.2.2.2        254       0x80000003      0x008851
34.1.1.0       2.2.2.2        256       0x80000003      0x007B13
202.192.1.0    2.2.2.2        256       0x80000003      0x0052C9
!-- 从 R2 的链路状态数据库可以看出,它只存储自己所在区域的路由器和其链路状态,而不在同区
域的路由器和链路状态,则不需知道不需存储,从而大大减小链路状态数据库的大小和网络广播通
信量和通信频率。

!--- 同理用 show ip ospf database 可查看其他路由器的链路状态数据库
```

(7) 用 ping 命令测试,测试网络的互通性。

```
!--- PC1 与 PC2 之间
PC1>ping 202.192.1.2
84 bytes from 202.192.1.2 icmp_seq=1 ttl=60 time=57.653 ms
84 bytes from 202.192.1.2 icmp_seq=2 ttl=60 time=77.204 ms
84 bytes from 202.192.1.2 icmp_seq=3 ttl=60 time=57.653 ms
84 bytes from 202.192.1.2 icmp_seq=4 ttl=60 time=65.173 ms
84 bytes from 202.192.1.2 icmp_seq=5 ttl=60 time=63.668 ms
```

5.6.6 扩展实验

使用单区域 OSPF 动态路由协议命令重新配置本次实验,把本次实验环境(图 5.12 多区域 OSPF 实验拓扑)里的所有路由器和网络都设置为区域 1,并用 show ip ospf database 命令查看其链路状态数据库,比较单区域和多区域下路由器的链路状态数据库有何区别,并由此说明 OSPF 划分区域的优点。

第6章 ACL

本章学习目标

- 掌握ACL(访问控制列表)的分类、作用和工作原理;
- 掌握ACL配置方法;
- 掌握对ACL配置的检查与测试;
- 能够使用ACL对数据流进行过滤,实现控制访问。

本章首先向读者介绍ACL技术的作用、工作原理和类型,接着分别介绍标准ACL和扩展ACL两种常见的ACL类型的配置方法,让读者能够自行使用ACL技术对数据流进行过滤,实现控制访问的目的。

6.1 ACL概述

技术从来都是一把双刃剑,随着大规模开放式网络的开发,网络应用与互联网的普及在大幅提高企业的生产经营效率的同时,也带来了诸如数据的安全性不高等问题。网络安全问题成为网络管理员最为头疼的问题,如何将一个网络有效地管理起来,尽可能地降低网络所带来的负面影响就成了摆在网络管理员面前的一个重要课题。一方面,为了业务的发展,必须允许对网络资源的开放访问;另一方面,又必须确保数据和资源的尽可能安全。网络安全采用的技术很多,而通过访问控制列表(ACL)可以对数据流进行过滤,是实现基本网络安全的手段之一。

访问控制列表(Access Control List,ACL)是使用包过滤技术,在路由器上读取第三层或第四层包头中的信息,如源地址、目标地址、源端口、目标端口以及协议等,根据预先定义好的规则对包进行过滤,从而达到访问控制的目的。它可以具体到两台网络设备间的网络应用,也可以按照网段进行大范围的访问控制管理,为网络应用提供了一个有效的安全手段。ACL适用于所有的被路由协议,如IP、IPX、AppleTalk等。ACL的定义也是基于每一种协议的。如果路由器接口配置成为支持三种协议(IP、AppleTalk以及IPX)的情况,那么,用户必须定义三种ACL来分别控制这三种协议的数据包。本章主要研究基于IP协议的访问控制列表,所有的配置实例均基于Cisco IOS的ACL进行编写。

1. ACL的主要作用

(1) 限制网络流量,提高网络性能。例如,ACL可以根据数据包的协议,指定数据包的优先级。

(2) 提供对通信流量的控制手段。例如,ACL可以限定或简化路由更新信息的长度,从而限制通过路由器某一网段的通信流量。

(3) 提供网络访问的基本安全手段。例如,ACL 允许主机 A 访问人力资源网络,而拒绝主机 B 访问。

(4) 在路由器接口处,决定哪种类型的通信流量被转发、哪种类型的通信流量被阻塞。例如,用户可以允许 E-mail 通信流量被路由,拒绝所有的 Telnet 通信流量;例如,某部门要求只能使用 WWW 这个功能,就可以通过 ACL 实现;又例如,为了某部门的保密性,不允许其访问外网,也不允许外网访问它,就可以通过 ACL 实现。

2. ACL 技术的基本原理

ACL 是 Cisco IOS 软件中可选的机制,可被配置用来对数据包进行过滤或检测,以决定将数据包转发到目的地还是丢弃它。创建访问列表同编写一系列 if-then 语句非常相似——如果满足给定的条件,则执行给定的操作;如果指定的条件不满足,不做任何操作,继续测试下一个语句。访问列表语句基本上是对包进行比较、分类,然后根据条件实施操作的包过滤器。列表一旦建立,可以应用到任何接口输入或输出方向的流量上。应用访问列表后,路由器会分析沿特定方向通过那个接口的每个包,并执行相应的操作。

ACL 的两种保护策略的准则:①一切未被允许的就是禁止的;②一切未被禁止的就是允许的。

在 ACL 中各个描述语句的放置顺序是非常重要的。Cisco IOS 按照各描述语句在 ACL 中的顺序,根据各描述语句的判断条件,对数据包进行检查。一旦找到了某一匹配条件,就结束比较过程,然后路由器就使用访问组中的某个接口转发或丢弃该数据包,不再检查以后的其他条件判断语句,如图 6.1 所示。

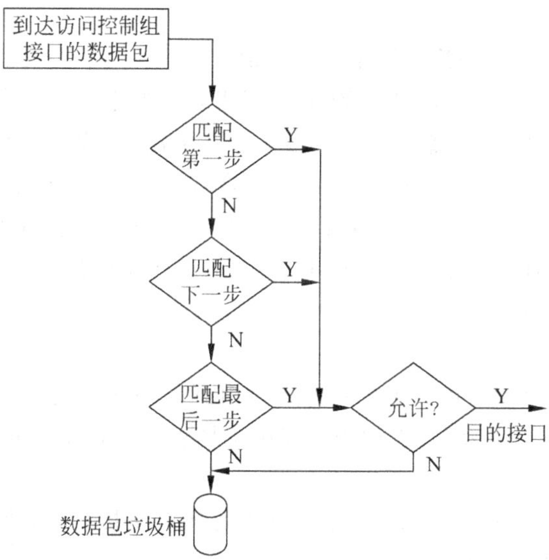

图 6.1　ACL 对数据包检查的过程

ACL 是一组用于对途经路由器特定接口的数据包进行控制的规则,它对当前路由器发送的数据包(如路由选择更新和 Telnet 会话)不起作用。ACL 是一种判断语句的集合,其工作过程如图 6.2 所示。无论是否使用了 ACL,通信处理过程的开始都是相同的。当一个数据包进入某一个接口后,路由器将首先查找路由表以确定它是否可以被路由,如果没有到目标网络的路由,则被丢弃。下一步,路由器检查出站接口是否有 ACL,如果没有,则将数据包发送到输出缓冲区中。在出站访问列表中,permit 意味着将数据包发送到输出缓冲区,而 deny 意味着将数据包丢弃;在入站访问列表中,permit 意味着继续对数据包进行处理,而 deny 意味着将数据包丢弃。丢弃数据包后,路由器将向发送方发送一个特殊的 ICMP 分组,指出目的不可达。

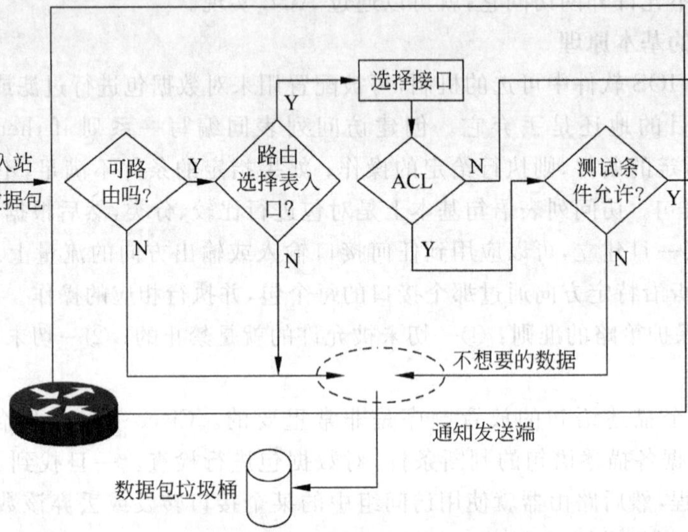

图 6.2 ACL 工作过程

在 ACL 的学习中,要特别注意以下两个术语:

(1) 通配符掩码:一个 32 比特的数字字符串,它规定了当一个 IP 地址与其他的 IP 地址进行比较时,该 IP 地址中哪些位应该被忽略。0 表示“检查相应的位”,而 1 表示“不检查(忽略)相应的位”。通配符掩码为子网掩码各位取反。两种特殊的通配符掩码是“255.255.255.255”和“0.0.0.0”,前者等价于关键字“any”,而后者等价于关键字“host”。

(2) Inbound 和 outbound:当在接口上应用访问控制列表时,用户要指明访问控制列表是应用于流入数据还是流出数据。

3. 配置 ACL 的规则

(1) 入站访问控制列表:将到来的数据包路由到出站接口之前对其进行处理。因为如果根据过滤条件数据包被丢弃,则无须查找路由选择表;如果数据包被允许通过,则对其做路由选择方面的处理。

(2) 出站访问列表:到来的数据包首先被路由到出站接口,并在将其传输出去之前根据出站访问列表对其进行处理。

(3) 访问控制列表的顺序决定被检验的顺序,最特殊的规则应该被放到访问控制列表的前面。

(4) 任何访问列表都必须至少包含一条 permit 语句,否则将禁止任何数据流通过。

(5) 同一个访问列表被用于多个接口,然而,在每个接口的每个方向上,针对每种协议的访问列表只能有一个。

(6) 在每个接口的每个方向上，针对每种协议的访问列表只能有一个。同一个接口上可以有多个访问列表，但必须是针对不同协议的。

(7) 将具体的条件放在一般性条件的前面；将常发生的条件放在不常发生的条件前面。

(8) 新添的语句总是被放在访问列表的末尾，但位于隐式 deny 语句的前面。

(9) 使用编号的访问列表时，不能有选择性地删除其中的语句；但使用名称访问列表时可以。

(10) 除非显式地在访问列表末尾添加一条 permit any 语句，否则默认情况下，访问列表将禁止所有不与任何访问列表条件匹配的数据流。

(11) 访问控制列表应绑定到接口上，创建访问列表后再将其应用于接口，如果应用于接口的访问列表未定义或不存在，该接口将允许所有数据流通过。

(12) 访问列表只过滤经由当前路由器的数据流，而不能过滤当前路由器发送的数据流。

(13) 应将扩展访问列表放在离禁止通过的数据流源尽可能近的地方。

(14) 标准访问列表不能指定目标地址，应将其放在离目的地尽可能近的地方。

4. ACL 分类

ACL 分为很多种，不同场合应用不同种类的 ACL。基于 IP 协议的 ACL 主要有：标准 ACL、扩展 ACL、命名 ACL、基于时间 ACL、动态 ACL 和自反 ACL，本章下面两节将具体介绍标准 ACL 和扩展 ACL 这两种 ACL 类型。

6.2 标准 ACL

6.2.1 理论知识与实验原理

标准 ACL 只检查被路由的数据包的源地址，也即匹配 IP 包中的源地址或源地址中的一部分，可对匹配的包采取拒绝或允许两个操作。标准 ACL 的表号范围是从 1 到 99。标准 ACL 占用路由器资源很少，是一种最基本、最简单的访问控制列表，应用比较广泛，经常在要求控制级别较低的情况下使用。

6.2.2 相关命令讲解

1. access-list access-list-number {permit|deny} source source-wildcard

命令用于创建一个标准的 ACL，并给它分配一个数字表号。其中：

(1) access-list-number 参数用来指定 ACL 表号，标准 ACL 的表号范围是从 1～99；

(2) permit 参数用来表示允许满足 ACL 表项的数据包通过接口，二选一选项；

(3) deny 参数用来表示匹配 ACL 表项的源地址的数据包要被丢弃掉，二选一选项；

(4) source 参数用来指定数据包的源地址，可以是网络地址或是主机地址。有两种方式用来指定源地址：①采用 32 位数字，用点分十进制表示；②使用关键字 any 用于指定所有主机并作为 0.0.0.0 255.255.255.255 的源地址和源地址通配符的缩写字；

(5) source-wildcard 参数用来指定通配符掩码，以决定哪些位需要匹配，它是和 source

一起使用。有两种方式用来指定源地址的通配符掩码：①采用 32 位数字，用点分十进制表示。通配符掩码 1 的位置对应于源地址的位不进行匹配性检查；②使用关键字 any 用于指定所有主机并作为 0.0.0.0 255.255.255.255 的源地址和源地址通配符的缩写字；使用关键字 host 作为 0.0.0.0 通配符的缩写字。

可用"no access-list access-list-number"命令删除对应的 ACL。该命令用于全局配置模式 Router(config)＃下。

命令使用示例：

1) Router(config)＃access-list 1 permit 192.168.1.1 0.0.0.0

该命令定义了一个标准 ACL，它允许从源地址 192.168.1.1 发来的数据包。

2) Router(config)＃access-list 1 permit host 192.168.1.1

该命令定义了一个标准 ACL，它允许从源地址 192.168.1.1 发来的数据包。host 是 0.0.0.0 通配符的缩写字。

如上两条命令效果是一样的。

3) Router(config)＃access-list 1 deny host 192.168.1.1

```
Router(config)#access-list 1 permit any
```

该命令组定义了一个标准 ACL，它拒绝从源地址 192.168.1.1 发来的数据包，但允许从其他源地址发来的数据包。

注意这两条语句的顺序，ACL 语句的处理顺序是由上到下的。如果我们将两个语句顺序颠倒，将 permit 语句放在 deny 语句的前面，则我们将不能过滤来自主机地址 192.168.1.1 的数据包，因为 permit 语句将允许所有的数据包通过。所以说 ACL 中的语句顺序是很重要的，因为不合理语句顺序将会在网络中产生安全漏洞，或者使得用户不能很好地利用公司的网络策略。

2. ip access-group access-list-number {in | out}

命令用于将定义好的 ACL 应用到某个接口上。其中的 access-list-number 参数用来指定已定义好 ACL 的表号。in | out 参数用来指明 ACL 所使用的方向，in 参数指明数据包进入路由器接口时对其进行过滤，二选一选项；out 参数指明数据包离开路由器接口时对其进行过滤，二选一选项。可用 no ip access-group access-list-number {in | out}命令取消对应接口下配置的 ACL。该命令用于接口配置模式 Router(config-if)＃下。

命令使用示例：

```
Router(config)#access-list 1 permit host 192.168.1.1
Router(config)#interface e0/0
Router(config-if)#ip access-group 1 in
```

该命令将定义的访问列表 1 应用在接口 ethernet 0/0 的进方向。

3. access-classaccess-list-number {in | out}

命令用于将定义好的 ACL 应用到远程登录的虚拟接口上，该命令只对标准 ACL 有效。其中的 access-list-number 参数用来指定已定义好 ACL 的表号。in | out 参数用来指明 ACL 所使用的方向，in 参数指明数据包进入路由器接口时对其进行过滤，二选一选项；

out 参数指明数据包离开路由器接口时对其进行过滤，二选一选项。可用 no access-class access-list-number {in | out}命令取消对应虚拟接口上配置的 ACL。该命令用于线路配置模式 Router(config-line)#下。

命令使用示例：

```
Router(config)#access-list 1 permit host 192.168.1.1
Router(config)#line vty 0 4
Router(config-line)#access-class 1 in
```

该命令将定义的访问列表 1 应用在远程登录的虚拟接口的进方向。

4. show ip access-lists

命令用于验证所定义的 ACL 列表。该命令用于特权模式 Router#下。

命令使用示例：

```
Router#show ip access-lists
```

该命令显示当前所定义的 ACL 列表。

5. show ip interface [interface]

命令用于查看 ACL 在接口上作用的方向和表号。其中的 interface 参数用来指定接口号，可选选项，如不指定，则显示 ACL 在所有接口上作用的方向和表号。该命令用于特权模式 Router#下。

命令使用示例：

```
Router#show ip interface e0/0
```

该命令显示 ACL 作用接口 e0/0 的方向和表号。

6. clear access-list counters [access-list-number]

命令用于清除 ACL 的统计信息。其中的 access-list-number 参数用来指定要清除统计信息的 ACL 的表号，如不指定，则清除所有的 ACL 的统计信息。该命令用于特权模式 Router#下。

命令使用示例：

```
Router#clear access-list counters 1
```

该命令清除访问控制列表 1 的统计信息。

6.2.3 实验目的

(1) 了解标准 ACL 技术的工作原理；

(2) 掌握标准 ACL 的配置方法；

(3) 掌握对标准 ACL 配置的检查与测试；

(4) 能够使用标准 ACL 对数据流进行过滤，实现控制访问。

6.2.4 实验环境

在图 6.3 所示的实验拓扑中，Cisco 3640 路由器 R1、R2 和 R3，分别在 slot0 上插入一块 NM-4E 的 4 口 10 兆以太网卡以接入各自所在的局域网，分别在 slot1 上插入一块 NM-4T 的 4 口广域网卡用于路由器之间互联。交换机采用软件模拟的 Ethernet switch 以太网交换机。PC1 采用 Cisco 3640 路由器模拟，在 slot0 上插入一块 NM-1FE-TX 的 1 口 100 兆快速以太网卡以用于与交换机 SW1 之间互联，提供 WWW 及 Telnet 服务。PC2、PC3 和 PC4 采用 VPCS 模拟。PC5 采用真实 PC 模拟。

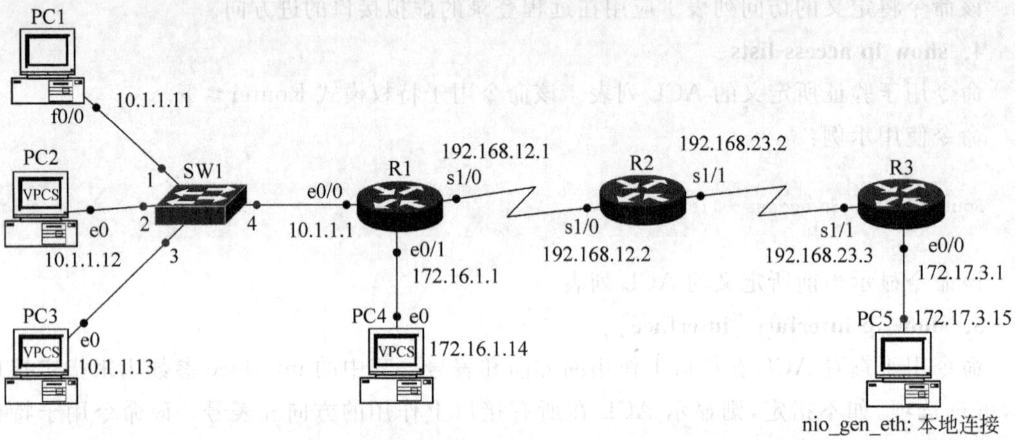

图 6.3 标准 ACL 实验拓扑

通过在路由器 R1 上配置标准 ACL，对数据流进行过滤，实现控制访问。要求通过适当的实验配置，使得拒绝 PC1、PC2、PC3 所在网段(10.1.1.0)与外界通信，只允许 PC1 访问外网，并且只允许 PC5 访问路由器 R1 的 Telnet 服务。

6.2.5 实验步骤

在此实验中需要在 R1 上配置两个标准 ACL：①只允许 PC1 与外网通信，则可以禁止局域网内的其他主机与外网通信；②只允许 PC5 访问 R1 的 Telnet 服务，则可以禁止其他主机访问 R1 的 Telnet 服务。

(1) 路由器 R1、R2 和 R3 的基本配置及路由协议的配置，并开启 R1 的远程 Telnet 服务。

```
R1#configure terminal
R1(config)#int ethernet 0/0
R1(config-if)#ip address 10.1.1.1 255.255.255.0
R1(config-if)#no shutdown
R1(config-if)#exit
R1(config)#interface ethernet 0/1
R1(config-if)#ip address 172.16.1.1 255.255.255.0
R1(config-if)#no shutdown
R1(config-if)#exit
```

```
R1(config)# interface serial 1/0
R1(config-if)# ip address 192.168.12.1 255.255.255.0
R1(config-if)# clock rate 64000
R1(config-if)# no shutdown
R1(config-if)# exit
R1(config)#
R1(config)# router rip
R1(config-router)# version 2
R1(config-router)# network 192.168.12.0
R1(config-router)# network 10.0.0.0
R1(config-router)# network 172.16.0.0
R1(config-router)# exit
R1(config)# line vty 0 4
                        !--- 进入虚拟终端线路配置模式,最多运行 5 个 Telnet 连接
R1(config-line)# password 123456      !--- 配置 Telnet 时的密码
R1(config-line)# login                 !--- 配置 Telnet 时启用登录口令检查
R1(config-line)# exit
R1(config)# enable password 654321    !--- 配置 Telnet 时,从用户模式进入特权模式的密码
R1(config)#

R2# configure terminal
R2(config)# interface serial 1/0
R2(config-if)# ip address 192.168.12.2 255.255.255.0
R2(config-if)# no shutdown
R2(config-if)# exit
R2(config)# int serial 1/1
R2(config-if)# ip address 192.168.23.2 255.255.255.0
R2(config-if)# clock rate 64000
R2(config-if)# no shutdown
R2(config-if)# exit
R2(config)#
R2(config)# router rip
R2(config-router)# version 2
R2(config-router)# network 192.168.12.0
R2(config-router)# network 192.168.23.0
R2(config-router)# exit
R2(config)#

R3# configure terminal
R3(config)# int ethernet 0/0
R3(config-if)# ip address 172.17.3.1 255.255.255.0
R3(config-if)# no shutdown
R3(config-if)# exit
R3(config)# interface serial 1/1
R3(config-if)# ip address 192.168.23.3 255.255.255.0
R3(config-if)# no shutdown
R3(config-if)# exit
R3(config)#
R3(config)# router rip
```

```
R3(config-router)#version 2
R3(config-router)#network 192.168.23.0
R3(config-router)#network 172.17.0.0
R3(config-router)#exit
R3(config)#
```

(2) 主机 PC1～PC5 的基本配置。

```
PC1#configure terminal
PC1(config)#no ip routing
PC1(config)#interface fastEthernet 0/0
PC1(config-if)#ip address 10.1.1.11 255.255.255.0
PC1(config-if)#no shutdown
PC1(config-if)#exit
PC1(config)#ip default-gateway 10.1.1.1
PC1(config)#ip http server            !---开启 http 服务
PC1(config)#line vty 0 4              !---进入虚拟终端线路配置模式,最多运行 5 个 Telnet 连接
PC1(config-line)#password 123456 !---配置 Telnet 时的密码
PC1(config-line)#login                !---配置 Telnet 时启用登录口令检查
PC1(config-line)#exit
PC1(config)#enable password 654321!---配置 Telnet 时,从用户模式进入特权模式的密码
PC1(config)#

PC2>ip 10.1.1.12 10.1.1.1 24
Checking for duplicate address...
PC2 : 10.1.1.12 255.255.255.0 gateway 10.1.1.1

PC3>ip 10.1.1.13 10.1.1.1 24
Checking for duplicate address...
PC3 : 10.1.1.13 255.255.255.0 gateway 10.1.1.1

PC4>ip 172.16.1.14 172.16.1.1 24
Checking for duplicate address...
PC4 : 172.16.1.14 255.255.255.0 gateway 172.16.1.1
```

打开真实 PC 的网络连接属性,输入 IP 地址如图 6.4 所示。

在 cmd 文本界面下用 ipconfig 命令可以看到 IP 地址配置信息:

```
C:\Documents and Settings\Administrator>ipconfig

Windows IP Configuration

Ethernet adapter 本地连接 2:

        Connection-specific DNS Suffix :
        IP Address. . . . . . . . . . . : 172.17.3.15
        Subnet Mask . . . . . . . . . . : 255.255.255.0
        Default Gateway. . . . . . . . : 172.17.3.1
```

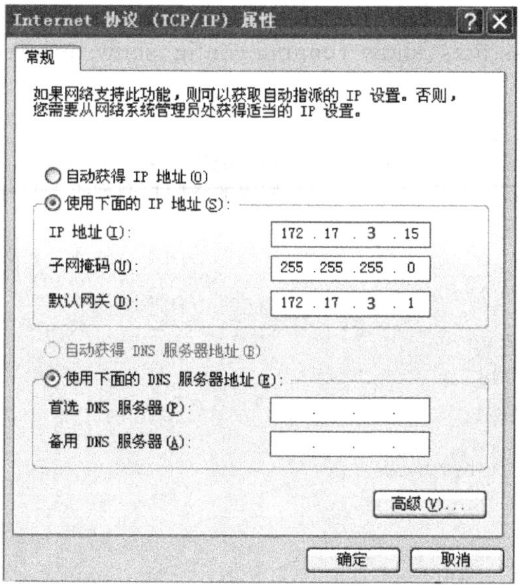

图 6.4　主机 IP 地址配置

(3) 在 R1 路由器上配置标准访问控制列表，实现设计的功能。

```
R1(config)# access - list 1 permit host 10.1.1.11          ! --- 配置访问列表只允许主机 PC1
R1(config)# interface ethernet 0/0
R1(config - if)# ip access - group 1 in          ! --- 将访问列表 1 应用在 ethernet 0/0 的进方向
R1(config - if)# exit
R1(config)# access - list 2 permit host 172.17.3.15
R1(config)# line vty 0 4
R1(config - line)# access - class 2 in          ! --- 将访问列表 2 应用在远程登录虚拟终端
R1(config - line)# password 123456          ! --- 虚拟终端远程登录密码
R1(config - line)# login          ! --- 当登录时要求密码
R1(config - line)# end
R1#
```

【注意】

① ACL 定义好后可以在很多地方应用，接口上应用只是其中之一，也可以在虚拟终端 vty 下用 access-class 命令调用，用来控制 Telnet 的访问，其他的常用应用包括在 route map 中的 match 中应用。

② 访问控制列表表项的检查按自上而下的顺序进行的，并且从第一个表项开始的，所以必须注意访问控制列表中定义语句的顺序。

③ 尽量使标准的 ACL 靠近目的地址，由于标准 ACL 只使用源地址，如果将其靠近源会阻止数据包流向其他接口。

④ 路由器不对自身产生的 IP 数据包进行过滤，如路由更新包。

⑤ 每一个路由器接口的每一个方向，每一种协议只能创建一个 ACL。

⑥ access-class 命令只对标准 ACL 有效。

⑦ 访问控制列表像上面的配置是配置允许的，没有被允许的就是全部禁止的。

(4) 实验结果分析。

① 用 show ip access-lists、show running-config、show ip interface ethernet 0/0 查看ACL的配置情况。

```
R1#show ip access-lists                  !---查看配置的ACL
Standard IP access list 1                !---配置的访问控制列表1是标准ACL
    10 permit 10.1.1.11
Standard IP access list 2                !---配置的访问控制列表2是标准ACL
    10 permit 172.17.3.15
R1#

R1#show running-config
Building configuration...

Current configuration : 1097 bytes
!
version 12.4
hostname R1
!
enable password 654321
!
interface Ethernet0/0
 ip address 10.1.1.1 255.255.255.0
 ip access-group 1 in                    !---在Ethernet0/0进方向应用了访问控制列表1
 half-duplex
!
access-list 1 permit 10.1.1.11
access-list 2 permit 172.17.1.15
!
line vty 0 4
 access-class 2 in                       !---在虚拟终端登陆时应用了访问控制列表2
 password 123456
 login
!
End

R1#show ip interface ethernet 0/0
Ethernet0/0 is up, line protocol is up
  Internet address is 10.1.1.1/24
  Broadcast address is 255.255.255.255
  Address determined by setup command
  MTU is 1500 bytes
  Helper address is not set
  Directed broadcast forwarding is disabled
  Multicast reserved groups joined: 224.0.0.9
  Outgoing access list is not set        !---在ethernet 0/0出的方向没有设置访问控制列表
  Inbound access list is 1               !---在ethernet 0/0进的方向应用了访问控制列表1
  Proxy ARP is enabled
 …
R1#
```

我们看到，一共定义了两个标准 ACL，在 Ethernet0/0 进方向应用了标准 ACL 1，在虚拟终端登录时应用了标准 ACL 2。

② 在 PC1 上测试与外网的连通。

```
PC1#ping 172.16.1.14                    !---测试 PC1 与 PC4 的连通性

Type escape sequence to abort.
Sending 5, 100-byte ICMP Echos to 172.16.1.14, timeout is 2 seconds:
!!!!!
Success rate is 100 percent (5/5), round-trip min/avg/max = 12/21/44 ms
PC1#
*Apr  7 12:48:15.383: %CDP-4-DUPLEX_MISMATCH: duplex mismatch discovered on
FastEthernet0/0 (not full duplex), with SW FastEthernet0/0 (full duplex).

PC1#ping 172.17.3.15                    !---测试 PC1 与 PC5 的连通性

Type escape sequence to abort.
Sending 5, 100-byte ICMP Echos to 172.17.1.15, timeout is 2 seconds:
!!!!!
Success rate is 100 percent (5/5), round-trip min/avg/max = 24/35/56 ms
PC1#
```

我们看到，PC1 可以和外网进行通信。

③ 在 PC2 和 PC3 上测试与外网的连通性。

```
PC2>ping 172.16.1.14                    !---测试 PC2 与 PC4 的连通性
*10.1.1.1 icmp_seq=1 ttl=255 time=15.000ms <ICMP type:3 code:13, Communication
administratively prohibited>
*10.1.1.1 icmp_seq=2 ttl=255 time=15.000ms <ICMP type:3 code:13, Communication
administratively prohibited>
*10.1.1.1 icmp_seq=3 ttl=255 time=10.000ms <ICMP type:3 code:13, Communication
administratively prohibited>
*10.1.1.1 icmp_seq=4 ttl=255 time=5.000ms <ICMP type:3 code:13, Communication
administratively prohibited>
*10.1.1.1 icmp_seq=5 ttl=255 time=5.000ms <ICMP type:3 code:13, Communication
administratively prohibited>

PC2>ping 172.17.3.15                    !---测试 PC2 与 PC5 的连通性
*10.1.1.1 icmp_seq=1 ttl=255 time=15.000ms <ICMP type:3 code:13, Communication
administratively prohibited>
*10.1.1.1 icmp_seq=2 ttl=255 time=35.000ms <ICMP type:3 code:13, Communication
administratively prohibited>
*10.1.1.1 icmp_seq=3 ttl=255 time=15.000ms <ICMP type:3 code:13, Communication
administratively prohibited>
*10.1.1.1 icmp_seq=4 ttl=255 time=8.000ms <ICMP type:3 code:13, Communication
administratively prohibited>
*10.1.1.1 icmp_seq=5 ttl=255 time=5.000ms <ICMP type:3 code:13, Communication
administratively prohibited>
```

```
PC3>ping 172.16.1.14                    !---测试 PC3 与 PC4 的连通性
*10.1.1.1 icmp_seq = 1 ttl = 255 time = 13.000ms <ICMP type:3 code:13, Communication administratively prohibited>
*10.1.1.1 icmp_seq = 2 ttl = 255 time = 15.000ms <ICMP type:3 code:13, Communication administratively prohibited>
*10.1.1.1 icmp_seq = 3 ttl = 255 time = 10.000ms <ICMP type:3 code:13, Communication administratively prohibited>
*10.1.1.1 icmp_seq = 4 ttl = 255 time = 13.000ms <ICMP type:3 code:13, Communication administratively prohibited>
*10.1.1.1 icmp_seq = 5 ttl = 255 time = 20.000ms <ICMP type:3 code:13, Communication administratively prohibited>

PC3>ping 172.17.3.15                    !---测试 PC3 与 PC5 的连通性
*10.1.1.1 icmp_seq = 1 ttl = 255 time = 18.000ms <ICMP type:3 code:13, Communication administratively prohibited>
*10.1.1.1 icmp_seq = 2 ttl = 255 time = 10.000ms <ICMP type:3 code:13, Communication administratively prohibited>
*10.1.1.1 icmp_seq = 3 ttl = 255 time = 8.000ms <ICMP type:3 code:13, Communication administratively prohibited>
*10.1.1.1 icmp_seq = 4 ttl = 255 time = 15.000ms <ICMP type:3 code:13, Communication administratively prohibited>
*10.1.1.1 icmp_seq = 5 ttl = 255 time = 5.000ms <ICMP type:3 code:13, Communication administratively prohibited>
```

我们看到，PC2 和 PC3 都不能与外网进行通信。

④ 用 Telnet 命令测试 PC1 和路由器 R3 上远程登录路由器 R1。

```
PC1#telnet 10.1.1.1          !---尝试从 ethernet 0/0 接口远程登录路由器 R1
Trying 10.1.1.1 ...
% Connection refused by remote host

PC1#telnet 192.168.12.1      !---尝试从 serial 1/0 接口远程登录路由器 R1
Trying 192.168.12.1...
% Connection refused by remote host
PC1#

R3#telnet 192.168.12.1       !---尝试从 serial 1/0 接口远程登录路由器 R1
Trying 192.168.12.1...
% Connection refused by remote host

R3#telnet 10.1.1.1           !---尝试从 ethernet 0/0 接口远程登录路由器 R1
Trying 10.1.1.1 ...
% Connection refused by remote host
```

我们看到，由于 R1 只允许 PC5 远程登录它，所以其他主机不能登录 R1。

⑤ 用 Telnet 命令在 PC5 上测试远程登录路由器 R1。

```
C:\Documents and Settings\Administrator>telnet 192.168.12.1
User Access Verification
```

```
Password:
R1 > en
Password:
R1 # show ip access - lists
Standard IP access list 1
    10 permit 10.1.1.11 (28 matches)
Standard IP access list 2
    10 permit 172.17.3.15 (2 matches)
R1 #
```

我们看到，由于 R1 允许 PC5 远程登录，所以可以成功登录。PC5 远程登录 R1 后，用 show ip access-lists 命令可以查看到 R1 上定义的标准 ACL 为“1”和“2”，括号里面的内容表示匹配测试条件数据包的个数，可以用 clear access-list counters 命令清除访问控制列表中的统计信息。

6.3 扩展 ACL

6.3.1 理论知识与实验原理

扩展 ACL 比标准 ACL 具有更多的匹配项，即可检查数据包的源地址和目的地址，也可检查协议类型和 TCP 或 UDP 的端口号，可对匹配的包采取拒绝或允许两个操作。表 6.1 给出了部分常见应用及所对应的端口号。扩展 ACL 的表号范围是 100～199。扩展 ACL 比标准 ACL 使用得更广泛，因为它提供了更大的弹性和控制范围。扩展 ACL 给网络管理员带来更大的灵活性，可以灵活地设计 ACL 的测试条件。不过扩展 ACL 存在一个缺点，那就是在没有硬件 ACL 加速的情况下，扩展 ACL 会消耗大量的路由器 CPU 资源。

表 6.1 常见端口号

常见端口号(十进制)	IP 协议
20	文件传输协议(FTP)数据
21	文件传输协议(FTP)程序
23	Telnet
25	简单邮件传输协议(SMTP)
69	简单文件传送协议(TFTP)
53	域名服务系统(DNS)
80	超文本传输协议(HTTP)

6.3.2 相关命令讲解

access-list access-list-number {permit | deny} protocol source source-wildcard [operator operand] destination destination-wildcard [operator operand] [established] [log]

命令用于创建一个扩展的 ACL，并给它分配一个数字表号。其中：

(1) access-list-number 参数用来指定 ACL 表号，扩展 ACL 的表号范围是 99～199。

(2) permit 参数用来表示允许满足 ACL 表项的数据包通过接口，二选一选项。

(3) deny 参数用来表示匹配 ACL 表项的数据包要被丢弃掉，二选一选项。

(4) protocol 参数用来指定需要被过滤的协议类型，它可以是 IP、TCP、UDP、ICMP 等。选项是很重要的，因为在 TCP/IP 协议栈中的各种协议之间有很密切的关系，如果管理员希望根据特殊协议进行报文过滤，就要指定该协议。另外，管理员应该注意将相对重要的过滤项放在靠前的位置。如果管理员设置的命令中，允许 IP 地址的语句放在拒绝 TCP 地址的语句前面，则后一个语句根本不起作用。但是如果将这两条语句换一下位置，则在允许该地址上的其他协议的同时，拒绝了 TCP 协议。

(5) source 参数用来指定数据包的源地址，可以是网络地址或是主机地址。有两种方式用来指定源地址：①采用 32 位数字，用点分十进制表示；②使用关键字 any 用于指定所有主机并作为 0.0.0.0 255.255.255.255 的源地址和源地址通配符的缩写字。

(6) source-wildcard 参数用来指定通配符掩码，以决定哪些位需要匹配，它是和 source 一起使用。有两种方式用来指定源地址的通配符掩码：①采用 32 位数字，用点分十进制表示。通配符掩码 1 的位置对应于源地址的位不进行匹配性检查；②使用关键字 any 用于指定所有主机并作为 0.0.0.0 255.255.255.255 的源地址和源地址通配符的缩写字；使用关键字 host 作为 0.0.0.0 通配符的缩写字。

(7) destination 参数用来指定数据包的目的地址，可以是网络地址或是主机地址。有两种方式用来指定目的地址：①采用 32 位数字，用点分十进制表示；②使用关键字 any 用于指定所有主机并作为 0.0.0.0 255.255.255.255 的目的地址和目的地址通配符的缩写字。

(8) destination-wildcard 参数用来指定通配符掩码，以决定哪些位需要匹配，它是和 destination 一起使用。有两种方式用来指定目的地址的通配符掩码：①采用 32 位数字，用点分十进制表示。通配符掩码 1 的位置对应于目的地址的位不进行匹配性检查；②使用关键字 any 用于指定所有主机并作为 0.0.0.0 255.255.255.255 的目的地址和目的地址通配符的缩写字；使用关键字 host 作为 0.0.0.0 通配符的缩写字。

(9) operator 参数用来比较源和目的端口，可选项。可用的操作符包括 lt(小于)、gt(大于)、eq(等于)、neq(不等于)和 range(包括的范围)。如果操作符位于源地址和源地址通配符之后，那么它必须匹配源端口；如果操作符位于目的地址和目的地址通配符之后，那么它必须匹配目的端口；range 操作符需要两个端口号，其他操作符只需要一个端口号。

(10) operand 参数用来指明 TCP 或 UDP 端口的十进制数字或名字，可选项。端口号可以从 0 到 65535。TCP 端口号只被用于过滤 TCP 分组，UDP 端口号只被用于过滤 UDP 分组。

(11) established 参数只针对 TCP 协议，指一个已经建立的连接，可选项。如果 TCP 数据报中的 ACK、FIN、RST 等控制位被设置，则匹配；如果是要求建立连接的初始数据报，则不匹配。

(12) log 参数用来生成有关数据包匹配情况的日志消息，发送到控制台，可选项。日志消息包含访问列表号、数据包是被允许还是被拒绝、协议类型是 TCP、UDP 还是 ICMP，或协议号；如果合适，还包括源地址和目的地址以及源端口和目的端口。一旦有数据包跟测试条件匹配，就产生日志消息。默认地，log 功能每隔 5 分钟就产生一条日志消息，其中包括在这5分钟内被允许或被拒绝的数据包个数。使用log关键字,会使控制台日志提供测试和报警两种功能。系统管理员可以使用日志来观察不同活动下的报文匹配情况,从而可以测试不同访问表的设计情况。当其用于报警时,管理员可以查看显示结果,以定位那些多次尝试活动被拒绝的访问表语句。

可用"no access-list access-list-number"命令删除对应的ACL。该命令用于全局配置模式 Router(config)#下。

命令使用示例:

1) Router(config)#access-list 101 permit tcp any host 198.78.46.8 eq smtp

该命令定义了一个扩展ACL,它允许来自任何主机的TCP数据包到达特定主机198.78.46.8的smtp服务端口(25)。

2) Router(config)#access-list 101 permit tcp any host 198.78.46.8 eq 25

该命令定义了一个扩展ACL,它允许来自任何主机的TCP数据包到达特定主机198.78.46.8的smtp服务端口(25)。

如上两条命令效果是一样的。

3) Router(config)#access-list 101 permit tcp any host 198.78.46.3 eq www

该命令定义了一个扩展ACL,它允许任何来自任何主机的TCP报文到达指定的主机198.78.46.3的WWW或http服务端口(80)。

4) Router(config)#access-list 101 permit tcp any host 198.78.46.8 established

该命令定义了一个扩展ACL,只要数据包的ACK和RST位被设置,该访问表语句就允许来自任何源地址的TCP报文流到指定的主机198.78.46.8。这意味着主机198.78.46.8此前必须已发起TCP会话。

6.3.3 实验目的

(1) 了解扩展ACL技术的工作原理;

(2) 掌握扩展ACL的配置方法;

(3) 掌握对扩展ACL配置的检查与测试;

(4) 能够使用扩展ACL对数据流进行过滤,实现控制访问。

6.3.4 实验环境

在图6.5所示的实验拓扑中,Cisco 3640路由器R1、R2和R3,分别在slot0上插入一块NM-4E的4口10兆以太网卡以接入各自所在的局域网,分别在slot1上插入一块NM-4T的4口广域网卡用于路由器之间互联。交换机采用软件模拟的Ethernet switch以太网交换机。PC1采用Cisco 3640路由器模拟,在slot0上插入一块NM-1FE-TX的1口100兆快速以太网卡以用于与交换机SW1之间互联,提供WWW及Telnet服务。PC2、PC3和PC4采用VPCS模拟。PC5采用真实PC模拟。

通过在路由器R1上配置扩展ACL,对数据流进行过滤,实现控制访问。要求通过适当的实验配置,使得只允许服务器PC1的WWW服务为外网访问,只允许PC5访问服务器PC1的Telnet服务,拒绝PC5所在的网段ping路由器R1。

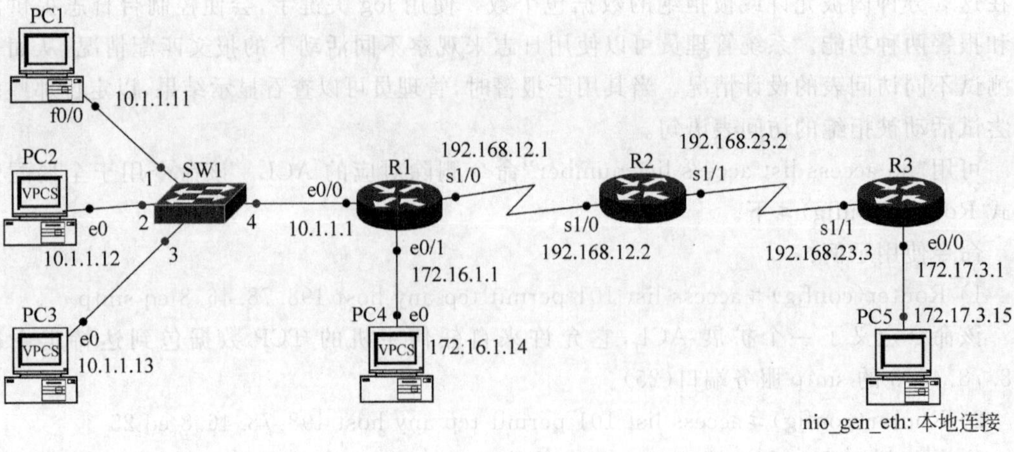

图 6.5 扩展 ACL 实验拓扑

6.3.5 实验步骤

在此实验中需要在 R1 上配置一个访问控制列表：允许基于 TCP 协议的 WWW 的流量从路由器的 s1/0 接口进入到达 PC1 上；只允许 PC5 的 TCP 协议的 Telnet 流量从路由器的 s1/0 接口进入到达 PC1 上；只允许这两个流量应用到接口上，其他的流量没有被允许则默认为禁止。

(1) 路由器 R1、R2 和 R3 的基本配置及路由协议的配置。

```
R1#configure terminal
R1(config)#int ethernet 0/0
R1(config-if)#ip address 10.1.1.1 255.255.255.0
R1(config-if)#no shutdown
R1(config-if)#exit
R1(config)#interface ethernet 0/1
R1(config-if)#ip address 172.16.1.1 255.255.255.0
R1(config-if)#no shutdown
R1(config-if)#exit
R1(config)#interface serial 1/0
R1(config-if)#ip address 192.168.12.1 255.255.255.0
R1(config-if)#clock rate 64000
R1(config-if)#no shutdown
R1(config-if)#exit
R1(config)#
R1(config)#router rip
R1(config-router)#version 2
R1(config-router)#network 192.168.12.0
R1(config-router)#network 10.0.0.0
R1(config-router)#network 172.16.0.0
R1(config-router)#exit
R1(config)#line vty 0 4              !---进入虚拟终端线路配置模式,最多运行 5 个 Telnet 连接
R1(config-line)# password 123456 !---配置 Telnet 时的密码
```

```
R1(config-line)#login                   !--- 配置 Telnet 时启用登录口令检查
R1(config-line)#exit
R1(config)#enable password 654321       !--- 配置 Telnet 时,从用户模式进入特权模式的密码
R1(config)#

R2#configure terminal
R2(config)#interface serial 1/0
R2(config-if)#ip address 192.168.12.2 255.255.255.0
R2(config-if)#no shutdown
R2(config-if)#exit
R2(config)#int serial 1/1
R2(config-if)#ip address 192.168.23.2 255.255.255.0
R2(config-if)#clock rate 64000
R2(config-if)#no shutdown
R2(config-if)#exit
R2(config)#
R2(config)#router rip
R2(config-router)#version 2
R2(config-router)#network 192.168.12.0
R2(config-router)#network 192.168.23.0
R2(config-router)#exit
R2(config)#

R3#configure terminal
R3(config)#int ethernet 0/0
R3(config-if)#ip address 172.17.3.1 255.255.255.0
R3(config-if)#no shutdown
R3(config-if)#exit
R3(config)#interface serial 1/1
R3(config-if)#ip address 192.168.23.3 255.255.255.0
R3(config-if)#no shutdown
R3(config-if)#exit
R3(config)#
R3(config)#router rip
R3(config-router)#version 2
R3(config-router)#network 192.168.23.0
R3(config-router)#network 172.17.0.0
R3(config-router)#exit
R3(config)#
```

(2) 主机 PC1～PC5 的基本配置,并开启 PC1 的远程 Telnet 服务。

```
PC1#configure terminal
PC1(config)#no ip routing
PC1(config)#interface fastEthernet 0/0
PC1(config-if)#ip address 10.1.1.11 255.255.255.0
PC1(config-if)#no shutdown
PC1(config-if)#exit
PC1(config)#ip default-gateway 10.1.1.1
```

```
PC1(config)#ip http server           !--- 开启 http 服务
PC1(config)#line vty 0 4             !--- 进入虚拟终端线路配置模式,最多运行 5 个 Telnet 连接
PC1(config-line)#password 123456 !--- 配置 Telnet 时的密码
PC1(config-line)#login               !--- 配置 Telnet 时启用登录口令检查
PC1(config-line)#exit
PC1(config)#enable password 654321!--- 配置 Telnet 时,从用户模式进入特权模式的密码
PC1(config)#

PC2>ip 10.1.1.12 10.1.1.1 24
Checking for duplicate address...
PC2 : 10.1.1.12 255.255.255.0 gateway 10.1.1.1

PC3>ip 10.1.1.13 10.1.1.1 24
Checking for duplicate address...
PC3 : 10.1.1.13 255.255.255.0 gateway 10.1.1.1

PC4>ip 172.16.1.14 172.16.1.1 24
Checking for duplicate address...
PC4 : 172.16.1.14 255.255.255.0 gateway 172.16.1.1
```

打开真实 PC 的网络连接属性,输入 IP 地址如图 6.6 所示。

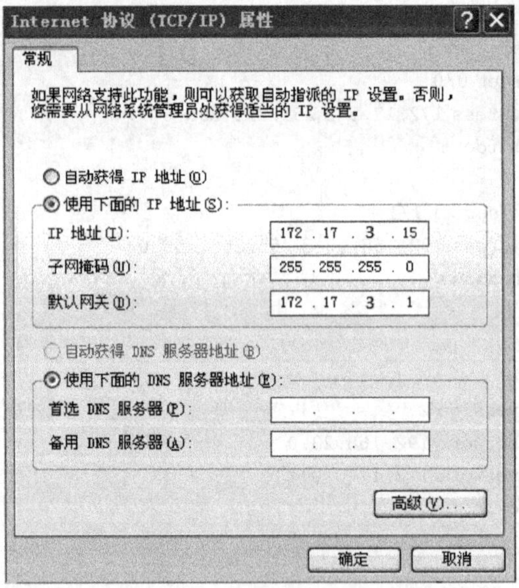

图 6.6 主机 IP 地址配置

在 cmd 文本界面下用 ipconfig 命令可以看到 IP 地址配置信息:

```
C:\Documents and Settings\Administrator>ipconfig

Windows IP Configuration

Ethernet adapter 本地连接 2:
```

```
Connection - specific DNS Suffix :
IP Address. . . . . . . . . . . . : 172.17.3.15
Subnet Mask. . . . . . . . . . . : 255.255.255.0
Default Gateway. . . . . . . . . : 172.17.3.1
```

(3) 在 R1 路由器上配置扩展访问控制列表,实现设计的功能。

【注意】 如果是在上述配置了标准 ACL 实验完成后继续进行扩展 ACL 的配置,则需要先清除标准 ACL 的配置,命令如下:

```
R1#conf t
R1(config)#no access - list 1
R1(config)#no access - list 2
R1(config)#
```

如果是直接从头做起的,则配置完路由器及 PC 的基本配置,使全网络正常后再进行以下扩展访问控制列表的配置。

```
R1(config)#access - list 100 permit tcp any host 10.1.1.11 eq www log
R1(config)#access - list 100 permit tcp host 172.17.3.15 host 10.1.1.11 eq 23 log
R1(config)#interface serial 1/0
R1(config - if)#ip access - group 100 in      !--- 将访问列表 100 应用在 serial 1/0 的进方向
R1(config - if)#exit
R1(config)#
```

【注意】

① 参数 log 会生成相应的日志信息,用来记录经过 ACL 入口的数据包的情况。

② 尽量将扩展 ACL 放在靠近过滤源的位置上,这样创建的过滤器就不会反过来影响其他接口上的数据流。

(4) 实验结果分析。

① 用 show ip access-lists 命令查看 ACL 的配置情况。

```
R1#show ip access - lists            !--- 查看配置的 ACL
Extended IP access list 100          !--- 配置的访问控制列表 100 是扩展 ACL
    10 permit tcp any host 10.1.1.11 eq www log
    20 permit tcp host 172.17.3.15 host 10.1.1.11 eq telnet log
R1#
```

② 在 R3 上测试 ping 和 Telnet PC1。

```
R3#ping 10.1.1.11

Type escape sequence to abort.
Sending 5, 100 - byte ICMP Echos to 10.1.1.11, timeout is 2 seconds:
U.U.U
Success rate is 0 percent (0/5)

R3#telnet 10.1.1.11
```

```
Trying 10.1.1.11 ...
% Destination unreachable; gateway or host down

R3#
```

我们看到，由于R1上只允许外部主机访问PC1的WWW服务，所以在R3上的ping和Telnet操作都是会被禁止的。

③ 在PC5上测试ping PC1。

```
C:\Documents and Settings\Administrator>ping 10.1.1.11

Pinging 10.1.1.11 with 32 bytes of data:

Reply from 202.192.1.1: Destination net unreachable.
Reply from 202.192.1.1: Destination net unreachable.
Reply from 202.192.1.1: Destination net unreachable.
Reply from 202.192.1.1: Destination net unreachable.

Ping statistics for 10.1.1.11:
    Packets: Sent = 4, Received = 4, Lost = 0 (0% loss),
Approximate round trip times in milli-seconds:
    Minimum = 0ms, Maximum = 0ms, Average = 0ms

C:\Documents and Settings\Administrator>
```

我们看到，由于R1进入口上的访问列表只允许了TCP的服务，对于ICMP协议的访问默认是禁止的，所以ping是被禁止的。

④ 在PC5上Telnet PC1。

```
C:\Documents and Settings\Administrator>telnet 10.1.1.11
User Access Verification

Password:
R1>en
Password:
PC1#show run
Building configuration...
version 12.4
hostname PC1
!
enable password 654321
!
!interface FastEthernet0/0
 ip address 10.1.1.11 255.255.255.0
 duplex full
 speed auto
ip http server
line vty 0 4
```

```
password 123456
 login
!end

PC1 # exit
```

失去了跟主机的连接。

在 R1 上我们还可以看到系统生成的日志信息如下：

```
R1(config)#
*Mar 1 00:36:42.627: %SEC-6-IPACCESSLOGP: list 100 permitted tcp 172.17.3.15(1653) ->
10.1.1.11(23), 1 packet
R1(config)#
*Mar 1 00:37:02.127: %SEC-6-IPACCESSLOGP: list 100 permitted tcp 172.17.3.15(1655) ->
10.1.1.11(23), 8 packets
R1(config)#
*Mar 1 00:38:11.633: %SEC-6-IPACCESSLOGP: list 100 permitted tcp 172.17.3.15(1658) ->
10.1.1.11(23), 56 packets
R1(config)#
```

我们看到，由于 R1 路由器只允许 PC5 的 Telnet 流量经过 R1 到达 PC1，所以 PC5 是可以成功登录 PC1 的。

⑤ 在 PC5 上访问 PC1 的 WWW 服务。

在 IE 浏览器地址栏中输入网址 10.1.1.11，在弹出的对话框中输入用户名 user 和密码 654321，就可以成功访问 PC1 的 WWW 服务，登录界面如图 6.7 所示。

我们看到，由于 R1 允许外网访问 PC1 的 WWW 服务，所以 PC5 上可以成功访问 PC1 的 WWW 服务。

⑥ 在 PC5 和 R3 上用 ping 测试访问 R1。

```
C:\Documents and Settings\Administrator>ping 192.168.12.1        !---ping R1 的 s1/0 接口

Pinging 192.168.12.1 with 32 bytes of data:

Reply from 192.168.12.1: Destination net unreachable.
Reply from 192.168.12.1: Destination net unreachable.
Reply from 192.168.12.1: Destination net unreachable.
Reply from 192.168.12.1: Destination net unreachable.

Ping statistics for 192.168.12.1:
    Packets: Sent = 4, Received = 4, Lost = 0 (0% loss),
Approximate round trip times in milli-seconds:
    Minimum = 0ms, Maximum = 0ms, Average = 0ms

C:\Documents and Settings\Administrator>ping 10.1.1.1            !---ping R1 的 e0/0 接口

Pinging 10.1.1.1 with 32 bytes of data:
```

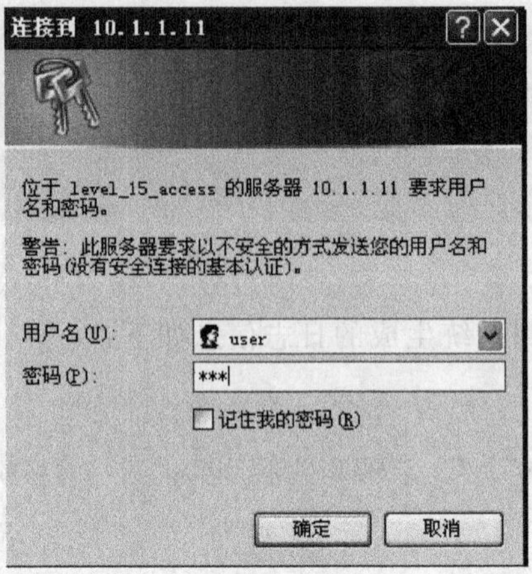

(a) 登录界面

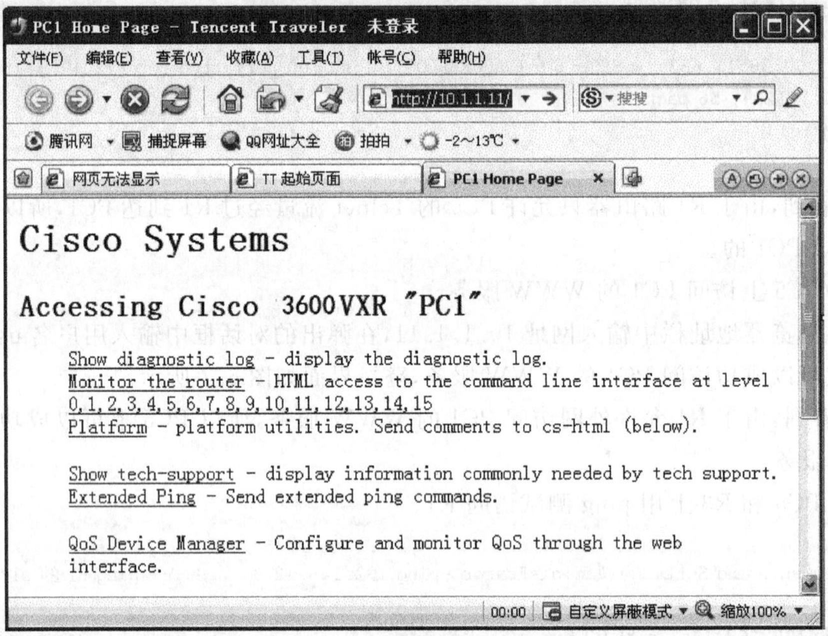

(b) 成功访问

图 6.7 访问 PC1 的 WWW 服务

```
Reply from 10.1.1.1: Destination net unreachable.
Reply from 10.1.1.1: Destination net unreachable.
Reply from 10.1.1.1: Destination net unreachable.
Reply from 10.1.1.1: Destination net unreachable.

Ping statistics for 10.1.1.1:
    Packets: Sent = 4, Received = 4, Lost = 0 (0% loss),
Approximate round trip times in milli-seconds:
    Minimum = 0ms, Maximum = 0ms, Average = 0ms
```

```
C:\Documents and Settings\Administrator>

R3#ping 192.168.12.1            !---ping R1 的 s1/0 接口
Type escape sequence to abort.
Sending 5, 100-byte ICMP Echos to 192.168.12.1, timeout is 2 seconds:
U.U.U
Success rate is 0 percent (0/5)

R3#ping 10.1.1.1                !---ping R1 的 e0/0 接口
Type escape sequence to abort.
Sending 5, 100-byte ICMP Echos to 10.1.1.1, timeout is 2 seconds:
U.U.U
Success rate is 0 percent (0/5)
R3#
```

我们看到，由于只允许 PC5 访问 PC1 的 Telnet 服务，其他没有被允许的都是默认禁止的，所以在 PC5 和 R3 上用 ping 测试访问 R1 都不成功。

6.3.6 扩展实验

使用上述图 6.5"扩展 ACL 实验拓扑"的实验环境。完成如下配置：

(1) 配置扩展 ACL，使得 PC1～PC3 所在的内网只能访问外网的 Telnet 服务。在 PC1 上 telnet 路由器 R3，给出结果；在 PC1～PC3 上 ping 任意外网的 IP 地址，给出结果。

(2) 在 R1 上配置扩展 ACL，使得 PC1 不响应外网的 ping 命令。注：ping 命令响应采用的协议为 icmp，而 icmp-type 为 echo-reply。

第7章 NAT

本章学习目标

- 掌握 NAT(网络地址转换)的相关概念、分类、作用和工作原理;
- 掌握 NAT 配置方法;
- 掌握对 NAT 地址转换情况的查看;
- 能够使用 NAT 实现内网访问 Internet。

本章首先向读者介绍 NAT 技术的作用、相关术语、工作原理和类型,接着分别介绍 4 种 NAT 类型的配置方法,让读者能够自行使用 NAT 技术为内网中的主机分配全局 IP 地址,实现内网访问 Internet。

7.1 NAT 概述

Internet 技术的快速发展,使越来越多的用户加入到 Internet 中。目前,IP 地址匮乏已成为一个十分突出的问题。NAT 技术是解决 IP 地址匮乏的重要手段之一。

网络地址转换(Network Address Translation,NAT)是指将网络地址从一个地址空间转换为另一个地址空间的行为,它允许内部主机在公网 IP 地址(即经过申请注册的 IP 地址)匮乏的情况下可以访问外部 Internet 网络。当内部的主机要与外部 Internet 网络进行通讯时,具有 NAT 功能的设备(例如路由器)负责将其内部的 IP 地址转换为公网的 IP 地址进行通信,反之亦然。有了 NAT 地址转换,我们可以将 A 类、B 类、C 类地址提供的私有 IP 地址用于内部网络,这样我们只需要申请较少的公网 IP 地址,同时,NAT 也可以应用到防火墙技术中,把个别 IP 地址隐藏起来不被外界发现,对内部网络设备起到保护的作用。

1. NAT 术语

(1) 内部网络:通常是指一个边缘局域网,使用内部网络 IP,尽管它也可以是注册的公网 IP 地址,但更多的是非注册的私有 IP 地址。使用私有 IP 地址的所有主机必须使用 NAT 转换后再与 Internet 进行通信;在内部网络中使用公网 IP 地址的主机,也是需要经过 NAT 转换后才能对 Internet 进行访问的。所以,内部网络的 IP 地址都必须经过路由器的 NAT 转换才能访问外部网络。

把 NAT 路由器上连接内部网络的接口,称之为"内部接口"(Inside Interface)。

(2) 外部网络:是除本地私有网络以外的所有其他网络,通常是指 Internet。当然,外部网络也可以是其他私有网络,如两个局域网通过路由器相连的情况。所以外部网络上的用户使用 IP 地址同样既可以是注册的,也可以是非注册的。

把 NAT 路由器上连接外部网络的接口,称之为"外部接口"(Outside Interface)。

(3) 内部本地地址：是指分配给内部网络主机的 IP 地址,通常是指专用网络使用的非注册的私有 IP 地址,也即 RFC1918 地址,如表 7.1 所示。

表 7.1　RFC1918 私有地址

IP 地址类别	保留地址范围
A	10.0.0.0～10.255.255.255
B	172.16.0.0～172.31.255.255
C	192.168.0.0～192.168.255.255

(4) 内部全局地址：是内部网络主机对外部网络用户呈现的外部网络 IP 地址,是内部主机访问外部网络的公网 IP 地址。通常它是由网络提供商分配得到的公网 IP 地址,可以在网络上被路由,并且是全球唯一的。

(5) 外部本地地址：是外部网络主机对内部网络用户中呈现的内部网络 IP 地址。

(6) 外部全局地址：是分配给外部网络主机的公网 IP 地址,在外部网络全局可以路由的。

【注意】 当用 Cisco IOS 配置 NAT 时,必须能够区分内部和外部地址,一个地址是内部地址还是外部地址取决于我们的视点。

2. NAT 技术的基本原理

在私有网络中的主机是使用内部本地地址进行通信的。在内部网络中的主机需要与外部网络进行频繁通信时,就需要为它们配置内部全局地址。总体来说,NAT 进行地址转换的过程就是本地地址与全局地址之间的转换过程,无论数据包是从内部网络发往外部网络,还是从外部网络发往内部网络。NAT 的工作原理如图 7.1 所示。NAT 路由器(R1)被置于内部网络和 Internet 的边界上,并且在数据包发送到外部网络之前将数据包的源地址转换为 Internet 上的公网地址。当多个内部主机共享一个合法的 Internet 上的 IP 地址时,地址转换是通过端口多路复用即改变外出数据包的源端口并进行端口映射来完成的。

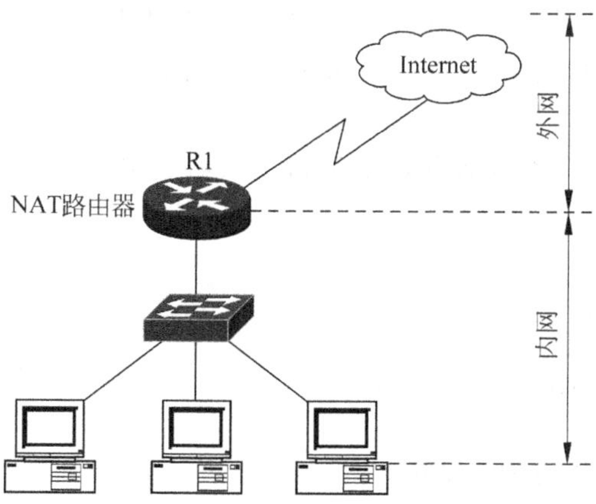

图 7.1　NAT 的工作原理

NAT 功能通常被集成到路由器、防火墙或者单独的 NAT 设备中。NAT 设备维护一个状态表,用来把私有 IP 地址映射到公网 IP 地址上去。

3. NAT 类型

在 Cisco NAT 路由器中可以配置多种形式的 NAT 地址转换，主要有：静态 NAT、动态 NAT、静态端口地址转换和动态端口地址转换。本章下面几节将具体地介绍这几种 Cisco NAT 类型。

7.2 静态 NAT

7.2.1 理论知识与实验原理

静态 NAT 是一种比较简单和容易的 NAT 地址转换，内部网络中的每台主机都被永久映射成外部网络中的某个合法的地址。静态地址转换将内部本地地址与内部全局地址进行一对一的转换，且需要指定和哪个全局地址进行转换。如果内部网络有 E-mail 服务器或 FTP 服务器等可以为外部用户提供的服务，这些服务器的 IP 地址必须采用静态地址转换，以便外部用户可以使用这些服务。

7.2.2 相关命令讲解

1. ip nat inside source static local-ip global-ip

命令用于创建从内部网络到外部网络的静态 NAT IP 地址转换。也就是定义内部本地地址和内部全局地址，使它们之间形成一一对应的映射关系。其中的 local-ip 参数用来指定允许访问外部网络的内部网络主机的内部本地地址，global-ip 参数用来指定参数映射的内部全局地址。可用 no ip nat inside source static local-ip global-ip 命令删除对应的地址映射。该命令用于全局配置模式 Router(config)＃下。

命令使用示例：

```
Router(config)＃ip nat inside source static 10.10.10.1 171.16.68.5
```

该命令在内部本地地址 10.10.10.1 与内部全局地址 171.16.68.5 之间建立静态 NAT 转换关系，使内部网络主机知道要以 171.16.68.5 这个地址到达外部网络主机。

2. ip nat inside

命令用于指定与内部网络相连的内部端口。该命令用于端口配置模式 Router(config-if)＃下。

命令使用示例：

```
Router(config)＃interface e0/0
Router(config-if)＃ip nat inside
```

该命令将 e0/0 接口指定为内部端口。

3. ip nat outside

命令用于指定与外部网络相连的外部端口。该命令用于接口配置模式 Router(config-if)＃下。

命令使用示例：

```
Router(config)#interface e0/1
Router(config-if)#ip nat outside
```

该命令将 e0/1 接口指定为外部端口。

4. show ip nat statistcs

命令用于验证所进行的路由器 NAT 配置。该命令用于特权模式 Router#下。

命令使用示例：

```
Router#show ip nat statistcs
```

该命令显示当前路由器 NAT 配置。

5. show ip nat translations

命令用于查看 NAT 路由器的 NAT 表项。该命令用于特权模式 Router#下。

命令使用示例：

```
Router#show ip nat translations
```

该命令查看 NAT 条目。

6. debug ip packet

命令用于打开 IP 报文调试开关，查看接收或发送的 IP 数据包的内容。可用 no debug ip packet 命令关闭 IP 报文调试开关。该命令用于特权模式 Router#下。

命令使用示例：

```
Router#debug ip packet
```

该命令开启 IP 报文调试开关。

7. debug ip nat

命令用于打开 NAT 调试，查看 NAT 转换的过程。可用 no debug ip nat 命令关闭 NAT 调试。该命令用于特权模式 Router#下。

命令使用示例：

```
Router#debug ip nat
```

该命令开启 NAT 调试。

7.2.3 实验目的

(1) 了解静态 NAT 技术的工作原理；

(2) 掌握静态 NAT 的配置方法；

(3) 掌握对静态 NAT 地址转换情况的查看；

(4) 能够使用静态 NAT 实现内网访问 Internet。

7.2.4 实验环境

在图 7.2 所示的实验拓扑中，Cisco 3640 路由器 R1、R2 和 R3，分别在 slot0 上插入一块 NM-4E 的 4 口 10 兆以太网卡以接入各自所在的局域网，分别在 slot1 上插入一块 NM-4T 的 4 口广域网卡用于路由器之间互联。交换机采用软件模拟的 Ethernet switch 以太网交换机。三台 PC 采用 Cisco 3640 路由器模拟，分别在 slot0 上插入一块 NM-4E 的 4 口 10 兆以太网卡以接入各自所在的局域网。

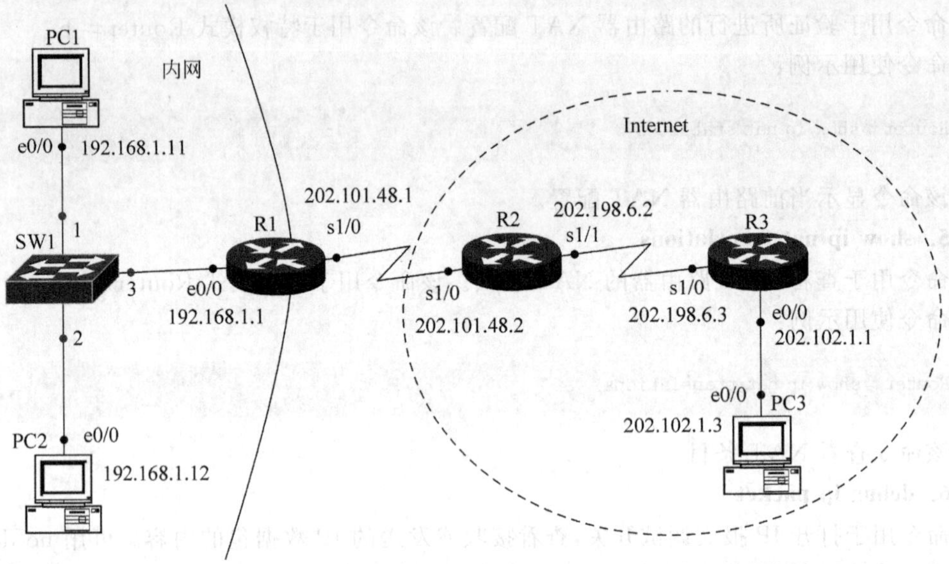

图 7.2　静态 NAT 实验拓扑

通过在 NAT 路由器 R1 上配置静态 NAT，使得内网主机 PC1 在经过 R1 访问外网时转换为唯一的公网 IP 地址。要求通过适当的实验配置，使得具有内网本地地址的 PC1 主机通过 NAT 转换可以与外网通信，且访问外网时内部本地地址转换为特定的内部全局地址，而且通过这个转换后，外网主机通过映射的合法地址可以访问 PC1 主机提供的各种服务；具有内网本地地址的 PC2 没有在 R1 上配置地址转换，所以 PC2 只能与内网的 PC1 通信，而不能与外网通信。

7.2.5　实验步骤

(1) 路由器 R1、R2 和 R3 的基本配置及路由协议的配置。

```
R1#configure terminal
R1(config)#int e0/0
R1(config-if)#ip address 192.168.1.1 255.255.255.0
R1(config-if)#no shutdown
R1(config-if)#exit
R1(config)#int s1/0
R1(config-if)#ip address 202.101.48.1 255.255.255.0
R1(config-if)#no shutdown
R1(config-if)#exit
R1(config)#router rip
R1(config-router)#version 2
R1(config-router)#network 202.101.48.0
R1(config-router)#exit
```

```
R2#configure terminal
R2(config)#int s1/0
R2(config-if)#ip address 202.101.48.2 255.255.255.0
R2(config-if)#no shutdown
R2(config-if)#exit
R2(config)#int s1/1
R2(config-if)#ip address 202.198.6.2 255.255.255.0
R2(config-if)#no shutdown
R2(config-if)#exit
R2(config)#router rip
R2(config-router)#version 2
R2(config-router)#network 202.101.48.0
R2(config-router)#network 202.198.6.0
R2(config-router)#exit

R3#configure terminal
R3(config)#int e0/0
R3(config-if)#ip address 202.102.1.1 255.255.255.0
R3(config-if)#no shutdown
R3(config-if)#exit
R3(config)#int s1/0
R3(config-if)#ip address 202.198.6.3 255.255.255.0
R3(config-if)#no shutdown
R3(config-if)#exit
R3(config)#router rip
R3(config-router)#version 2
R3(config-router)#network 202.198.6.0
R3(config-router)#network 202.102.1.0
R3(config-router)#exit
```

（2）主机 PC1、PC2 和 PC3 的基本配置。

```
PC1#configure terminal
PC1(config)#no ip routing
PC1(config)#int e0/0
PC1(config-if)#ip address 192.168.1.11 255.255.255.0
PC1(config-if)#no shutdown
PC1(config-if)#exit
PC1(config)#ip default-gateway 192.168.1.1
PC1(config)#ip http server
PC1(config)#line vty 0 4
PC1(config-line)#password 123456
PC1(config-line)#login
PC1(config-line)#exit
PC1(config)#enable password 654321
PC1(config)#exit

PC2#configure terminal
PC2(config)#no ip routing
```

```
PC2(config)#int e0/0
PC2(config-if)#ip address 192.168.1.12 255.255.255.0
PC2(config-if)#no shutdown
PC2(config-if)#exit
PC2(config)#ip default-gateway 192.168.1.1
PC2(config)#exit

PC3#configure terminal
PC3(config)#no ip routing
PC3(config)#int e0/0
PC3(config-if)#ip address 202.102.1.3 255.255.255.0
PC3(config-if)#no shutdown
PC3(config-if)#exit
PC3(config)#ip default-gateway 202.102.1.1
PC3(config)#exit
PC3#debug ip packet                    !---开启 debug ip packet 调试
IP packet debugging is on
```

(3) 在路由器 R1 上配置静态 NAT,实现设计的功能。

```
R1(config)#ip nat inside source static 192.168.1.11 202.101.48.111
!---配置静态地址转换,使得主机 PC1 和 202.101.48.111 映射,可以与外网通信
R1(config)#interface e0/0
R1(config-if)#ip nat inside                !---指定 e0/0 为内部端口
R1(config-if)#exit
R1(config)#interface s1/0
R1(config-if)#ip nat outside               !---指定 serial 1/0 为外部端口
R1(config-if)#end
R1#debug ip nat                            !---开启 NAT 调试
IP NAT debugging is on
```

(4) 实验结果分析。

① 在路由器 R1 上用 show ip nat translations 命令查看路由器 NAT 地址转换条目,用 show ip nat statistics 命令查看路由器 NAT 配置。

```
R1#show ip nat translations                !---查看 NAT 地址转换条目
Pro Inside global      Inside local      Outside local      Outside global
--- 202.101.48.111     192.168.1.11      ---                ---
!--注意:-静态映射一直存在于 NAT 表中,直到被管理员取消

R1#show ip nat statistics                  !---查看 NAT 配置
Total active translations: 1 (1 static, 0 dynamic; 0 extended)
Outside interfaces:
  Serial1/0
Inside interfaces:
  Ethernet0/0
Hits: 0 Misses: 0
CEF Translated packets: 0, CEF Punted packets: 0
Expired translations: 0
Dynamic mappings:
Queued Packets: 0
```

② 测试 PC2 与内网主机 PC1 的通信；测试 PC2 与外网主机 PC3 的通信。

```
PC2#ping 192.168.1.11                 !--- 测试与内网主机 PC1 的通信
Type escape sequence to abort.
Sending 5, 100-byte ICMP Echos to 192.168.1.11, timeout is 2 seconds:
!!!!!
Success rate is 100 percent (5/5), round-trip min/avg/max = 8/28/48 ms
PC2#

PC2#ping 202.102.1.3                  !--- 测试与外网主机 PC3 的通信
Type escape sequence to abort.
Sending 5, 100-byte ICMP Echos to 202.102.1.3, timeout is 2 seconds:
.....
Success rate is 0 percent (0/5)
PC2#
```

由于 PC2 没有在 R1 上进行外网的静态地址转换，所以 PC2 在内部网络可以与任何的内网主机进行通信，但不能够经过 R1 与外部网络进行通信。

③ 测试 PC1 与外网主机 PC3 的通信。

```
PC1#ping 202.102.1.3
Type escape sequence to abort.
Sending 5, 100-byte ICMP Echos to 202.102.1.3, timeout is 2 seconds:
!!!!!
Success rate is 100 percent (5/5), round-trip min/avg/max = 12/40/68 ms
PC1#

!--- 路由器 R1 上显示的调试信息：(在路由器 R1 上开启 debug ip nat)
R1#
*Mar 1 00:47:41.991: NAT*: s=192.168.1.11->202.101.48.111, d=202.102.1.3 [40]
*Mar 1 00:47:42.015: NAT*: s=202.102.1.3, d=202.101.48.111->192.168.1.11 [40]
*Mar 1 00:47:42.039: NAT*: s=192.168.1.11->202.101.48.111, d=202.102.1.3 [41]
*Mar 1 00:47:42.043: NAT*: s=202.102.1.3, d=202.101.48.111->192.168.1.11 [41]
*Mar 1 00:47:42.063: NAT*: s=192.168.1.11->202.101.48.111, d=202.102.1.3 [42]
*Mar 1 00:47:42.131: NAT*: s=202.102.1.3, d=202.101.48.111->192.168.1.11 [42]
*Mar 1 00:47:42.139: NAT*: s=192.168.1.11->202.101.48.111, d=202.102.1.3 [43]
*Mar 1 00:47:42.143: NAT*: s=202.102.1.3, d=202.101.48.111->192.168.1.11 [43]
R1#
*Mar 1 00:47:42.159: NAT*: s=192.168.1.11->202.101.48.111, d=202.102.1.3 [44]
*Mar 1 00:47:42.211: NAT*: s=202.102.1.3, d=202.101.48.111->192.168.1.11 [44]

!--- PC3 上显示的调试信息：(在 PC3 上开启 debug ip packet)
PC3#
*Mar 1 01:03:52.679: IP: s=202.101.48.111 (Ethernet0/0), d=202.102.1.3, len 100, rcvd 1
*Mar 1 01:03:52.683: IP: tableid=0, s=202.102.1.3 (local), d=202.101.48.111 (Ethernet0/
0), routed via RIB
*Mar 1 01:03:52.683: IP: s=202.102.1.3 (local), d=202.101.48.111 (Ethernet0/0), len 100,
sending
*Mar 1 01:03:52.711: IP: s=202.101.48.111 (Ethernet0/0), d=202.102.1.3, len 100, rcvd 1
```

```
*Mar 1 01:03:52.715: IP: tableid=0, s=202.102.1.3 (local), d=202.101.48.111 (Ethernet0/
0), routed via RIB
*Mar 1 01:03:52.715: IP: s=202.102.1.3 (local), d=202.101.48.111 (Ethernet0/0), len 100,
sending
*Mar 1 01:03:52.767: IP: s=202.101.48.111 (Ethernet0/0), d=202.102.1.3, len 100, rcvd 1
*Mar 1 01:03:52.771: IP: tableid=0, s=202.102.1.3 (local), d=202.101.48.111 (Ethernet0/
0), routed via RIB
*Mar 1 01:03:52.771: IP: s=202.102.1.3 (local), d=202.101.48.111 (Ethernet0/0), len 100,
sending
*Mar 1 01:03:52.783: IP: s=202.101.48.111 (Ethernet0/0), d=202.102.1.3, len 100, rcvd 1
*Mar 1 01:03:52
PC3#.787: IP: tableid=0, s=202.102.1.3 (local), d=202.101.48.111 (Ethernet0/0), routed
via RIB
*Mar 1 01:03:52.787: IP: s=202.102.1.3 (local), d=202.101.48.111 (Ethernet0/0), len 100,
sending
*Mar 1 01:03:52.799: IP: s=202.101.48.111 (Ethernet0/0), d=202.102.1.3, len 100, rcvd 1
*Mar 1 01:03:52.803: IP: tableid=0, s=202.102.1.3 (local), d=202.101.48.111 (Ethernet0/
0), routed via RIB
*Mar 1 01:03:52.803: IP: s=202.102.1.3 (local), d=202.101.48.111 (Ethernet0/0), len 100,
sending
```

我们看到,PC1 与外网通信时都有通过 R1 进行地址转换,通过合法的 IP 地址建立通信关系。NAT 的转换过程中,首先把内部本地地址 192.168.1.11 转换为内部全局地址 202.101.48.111,访问地址 202.102.1.3,然后返回的时候把内部全局地址 202.101.48.111 转换为内部本地地址 192.168.1.11。

④ 测试从 PC3 远程登录 PC1 的内部全局地址 202.101.48.111。

```
PC3#no debug ip packet
PC3#telnet 202.101.48.111 !---访问内网 PC1 提供的 Telnet 服务
Trying 202.101.48.111 ... Open
User Access Verification
Password:
PC1>en
Password:
PC1#
```

当外部主机通过访问 202.101.48.111 的 Telnet 服务时,路由器 R1 会根据地址映射关系将外网主机的请求信息转发给内网主机 192.168.1.11,实现外网对内网 PC1 提供的 Telnet 服务的访问。

7.3 动态 NAT

7.3.1 理论知识与实验原理

动态 NAT 是在外部网络中定义一系列的合法地址,采用动态分配的方法映射到内部网络。动态 NAT 也是将内部本地地址与内部全局地址一对一地进行转换,但是它是从内部全局地址池中动态地选择一个未使用的地址对内部本地地址进行转换，而动态映射到哪个合法地址是不定的，要看地址池的情况，它是一种临时租用关系。当内网主机比较多而合法的主机地址又有限的时候，就可以利用动态 NAT 进行地址转换。

7.3.2 相关命令讲解

1. ip nat pool name start-ip end-ip {netmask netmask | prefix-length prefix-length}

命令用来为动态 NAT 配置转换地址池。其中的 name 参数用来指定地址池的名称，地址池名称可以任意设定；start-ip 参数用来指定在地址池中定义地址范围的起始 IP 地址；end-ip 参数用来指定在地址池中定义地址范围的结束 IP 地址；netmask netmask 参数用来指定地址池中的地址的子网掩码，二选一选项；prefix-length prefix-length 参数用来指定地址池中的地址的地址前缀长度，二选一选项。可用 no ip nat pool name 命令删除对应配置的 NAT 地址池。该命令用于全局配置模式 Router(config)# 下。

命令使用示例：

1) Router(config)# ip nat pool nat-pool 202.101.48.111 202.101.48.115 netmask 255.255.255.0

该命令定义了一个名为 nat-pool，起始地址为 202.101.48.111，终止地址为 202.101.48.115，子网掩码为 255.255.255.0 的内部全局地址范围。

2) Router(config)# ip nat pool nat-pool 202.101.48.111 202.101.48.115 prefix-length 24

该命令定义了一个名为 nat-pool，起始地址为 202.101.48.111，终止地址为 202.101.48.115，前缀长度为 24(相当于子网掩码为 255.255.255.0)的内部全局地址范围。

如上两条命令效果是一样的。

2. ip nat inside source { list {access-list-number | name} pool name}

命令用于配置动态 NAT 转换条目，即将由 access-list 指定的内部本地地址与指定的内部全局地址池进行地址转换。其中的 list access-list-number 参数用来指定标准 IP ACL 表号，如果数据包含在该 ACL 所定义范围内的源地址，则它就被动态地用所指定地址池中的内部全局地址进行转换；list name 参数用来指定标准 IP ACL 名称，如果数据包含在该 ACL 所定义范围内的源地址，则它就被动态地用所指定地址池中的内部全局地址进行转换；pool name 参数用来指定要被动态分配的内部全局地址池的名称。可用 no ip nat inside source { list {access-list-number | name} pool name}命令删除对应配置的 NAT 地址转换条目。该命令用于全局配置模式 Router(config)# 下。

命令使用示例：

```
Router(config)# ip nat inside source list 1 pool nat - pool
```

该命令配置动态地址转换，指定在内部地址转换中使用创建的标准 ACL 1，使用的全局地址池为 nat-pool。

3. clear ip nat translation *

命令用于清除 NAT 转换表里的所有动态地址转换条目。该命令用于特权模式 Router# 下。

命令使用示例：

```
Router# clear ip nat translation *
```

该命令清除 NAT 转换表里的所有动态地址转换条目。

7.3.3 实验目的

(1) 了解动态 NAT 技术的工作原理；

(2) 掌握动态 NAT 的配置方法；

(3) 掌握对动态 NAT 地址转换情况的查看；

(4) 能够使用动态 NAT 实现内网访问 Internet。

7.3.4 实验环境

在图 7.3 所示的实验拓扑中，Cisco 3640 路由器 R1、R2 和 R3，分别在 slot0 上插入一块 NM-4E 的 4 口 10 兆以太网卡以接入各自所在的局域网，分别在 slot1 上插入一块 NM-4T 的 4 口广域网卡用于路由器之间互联。交换机采用软件模拟的 Ethernet switch 以太网交换机。三台 PC 采用 Cisco 3640 路由器模拟，分别在 slot0 上插入一块 NM-4E 的 4 口 10 兆以太网卡以接入各自所在的局域网。

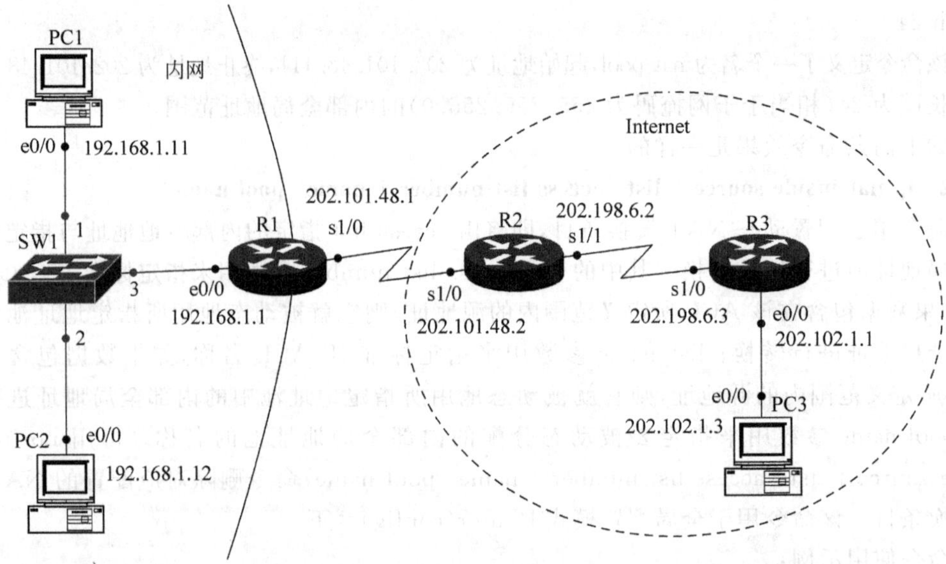

图 7.3 动态 NAT 实验拓扑

通过在 NAT 路由器 R1 上配置 NAT 地址池、访问控制列表和动态 NAT 转换条目，使得内网主机在经过 R1 访问外网时转换为唯一的内部全局 IP 地址。要求通过适当的实验配置，使得内部网络主机在通过 e0/0 到达路由器 R1 要与外网通信时，路由器 R1 会根据访问控制列表定义的内部地址范围，在地址池中地址足够的情况下，通过动态 NAT 为符合要求的每台内网主机建立内部本地 IP 地址与 NAT 地址池中的内部全局 IP 地址的映射转换，并通过这个内部全局 IP 地址实现与外网的通信。

7.3.5 实验步骤

(1) 路由器 R1、R2 和 R3 的基本配置及路由协议的配置。

```
R1#configure terminal
R1(config)#int e0/0
R1(config-if)#ip address 192.168.1.1 255.255.255.0
R1(config-if)#no shutdown
R1(config-if)#exit
R1(config)#int s1/0
R1(config-if)#ip address 202.101.48.1 255.255.255.0
R1(config-if)#no shutdown
R1(config-if)#exit
R1(config)#router rip
R1(config-router)#version 2
R1(config-router)#network 202.101.48.0
R1(config-router)#exit

R2#configure terminal
R2(config)#int s1/0
R2(config-if)#ip address 202.101.48.2 255.255.255.0
R2(config-if)#no shutdown
R2(config-if)#exit
R2(config)#int s1/1
R2(config-if)#ip address 202.198.6.2 255.255.255.0
R2(config-if)#no shutdown
R2(config-if)#exit
R2(config)#router rip
R2(config-router)#version 2
R2(config-router)#network 202.101.48.0
R2(config-router)#network 202.198.6.0
R2(config-router)#exit

R3#configure terminal
R3(config)#int e0/0
R3(config-if)#ip address 202.102.1.1 255.255.255.0
R3(config-if)#no shutdown
R3(config-if)#exit
R3(config)#int s1/0
R3(config-if)#ip address 202.198.6.3 255.255.255.0
R3(config-if)#no shutdown
R3(config-if)#exit
R3(config)#router rip
R3(config-router)#version 2
R3(config-router)#network 202.198.6.0
R3(config-router)#network 202.102.1.0
R3(config-router)#exit
```

(2) 主机 PC1、PC2 和 PC3 的基本配置。

```
PC1#configure terminal
PC1(config)#no ip routing
PC1(config)#int e0/0
PC1(config-if)#ip address 192.168.1.11 255.255.255.0
PC1(config-if)#no shutdown
PC1(config-if)#exit
PC1(config)#ip default-gateway 192.168.1.1
PC1(config)#ip http server
PC1(config)#line vty 0 4
PC1(config-line)#password 123456
PC1(config-line)#login
PC1(config-line)#exit
PC1(config)#enable password 654321
PC1(config)#exit

PC2#configure terminal
PC2(config)#no ip routing
PC2(config)#int e0/0
PC2(config-if)#ip address 192.168.1.12 255.255.255.0
PC2(config-if)#no shutdown
PC2(config-if)#exit
PC2(config)#ip default-gateway 192.168.1.1
PC2(config)#exit

PC3#configure terminal
PC3(config)#no ip routing
PC3(config)#int e0/0
PC3(config-if)#ip address 202.102.1.3 255.255.255.0
PC3(config-if)#no shutdown
PC3(config-if)#exit
PC3(config)#ip default-gateway 202.102.1.1
PC3(config)#exit
PC3#debug ip packet          !--- 开启 debug ip packet 调试
IP packet debugging is on
```

(3) 在路由器 R1 上配置动态 NAT,实现设计的功能。

【注意】 如果是在上述配置了静态 NAT 实验完成后,继续进行动态 NAT 的配置,则需要先清除静态 NAT 的配置,命令如下:

```
R1#conf t
R1(config)#no ip nat inside source static 192.168.1.11 202.101.48.111
R1(config)#
```

如果是直接从头做起的,则配置完路由器及 PC 的基本配置,使全网络正常后再进行以下动态 NAT 的配置:

```
R1(config)# ip nat pool nat-pool 202.101.48.113 202.101.48.115 prefix-length 24
!--- 配置动态 NAT 转换地址池,地址范围 202.101.48.113 ~ 202.101.48.115
R1(config)# access-list 1 permit 192.168.1.0 0.0.0.255
!--- 配置允许动态映射的内部主机 IP 地址的范围
R1(config)# ip nat inside source list 1 pool nat-pool   !--- 配置动态 NAT 映射
R1(config)#  interface e0/0
R1(config-if)# ip nat inside
R1(config-if)# exit
R1(config)#  interface s1/0
R1(config-if)# ip nat outside
R1(config-if)# end
R1# debug ip nat                                       !--- 开启 debug ip nat 调试
IP NAT debugging is on
```

(4) 实验结果分析。

① 测试 PC1 与外网主机 PC3 的通信。

```
PC1# ping 202.102.1.3
Type escape sequence to abort.
Sending 5, 100-byte ICMP Echos to 202.102.1.3, timeout is 2 seconds:
!!!!!
Success rate is 100 percent (5/5), round-trip min/avg/max = 16/52/108 ms
PC1#

!--- 路由器 R1 上显示的调试信息(在路由器上开启 debug ip nat)
R1#
*Mar 1 00:41:30.943: NAT*: s=192.168.1.11->202.101.48.113, d=202.102.1.3 [10]
*Mar 1 00:41:30.975: NAT*: s=202.102.1.3, d=202.101.48.113->192.168.1.11 [10]
*Mar 1 00:41:31.007: NAT*: s=192.168.1.11->202.101.48.113, d=202.102.1.3 [11]
*Mar 1 00:41:31.015: NAT*: s=202.102.1.3, d=202.101.48.113->192.168.1.11 [11]
*Mar 1 00:41:31.027: NAT*: s=192.168.1.11->202.101.48.113, d=202.102.1.3 [12]
*Mar 1 00:41:31.035: NAT*: s=202.102.1.3, d=202.101.48.113->192.168.1.11 [12]
*Mar 1 00:41:31.043: NAT*: s=192.168.1.11->202.101.48.113, d=202.102.1.3 [13]
*Mar 1 00:41:31.047: NAT*: s=202.102.1.3, d=202.101.48.113->192.168.1.11 [13]
R1#
*Mar 1 00:41:31.059: NAT*: s=192.168.1.11->202.101.48.113, d=202.102.1.3 [14]
*Mar 1 00:41:31.063: NAT*: s=202.102.1.3, d=202.101.48.113->192.168.1.11 [14]

!--- PC3 上显示的调试信息:(在 PC3 上开启 debug ip packet)
*Mar 1 00:41:29.875: IP: s=202.101.48.113 (Ethernet0/0), d=202.102.1.3, len 100, rcvd 1
*Mar 1 00:41:29.879: IP: tableid=0, s=202.102.1.3 (local), d=202.101.48.113 (Ethernet0/
0), routed via RIB
*Mar 1 00:41:29.879: IP: s=202.102.1.3 (local), d=202.101.48.113 (Ethernet0/0), len 100,
sending
*Mar 1 00:41:29.903: IP: s=202.101.48.113 (Ethernet0/0), d=202.102.1.3, len 100, rcvd 1
*Mar 1 00:41:29.907: IP: tableid=0, s=202.102.1.3 (local), d=202.101.48.113 (Ethernet0/
0), routed via RIB
*Mar 1 00:41:29.907: IP: s=202.102.1.3 (local), d=202.101.48.113 (Ethernet0/0), len 100,
sending
```

```
*Mar 1 00:41:29.927: IP: s=202.101.48.113 (Ethernet0/0), d=202.102.1.3, len 100, rcvd 1
*Mar 1 00:41:29.931: IP: tableid=0, s=202.102.1.3 (local), d=202.101.48.113 (Ethernet0/
0), routed via RIB
*Mar 1 00:41:29.931: IP: s=202.102.1.3 (local), d=202.101.48.113 (Ethernet0/0), len 100,
sending
*Mar 1 00:41:29.943: IP: s=202.101.48.113 (Ethernet0/0), d=202.102.1.3, len 100, rcvd 1
*Mar 1 00:41:29
PC3#.947: IP: tableid=0, s=202.102.1.3 (local), d=202.101.48.113 (Ethernet0/0), routed
via RIB
*Mar 1 00:41:29.947: IP: s=202.102.1.3 (local), d=202.101.48.113 (Ethernet0/0), len 100,
sending
*Mar 1 00:41:29.959: IP: s=202.101.48.113 (Ethernet0/0), d=202.102.1.3, len 100, rcvd 1
*Mar 1 00:41:29.963: IP: tableid=0, s=202.102.1.3 (local), d=202.101.48.113 (Ethernet0/
0), routed via RIB
*Mar 1 00:41:29.963: IP: s=202.102.1.3 (local), d=202.101.48.113 (Ethernet0/0), len 100,
sending
```

我们看到,PC1 与外网通信时都有通过 R1 进行地址转换,通过合法的 IP 地址建立通信关系。NAT 的转换过程中,首先把内部本地地址 192.168.1.11 转换为内部全局地址 202.101.48.113,访问地址 202.102.1.3,然后返回的时候把内部全局地址 202.101.48.111 再转换为内部本地地址 192.168.1.11。

② 测试 PC2 与外网主机 PC3 的通信。

```
PC2#ping 202.102.1.3
Type escape sequence to abort.
Sending 5, 100-byte ICMP Echos to 202.102.1.3, timeout is 2 seconds:
!!!!!
Success rate is 100 percent (5/5), round-trip min/avg/max = 24/259/1152 ms
PC2#

!---路由器 R1 上显示的调试信息
R1#
*Mar 1 00:44:03.679: NAT*: s=192.168.1.12->202.101.48.114, d=202.102.1.3 [0]
*Mar 1 00:44:03.775: NAT*: s=202.102.1.3, d=202.101.48.114->192.168.1.12 [0]
*Mar 1 00:44:03.799: NAT*: s=192.168.1.12->202.101.48.114, d=202.102.1.3 [1]
*Mar 1 00:44:03.811: NAT*: s=202.102.1.3, d=202.101.48.114->192.168.1.12 [1]
*Mar 1 00:44:03.823: NAT*: s=192.168.1.12->202.101.48.114, d=202.102.1.3 [2]
*Mar 1 00:44:03.827: NAT*: s=202.102.1.3, d=202.101.48.114->192.168.1.12 [2]
*Mar 1 00:44:03.843: NAT*: s=192.168.1.12->202.101.48.114, d=202.102.1.3 [3]
*Mar 1 00:44:03.879: NAT*: s=202.102.1.3, d=202.101.48.114->192.168.1.12 [3]
R1#
*Mar 1 00:44:03.887: NAT*: s=192.168.1.12->202.101.48.114, d=202.102.1.3 [4]
*Mar 1 00:44:03.927: NAT*: s=202.102.1.3, d=202.101.48.114->192.168.1.12 [4]

!---PC3 上显示的调试信息:
*Mar 1 00:44:02.643: IP: s=202.101.48.114 (Ethernet0/0), d=202.102.1.3, len 100, rcvd 1
*Mar 1 00:44:02.647: IP: tableid=0, s=202.102.1.3 (local), d=202.101.48.114 (Ethernet0/
0), routed via RIB
```

```
 * Mar 1 00:44:02.647: IP: s = 202.102.1.3 (local), d = 202.101.48.114 (Ethernet0/0), len 100,
sending
 * Mar 1 00:44:02.699: IP: s = 202.101.48.114 (Ethernet0/0), d = 202.102.1.3, len 100, rcvd 1
 * Mar 1 00:44:02.703: IP: tableid = 0, s = 202.102.1.3 (local), d = 202.101.48.114 (Ethernet0/
0), routed via RIB
 * Mar 1 00:44:02.703: IP: s = 202.102.1.3 (local), d = 202.101.48.114 (Ethernet0/0), len 100,
sending
 * Mar 1 00:44:02.727: IP: s = 202.101.48.114 (Ethernet0/0), d = 202.102.1.3, len 100, rcvd 1
 * Mar 1 00:44:02.731: IP: tableid = 0, s = 202.102.1.3 (local), d = 202.101.48.114 (Ethernet0/
0), routed via RIB
 * Mar 1 00:44:02.731: IP: s = 202.102.1.3 (local), d = 202.101.48.114 (Ethernet0/0), len 100,
sending
 * Mar 1 00:44:02.775: IP: s = 202.101.48.114 (Ethernet0/0), d = 202.102.1.3, len 100, rcvd 1
 * Mar 1 00:44:02
PC3#.779: IP: tableid = 0, s = 202.102.1.3 (local), d = 202.101.48.114 (Ethernet0/0), routed
via RIB
 * Mar 1 00:44:02.779: IP: s = 202.102.1.3 (local), d = 202.101.48.114 (Ethernet0/0), len 100,
sending
 * Mar 1 00:44:02.791: IP: s = 202.101.48.114 (Ethernet0/0), d = 202.102.1.3, len 100, rcvd 1
 * Mar 1 00:44:02.795: IP: tableid = 0, s = 202.102.1.3 (local), d = 202.101.48.114 (Ethernet0/
0), routed via RIB
 * Mar 1 00:44:02.795: IP: s = 202.102.1.3 (local), d = 202.101.48.114 (Ethernet0/0), len 100,
sending
```

我们看到，PC2 与外网通信时都有通过 R1 进行地址转换，通过合法的 IP 地址建立通信关系。NAT 的转换过程中，首先把内部本地地址 192.168.1.12 转换为内部全局地址 202.101.48.114，访问地址 202.102.1.3，然后返回的时候把内部全局地址 202.101.48.114 再转换为内部本地地址 192.168.1.12。

③ 在路由器 R1 上用 show ip nat translations 命令查看路由器 NAT 地址转换条目，用 show ip nat statistics 命令查看路由器 NAT 配置。

```
R1#show ip nat translations
Pro Inside global       Inside local      Outside local       Outside global
--- 202.101.48.113      192.168.1.11      ---                 ---
--- 202.101.48.114      192.168.1.12      ---                 ---

R1#show ip nat statistics
Total active translations: 2 (0 static, 2 dynamic; 0 extended)
Outside interfaces:
  Serial1/0
Inside interfaces:
  Ethernet0/0
Hits: 34 Misses: 4
CEF Translated packets: 38, CEF Punted packets: 0
Expired translations: 4
Dynamic mappings:
 -- Inside Source
[Id: 1] access-list 1 pool nat-pool refcount 2
```

```
pool nat-pool: netmask 255.255.255.0
        start 202.101.48.113 end 202.101.48.115
        type generic, total addresses 3, allocated 2 (66%), misses 0
Queued Packets: 0
```

我们看到，NAT 路由器 R1 为主机 PC1 和 PC2 动态分配两个内部全局地址。路由器 NAT 的配置情况中，地址池中有三个可用的全局 IP 地址，已经使用了两个。

【提示】

如果动态 NAT 地址池中没有足够的地址进行动态映射，则会出现类似下面的信息：

```
translation failed (A), dropping packet        !--- 转换失败，并丢弃数据包。
```

例如，将地址池改为：

```
R1#clear ip nat translation *            !--- 清除 NAT 转换表里的所有动态地址转换条目
R1#conf t
R1(config)#ip nat pool nat-pool 202.101.48.113 202.101.48.113 prefix-length 24
R1(config)#exit
R1#debug ip nat
```

当分别从 PC1 到 PC2 测试与外网的通信时，到 PC2 时则出现下列地址不够用信息：

```
*Mar 1 00:56:34.611: NAT: translation failed (A), dropping packet s=192.168.1.12 d=
202.102.1.3
```

【注意】 通过地址转换后，外部主机可以通过路由器 R1 上转换的内部全局 IP 地址访问内部主机；对于静态转换，外部主机可以根据映射的内部全局 IP 地址访问内部主机；而动态转换则需要内部主机先主动访问外网，取得与内部全局 IP 地址的对应关系后，外部主机才可以通过这个内部全局 IP 地址访问内部主机。

7.4 静态 PAT

7.4.1 理论知识与实验原理

端口地址转换(Port Address Translation，PAT)，是把内部本地地址映射到内部全局 IP 地址的不同端口上，它可以允许多个内部本地地址共用一个内部全局地址。通过 PAT 技术，理论上一个合法的 IP 地址可以支持大约 65000 个内部主机地址映射，但实际上在一台 Cisco NAT 路由器上的每个全球地址只能有效地支持大约 4000 个会话。只申请到少量 IP 地址却经常同时有多于合法地址个数的用户上外部网络的情况下，这种转换极为有用。

静态 PAT 是将内部本地地址与内部全局地址加上端口号进行一对一的转换，且需要指定和哪个全局地址加端口号进行转换。特别是一些专门为外界提供服务的主机，当合法 IP 地址不够时，就可以采用静态 PAT 地址转换，以便为外部用户提供服务。

7.4.2 相关命令讲解

ip nat inside source static {UDP | TCP} local-ip port global-ip port

命令用来在内部本地地址与内部全局地址加上端口号建立静态 PAT 地址映射。其中的 local-ip 参数用来指定允许访问外部网络的内部网络主机的内部本地地址；global-ip 参数用来指定参数映射的内部全局地址；port 参数用来指定服务端口号，第一个 port 参数用来指定内部本地地址的服务端口号，第二个 port 参数用来指定内部全局地址的服务端口号，它可以和第一个 port 不同。UDP 参数用来指定路由器采用 UDP 协议，二选一选项；TCP 参数用来指定路由器采用 TCP 协议，二选一选项。可用 no ip nat inside source static {UDP | TCP} local-ip port global-ip port 命令删除对应的地址映射。该命令用于全局配置模式 Router(config)#下。

命令使用示例：

```
Router(config)# ip nat inside source static tcp 192.168.1.1 23 102.1.1.2 1000
```

该命令配置了路由器 TCP 协议的 1000 端口映射到主机 192.168.1.11 的 23 端口。这样外部访问 192.168.1.1 上的 Telnet 服务时，只需 telnet 102.1.1.2 1000 即可。

7.4.3 实验目的

(1) 了解静态 PAT 技术的工作原理；

(2) 掌握静态 PAT 的配置方法；

(3) 掌握对静态 PAT 地址转换情况的查看；

(4) 能够使用静态 PAT 实现内网访问 Internet。

7.4.4 实验环境

在图 7.4 所示的实验拓扑中，Cisco 3640 路由器 R1、R2 和 R3，分别在 slot0 上插入一块 NM-4E 的 4 口 10 兆以太网卡以接入各自所在的局域网，分别在 slot1 上插入一块 NM-4T 的 4 口广域网卡用于路由器之间互联。交换机采用软件模拟的 Ethernet switch 以太网交换机。三台 PC 采用 Cisco 3640 路由器模拟，分别在 slot0 上插入一块 NM-4E 的 4 口 10 兆以太网卡以接入各自所在的局域网。

配置内部网络中的主机 PC1 为外部网络提供 Telnet 服务，但整个内部网络中只有出口路由器有一个合法的 IP 地址，其他的内部网络主机都为私有地址；通过在 NAT 路由器 R1 上配置静态 PAT，将 R1 的路由出口 s1/0 接口的 2323 端口映射到主机 PC1 上，使得拥有内部私有地址的 PC1 主机能为外部网络提供服务。要求通过适当的实验配置，使得当在外部网络主机 PC3 上 Telnet 路由器 R1 的 s1/0 接口的 IP 地址 202.101.48.1 的 2323 端口时，由于 R1 上做了端口映射，所以 R1 会识别到此 Telnet 访问是访问内网主机 PC1 的 Telnet 服务的，从而实现 PC3 登录到 PC1。

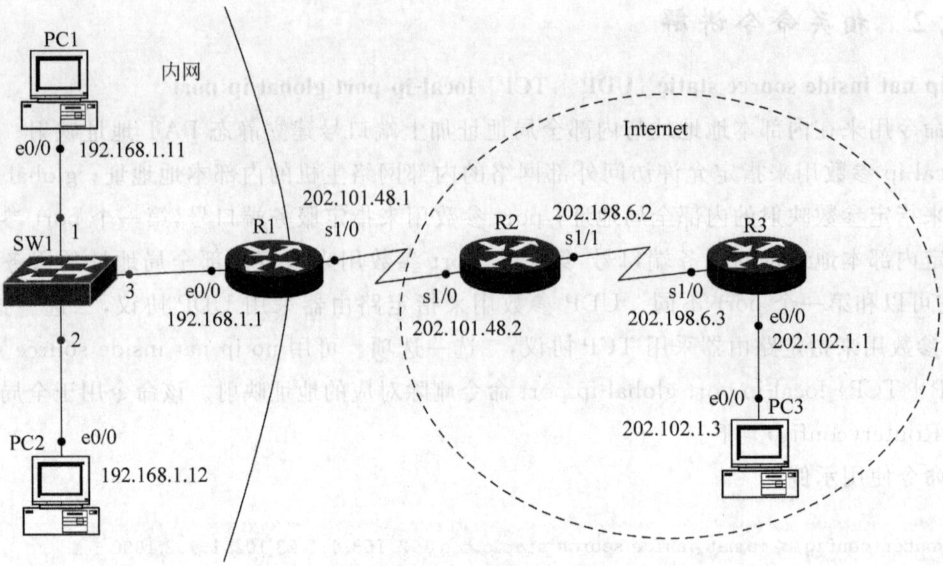

图 7.4 静态 PAT 实验拓扑

7.4.5 实验步骤

(1) 路由器 R1、R2 和 R3 的基本配置及路由协议的配置。

```
R1#configure terminal
R1(config)#int e0/0
R1(config-if)#ip address 192.168.1.1 255.255.255.0
R1(config-if)#no shutdown
R1(config-if)#exit
R1(config)#int s1/0
R1(config-if)#ip address 202.101.48.1 255.255.255.0
R1(config-if)#no shutdown
R1(config-if)#exit
R1(config)#router rip
R1(config-router)#version 2
R1(config-router)#network 202.101.48.0
R1(config-router)#exit

R2#configure terminal
R2(config)#int s1/0
R2(config-if)#ip address 202.101.48.2 255.255.255.0
R2(config-if)#no shutdown
R2(config-if)#exit
R2(config)#int s1/1
R2(config-if)#ip address 202.198.6.2 255.255.255.0
R2(config-if)#no shutdown
R2(config-if)#exit
R2(config)#router rip
```

```
R2(config-router)# version 2
R2(config-router)# network 202.101.48.0
R2(config-router)# network 202.198.6.0
R2(config-router)# exit

R3# configure terminal
R3(config)# int e0/0
R3(config-if)# ip address 202.102.1.1 255.255.255.0
R3(config-if)# no shutdown
R3(config-if)# exit
R3(config)# int s1/0
R3(config-if)# ip address 202.198.6.3 255.255.255.0
R3(config-if)# no shutdown
R3(config-if)# exit
R3(config)# router rip
R3(config-router)# version 2
R3(config-router)# network 202.198.6.0
R3(config-router)# network 202.102.1.0
R3(config-router)# exit
```

(2) 主机 PC1、PC2 和 PC3 的基本配置。

```
PC1# configure terminal
PC1(config)# no ip routing
PC1(config)# int e0/0
PC1(config-if)# ip address 192.168.1.11 255.255.255.0
PC1(config-if)# no shutdown
PC1(config-if)# exit
PC1(config)# ip default-gateway 192.168.1.1
PC1(config)# ip http server
PC1(config)# line vty 0 4
PC1(config-line)# password 123456
PC1(config-line)# login
PC1(config-line)# exit
PC1(config)# enable password 654321
PC1(config)# exit

PC2# configure terminal
PC2(config)# no ip routing
PC2(config)# int e0/0
PC2(config-if)# ip address 192.168.1.12 255.255.255.0
PC2(config-if)# no shutdown
PC2(config-if)# exit
PC2(config)# ip default-gateway 192.168.1.1
PC2(config)# exit

PC3# configure terminal
PC3(config)# no ip routing
PC3(config)# int e0/0
```

```
PC3(config-if)# ip address 202.102.1.3 255.255.255.0
PC3(config-if)# no shutdown
PC3(config-if)# exit
PC3(config)# ip default-gateway 202.102.1.1
PC3(config)# exit
PC3# debug ip packet            !--- 开启 debug ip packet 调试
IP packet debugging is on
```

(3) 在路由器R1上配置静态PAT,实现设计的功能。

【注意】 如果是在上述配置了动态NAT实验完成后,继续进行静态PAT的配置,则需要先清除动态NAT的配置,命令如下:

```
R1# clear ip nat translation *
R1# conf t
R1(config)# no ip nat pool nat-pool
R1(config)#
```

如果是直接从头做起的,则配置完路由器及PC的基本配置,使全网络正常后再进行以下静态PAT的配置:

```
R1(config)# ip nat inside source static TCP 192.168.1.11 23 202.101.48.1 2323
!--- 配置外部端口 s1/0 的 TCP 协议的 2323 端口映射到主机 192.168.1.11 的 23 端口
R1(config)#  interface e0/0
R1(config-if)# ip nat inside
R1(config-if)# exit
R1(config)# interface serial 1/0
R1(config-if)# ip nat outside
R1(config-if)# end
R1# debug ip nat
IP NAT debugging is on
```

(4) 实验结果分析。

① 在路由器R1上用show ip nat translations命令查看路由器NAT地址转换条目,用show ip nat statistics命令查看路由器NAT配置。

```
R1# show ip nat translations
Pro Inside global Inside local Outside local Outside global
tcp 202.101.48.1:2323 192.168.1.11:23 ---  ---

R1# show ip nat statistics
Total active translations: 1 (1 static, 0 dynamic; 1 extended)
Outside interfaces:
  Serial1/0
Inside interfaces:
  Ethernet0/0
Hits: 0 Misses: 0
CEF Translated packets: 0, CEF Punted packets: 0
```

```
Expired translations: 0
Dynamic mappings:
-- Inside Source
[Id: 1] access - list 1 pool nat - pool refcount 0
Queued Packets: 0
```

② 在 PC3 上通过访问 R1 的 s1/0 接口 202.101.48.1 的 2323 端口的服务，来测试访问 PC1 的 Telnet 服务。

```
PC3 # telnet 202.101.48.1 2323
Trying 202.101.48.1, 2323 ... Open
User Access Verification

Password:
PC1 > en
Password:
PC1 #

! --- 路由器 R1 上显示的调试信息：(在路由器上开启 debug ip nat)
R1 #
* Mar  1 00:53:10.431: NAT * : TCP s = 23318, d = 2323 -> 23
* Mar  1 00:53:10.431: NAT * : s = 202.102.1.3, d = 202.101.48.1 -> 192.168.1.11 [46505]
* Mar  1 00:53:10.471: NAT * : TCP s = 23 -> 2323, d = 23318
* Mar  1 00:53:10.471: NAT * : s = 192.168.1.11 -> 202.101.48.1, d = 202.102.1.3 [35398]
* Mar  1 00:53:10.695: NAT * : TCP s = 23318, d = 2323 -> 23
* Mar  1 00:53:10.695: NAT * : s = 202.102.1.3, d = 202.101.48.1 -> 192.168.1.11 [46506]
* Mar  1 00:53:11.023: NAT * : TCP s = 23318, d = 2323 -> 23
* Mar  1 00:53:11.023: NAT * : s = 202.102.1.3, d = 202.101.48.1 -> 192.168.1.11 [46507]
* Mar  1 00:53:11.043: NAT * : TCP s = 23 -> 2323, d = 23318
* Mar  1 00:53:11.043: NAT * : s = 192.168.1.11 -> 202.101.48.1, d = 202.102.1.3 [35399]
R1 #
* Mar  1 00:53:11.047: NAT * : TCP s = 23 -> 2323, d = 23318
* Mar  1 00:53:11.047: NAT * : s = 192.168.1.11 -> 202.101.48.1, d = 202.102.1.3 [35400]
* Mar  1 00:53:11.267: NAT * : TCP s = 23318, d = 2323 -> 23
* Mar  1 00:53:11.267: NAT * : s = 202.102.1.3, d = 202.101.48.1 -> 192.168.1.11 [46508]
```

我们看到，当外部主机访问路由接口 202.101.48.1 的 2323 端口的服务时，路由器会根据地址映射关系将外部主机的请求信息转发给主机 192.168.1.11，实现外网对内网 PC1 提供的 Telnet 服务的访问。

7.5 动态 PAT

7.5.1 理论知识与实验原理

动态 PAT 是把内部本地地址映射到一个内部全局地址的不同端口上，它允许多个内部本地地址使用同一个内部全局地址(以端口号区分)访问 Internet，以确保在内部全局地址中有持续可用的地址。动态 PAT 也是动态 NAT 的一种，是扩展 NAT，也需要创建内部全局地址池。对于只申请到少量 IP 地址但却经常存在同时有多于合法地址个数的用户用到外部网络的情况下，这种转换是极为有用的。

7.5.2 相关命令讲解

ip nat inside source { list {access-list-number | name} pool name [overload] }

命令用于配置动态 PAT 转换条目，即将由 access-list 指定的内部本地地址与指定的内部全局地址池进行地址转换。其中的 list access-list-number 参数用来指定标准 IP ACL 表号，如果数据包含在该 ACL 所定义范围内的源地址，则它就被动态地用所指定地址池中的内部全局地址进行转换；list name 参数用来指定标准 IP ACL 名称，如果数据包含在该 ACL 所定义范围内的源地址，则它就被动态地用所指定地址池中的内部全局地址进行转换；pool name 参数用来指定要被动态分配的内部全局地址池的名称；overload 参数用来指定使路由器可以用一个内部全局地址代表许多内部本地地址，当配置该参数时，由每个内部主机的 TCP 和 UDP 端口号区分使用同一本地 IP 地址的多个会话。可用 no ip nat inside source { list {access-list-number | name} pool name [overload]} 命令删除对应配置的 NAT 地址转换条目。该命令用于全局配置模式 Router(config)# 下。

命令使用示例：

```
Router(config)# ip nat inside source list 1 pool pat-pool overload
```

该命令以 PAT 方式配置动态地址转换，指定在内部地址转换中使用创建的标准 ACL 1，使用的全局地址池为 nat-pool。

7.5.3 实验目的

(1) 了解动态 PAT 技术的工作原理；
(2) 掌握动态 PAT 的配置方法；
(3) 掌握对动态 PAT 地址转换情况的查看；
(4) 能够使用动态 PAT 实现内网访问 Internet。

7.5.4 实验环境

在图 7.5 所示的实验拓扑中，Cisco 3640 路由器 R1、R2 和 R3，分别在 slot0 上插入一块 NM-4E 的 4 口 10 兆以太网卡以接入各自所在的局域网，分别在 slot1 上插入一块 NM-4T 的 4 口广域网卡用于路由器之间互联。交换机采用软件模拟的 Ethernet switch 以太网交换机。三台 PC 采用 Cisco 3640 路由器模拟，分别在 slot0 上插入一块 NM-4E 的 4 口 10 兆以太网卡以接入各自所在的局域网。

通过在 NAT 路由器 R1 上配置 NAT 地址池、访问控制列表和动态 PAT 转换条目，使得内网主机在经过 R1 访问外网时转换为内部全局 IP 地址。要求通过适当的实验配置，使得内部网络主机在通过 e0/0 到达路由器 R1 要与外网通信时，路由器 R1 会根据访问控制列表定义的内部地址范围，在地址池中地址足够的情况下，通过动态 PAT 为符合要求的每台内网主机建立内部本地 IP 地址与 NAT 地址池中的内部全局 IP 地址的地址重载映射转

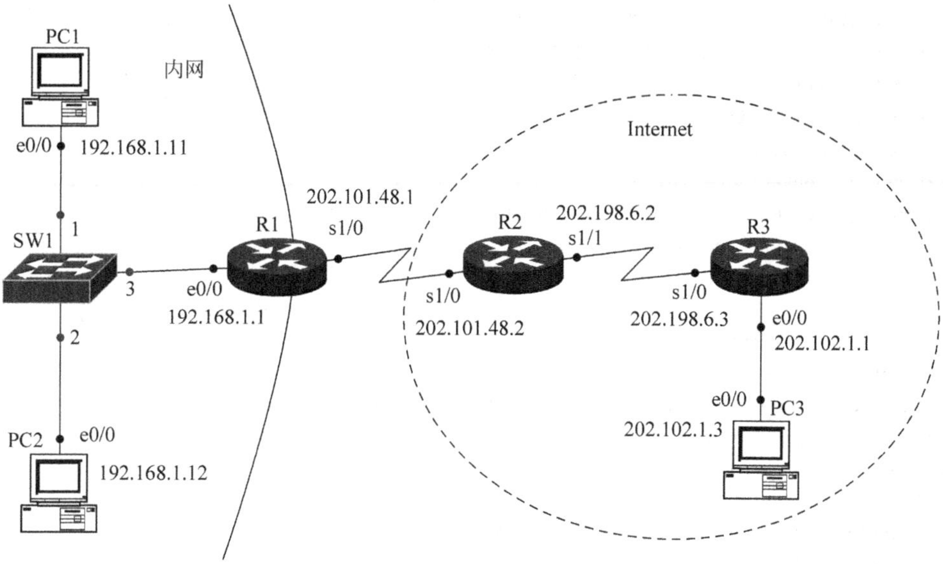

图 7.5 动态 PAT 实验拓扑

换，并通过这个内部全局 IP 地址加上端口号与内部本地 IP 地址对应起来实现与外网的通信(对于内部网络主机数量不多而且内部全局地址不多时，可以直接使用 outside 接口地址配置 PAT，不必定义地址池)。

7.5.5 实验步骤

(1) 路由器 R1、R2 和 R3 的基本配置及路由协议的配置。

```
R1#configure terminal
R1(config)#int e0/0
R1(config-if)#ip address 192.168.1.1 255.255.255.0
R1(config-if)#no shutdown
R1(config-if)#exit
R1(config)#int s1/0
R1(config-if)#ip address 202.101.48.1 255.255.255.0
R1(config-if)#no shutdown
R1(config-if)#exit
R1(config)#router rip
R1(config-router)#version 2
R1(config-router)#network 202.101.48.0
R1(config-router)#exit

R2#configure terminal
R2(config)#int s1/0
R2(config-if)#ip address 202.101.48.2 255.255.255.0
R2(config-if)#no shutdown
R2(config-if)#exit
```

```
R2(config)#int s1/1
R2(config-if)#ip address 202.198.6.2 255.255.255.0
R2(config-if)#no shutdown
R2(config-if)#exit
R2(config)#router rip
R2(config-router)#version 2
R2(config-router)#network 202.101.48.0
R2(config-router)#network 202.198.6.0
R2(config-router)#exit

R3#configure terminal
R3(config)#int e0/0
R3(config-if)#ip address 202.102.1.1 255.255.255.0
R3(config-if)#no shutdown
R3(config-if)#exit
R3(config)#int s1/0
R3(config-if)#ip address 202.198.6.3 255.255.255.0
R3(config-if)#no shutdown
R3(config-if)#exit
R3(config)#router rip
R3(config-router)#version 2
R3(config-router)#network 202.198.6.0
R3(config-router)#network 202.102.1.0
R3(config-router)#exit
```

(2) 主机 PC1、PC2 和 PC3 的基本配置。

```
PC1#configure terminal
PC1(config)#no ip routing
PC1(config)#int e0/0
PC1(config-if)#ip address 192.168.1.11 255.255.255.0
PC1(config-if)#no shutdown
PC1(config-if)#exit
PC1(config)#ip default-gateway 192.168.1.1
PC1(config)#ip http server
PC1(config)#line vty 0 4
PC1(config-line)#password 123456
PC1(config-line)#login
PC1(config-line)#exit
PC1(config)#enable password 654321
PC1(config)#exit

PC2#configure terminal
PC2(config)#no ip routing
PC2(config)#int e0/0
PC2(config-if)#ip address 192.168.1.12 255.255.255.0
PC2(config-if)#no shutdown
PC2(config-if)#exit
PC2(config)#ip default-gateway 192.168.1.1
```

```
PC2(config)#exit

PC3#configure terminal
PC3(config)#no ip routing
PC3(config)#int e0/0
PC3(config-if)#ip address 202.102.1.3 255.255.255.0
PC3(config-if)#no shutdown
PC3(config-if)#exit
PC3(config)#ip default-gateway 202.102.1.1
PC3(config)#exit
PC3#debug ip packet          !---开启 debug ip packet 调试
IP packet debugging is on
```

(3) 在路由器 R1 上配置动态 PAT，实现设计的功能。

【注意】 如果是在上述配置了静态 PAT 实验完成后，继续进行动态 PAT 的配置，则需要先清除静态 PAT 的配置，命令如下：

```
R1#conf t
R1(config)#no ip nat inside source static TCP 192.168.1.11 23 202.101.48.1 2323
R1(config)#
```

如果是直接从头做起的，则配置完路由器及 PC 的基本配置，使全网络正常后再进行以下动态 PAT 的配置：

```
R1(config)#ip nat pool pat-pool 202.101.48.1 202.101.48.1 prefix-length 24
!---配置动态 PAT 转换地址池，地址范围 202.101.48.1 ~ 202.101.48.1
R1(config)#access-list 1 permit 192.168.1.0 0.0.0.255
!---配置允许动态映射的内部主机 IP 地址的范围
R1(config)#ip nat inside source list 1 pool pat-pool overload  !---配置动态 PAT 映射地址
R1(config)#interface e0/0
R1(config-if)#ip nat inside
R1(config-if)#exit
R1(config)#interface s1/0
R1(config-if)#ip nat outside
R1(config-if)#end
R1#debug ip nat                                        !---开启 debug ip nat 调试
IP NAT debugging is on
```

(4) 实验结果分析。

① 测试 PC1 与外网主机 PC3 的通信，测试 PC2 与外网主机 PC3 的通信。

```
PC1#ping 202.102.1.3          !---测试与外网主机 PC3 的通信
Type escape sequence to abort.
Sending 5, 100-byte ICMP Echos to 202.102.1.3, timeout is 2 seconds:
!!!!!
Success rate is 100 percent (5/5), round-trip min/avg/max = 16/39/72 ms
PC1#
```

```
PC2#ping 202.102.1.3              !---测试与外网主机 PC3 的通信
Type escape sequence to abort.
Sending 5, 100-byte ICMP Echos to 202.102.1.3, timeout is 2 seconds:
!!!!!
Success rate is 100 percent (5/5), round-trip min/avg/max = 20/236/1068 ms
PC2#

!---路由器 R1 上显示的调试信息:(在路由器上开启 debug ip nat)
R1#
*Mar 1 00:15:06.287: NAT*: s=192.168.1.11->202.101.48.1, d=202.102.1.3 [14]
*Mar 1 00:15:06.323: NAT*: s=202.102.1.3, d=202.101.48.1->192.168.1.11 [14]
R1#
*Mar 1 00:15:38.263: NAT*: s=192.168.1.12->202.101.48.1, d=202.102.1.3 [9]
*Mar 1 00:15:38.331: NAT*: s=202.102.1.3, d=202.101.48.1->192.168.1.12 [9]
```

我们看到,当主机 PC1、PC2 与外网通信时,它们全部都是用到地址池中的内部全局 IP 地址 202.101.48.1,只是利用了不同的端口,这样可以大大节约内部全局 IP 地址的使用,提高 IP 地址的使用效率。

② 在路由器 R1 上用 show ip nat translations 命令查看路由器 NAT 地址转换条目,用 show ip nat statistics 命令查看路由器 NAT 配置。

```
R1#show ip nat translations
Pro Inside global        Inside local        Outside local        Outside global
icmp 202.101.48.1:3      192.168.1.11:3      202.102.1.3:3        202.102.1.3:3
icmp 202.101.48.1:2      192.168.1.12:2      202.102.1.3:2        202.102.1.3:2

R1#show ip nat statistics
Total active translations: 1 (0 static, 1 dynamic; 1 extended)
Outside interfaces:
  Serial1/0
Inside interfaces:
  Ethernet0/0
Hits: 88 Misses: 10
CEF Translated packets: 98, CEF Punted packets: 0
Expired translations: 9
Dynamic mappings:
 -- Inside Source
[Id: 1] access-list 1 pool pat-pool refcount 1
 pool pat-pool: netmask 255.255.255.0
        start 202.101.48.1 end 202.101.48.1
        type generic, total addresses 1, allocated 1 (100%), misses 0
Queued Packets: 0
```

我们看到,内部网络的两台主机与外部网络进行通信,只是用到一个内部全局 IP 地址:202.101.48.1,它们是通过使用这个 IP 地址的不同端口和外网进行通信。

【注意】

动态 NAT 的过期时间为 86400s,PAT 的过期时间是 60s,通过 show ip nat translation verbose 命令可以查看，也可以通过下面的命令来修改超时时间：

```
R1(config)# ip nat translation timeout ?
  <0-536870>   Timeout in seconds
  never             Never timeout
```

参数的范围我们可以看到是 0～536870；也可以设置为永不超时，但一般不采取。

如果主机的数量不多，可用的内部全局 IP 地址也只有外部接口的内部全局 IP 地址，可以直接使用 outside 接口地址配置 PAT，不必定义地址池，命令如下：

```
R1(config)# ip nat inside source list 1 interface serial 1/0 overload
```

清除 PAT 配置的命令如下：

```
R1# clear ip nat translations *
R1# conf t
R1(config)# no ip nat pool pat-pool
R1(config)# no access-list 1
R1(config)#
```

第 8 章 DHCP

本章学习目标

- 掌握 DHCP(动态主机配置协议)的作用和工作原理;
- 掌握 DHCP 服务器和客户端的配置方法;
- 掌握 DHCP 中继器的配置方法;
- 能够使用 DHCP 协议自动为网络中的终端分配 IP 地址等网络参数。

本章首先向读者介绍 DHCP 协议的作用和工作原理,接着介绍 DHCP 服务器和客户端的配置方法以及 DHCP 中继代理的配置方法,让读者能够自行使用 DHCP 协议自动为网络中的终端分配 IP 地址等网络参数。

8.1 理论知识与实验原理

IP 地址和默认网关等网络参数是每台连接在网络上的计算机必须配置的参数,只有配置好这些参数,计算机才能访问网络。为计算机分配 IP 地址等网络参数,传统使用手工配置的方法太过繁琐,工作量非常大且容易出错,现在经常基于 DHCP 协议自动为 TCP/ IP 主机动态分配 IP 地址、子网掩码、默认路由器的 IP 地址以及域名服务器的 IP 地址等网络参数。

动态主机配置协议(Dynamic Host Configuration Protocol,DHCP)基于客户/服务器模式,计算机等终端作为 DHCP 客户端,而 DHCP 服务器可以是 Windows 服务器、UNIX 服务器或路由器设备。在服务器或路由器上配置 DHCP 服务,由服务器从预先设置好的 IP 地址池里自动为特定的主机分配 IP 地址,它不仅能够保证 IP 地址不重复分配,也能及时回收空闲 IP 地址以提高 IP 地址的利用率,消除手工配置的繁琐,从而提供更健壮更高效的网络解决方案。

DHCP 客户端向 DHCP 服务器请求分配 IP 地址的过程如图 8.1 所示。

(1) 当 DHCP 客户端启动时,客户端主机在网络中发送一个称为 DHCPDISCOVER 的广播来寻找 DHCP 服务器,为向 DHCP 服务器申请一个 IP 地址做准备。

(2) 当服务器收到 DHCPDISCOVER 广播后,它将确定是否可以用自己的数据库来为该请求服务;如果不能为该请求提供服务,该服务器将这个请求转发给其他 DHCP 服务器;如果该服务器能够提供服务,它将从针对那台主机的地址区间中为它提供一个尚未被分配出去的 IP 地址,并把它暂时标记为不可用。服务器将发送一个单播 DHCPOFFER 的形式给 DHCP 客户端主机提供 IP 配置信息,DHCPOFFER 是一个建议配置,其中可能包

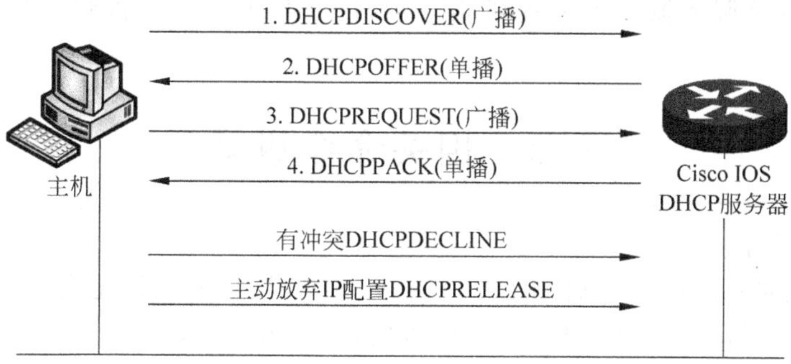

图 8.1　DHCP 原理图

含 IP 地址，DNS 服务器等地址和租期等。如果网络中包含有不只一台 DHCP 服务器，则客户端主机可能收到好几个 DHCPOFFER 单播报文，客户端通常只响应其中一个 DHCPOFFER。

(3) 当客户端收到 DHCPOFFER 单播报文后，如果客户端发现服务器提供的建议配置是适合的，那么它将向服务器发送一个含有有关 DHCP 服务器提供的 IP 地址的 DHCPREQUEST 广播报文，明确地请求那些特殊的 IP 参数。如果客户端没收到 DHCPOFFER 报文并且还记得以前的网络配置，此时它将使用以前的网络配置(前提是该配置仍然在有效期内)。

(4) 当 DHCP 服务器收到客户端主机的 DHCPREQUEST 广播，DHCP 服务器将通过一个 DHCPACK 单播向客户端发回一个含有原先被发出的 IP 地址及其分配方案的一个应答报文确认，进行正式配置。注意，服务器可能但也未必发送 DHCPACK，因为它可能已经临时将信息租借给另外的客户了。

(5) 客户端收到包含了配置参数的 DHCPACK 报文后，利用 ARP 检测网络上是否有相同的 IP 地址，如果检测通过，则客户机接收这个 IP 地址及其参数，客户端主机可以开始使用所分配的地址。如果发现网络上有 IP 冲突，则客户端主机向服务器发送 DHCPDECLINE 信息，并重新开始新的配置过程。服务器收到 DHCPDECLINE 信息后，将该 IP 地址标记为不可用。

(6) DHCP 服务器将 IP 地址分配给客户端主机只是在特定的时间内有效，DHCP 客户端必须在该次租约过期之前对它进行续租。客户机 50%租约时间过去以后，每隔一段时间就开始请求 DHCP 服务器更新当前租约，如果 DHCP 服务器应答，则租约延期；如果 DHCP 服务器始终没有应答，在有效租约的 87.5%时，客户端应该与其他的 DHCP 服务器通信，并请求更新它的 DHCP 配置信息。如果客户端主机和所有的 DHCP 服务器取得联系，租约时间到期后，它必须放弃当前的 IP 地址配置信息并发送一个 DHCPDISCOVER 报文重新开始上述第一步的 IP 地址获取请求。

(7) 客户端可以主动更新 IP 地址信息的配置，也可以主动向 DHCP 服务器发出 DHCPRELEASE 报文，将当前的 IP 地址释放。

并不是每个网络上都有 DHCP 服务器，这样会使 DHCP 服务器的数量太多。现在是每一个网络至少有一个 DHCP 中继代理。DHCP 中继代理是在客户端和服务器之间转发 DHCP 分组的主机或路由器，它配置了 DHCP 服务器的 IP 地址信息。当服务器和客户端主机位于不同的物理子网中时，中继代理将用于将它们之间转发请求和应答。当 DHCP 中继代理收到主机发送的发现报文后，就以单播方式向 DHCP 服务器转发此报文，并等待其回答。收到 DHCP 服务器回答的提供报文后，DHCP 中继代理再将该提供报文发回给主机。

8.2 相关命令讲解

1. service dhcp

命令的作用是在路由器上启用 DHCP 服务功能，该功能默认是启用的，可以通过 no service dhcp 命令关闭。该命令用于全局配置模式 Router(config)＃下。

2. ip dhcp excluded-address low-address [high-address]

命令用于指定 DHCP 服务器不应分配给 DHCP 客户端(保留)的 IP 地址范围。其中的 low-address 参数用来指定要排除的 IP 地址范围中最低的那个 IP 地址，而[high-address]可选参数是用来指定要排除的 IP 地址范围中最高的那个 IP 地址。如果命令没有[high-address]可选参数，则仅排除一个由 low-address 参数指定的 IP 地址。该命令用于全局配置模式 Router(config)＃下。

命令使用示例：

1) Router(config)＃ip dhcp excluded-address 192.168.0.1 192.168.0.20

该命令排除了 192.168.0.1～192.168.0.20 共 20 个 IP 地址，它们将不分配给客户端。

2) Router(config)＃ip dhcp excluded-address 192.168.0.1

该命令排除 192.168.0.1 这一个 IP 地址，它将不分配给客户端。

3. ip dhcp pool name

命令的作用是定义 DHCP 服务器地址池，并指定名称。命令用于全局配置模式 Router(config)＃下，使用本命令后将进入"DHCP 池配置模式"Router(dhcp-config)＃下。

命令使用示例：

```
Router(config)# ip dhcp pool ippool
```

该命令定义了一个叫作 ippool 的 DHCP 服务器地址池。

4. network network-number [mask/prefix-length]

命令的作用是定义地址池的网络号及子网掩码。其中的 network-number 是地址池可以分配的网络号，mask 为子网掩码，prefix-length 为网络前缀。如果不指定子网掩码和网络前缀，则表示采用的是标准的 IP 类型所对应的子网掩码。如 A 类的掩码为 255.0.0.0，B 类的为 255.255.0.0，C 类的为 255.255.255.0。命令用于 DHCP 池配置模式 Router(dhcp-config)＃下。

命令使用示例：

1) Router(dhcp-config)＃network 192.168.0.0 255.255.255.0

定义地址池中可分配的 IP 地址的网络号为 192.168.0.0，子网掩码为 255.255.255.0。

2) Router(dhcp-config)＃network 192.168.0.0 /24

定义地址池中可分配的 IP 地址的网络号为 192.168.0.0，网络前缀为 24。

3) Router(dhcp-config)＃network 192.168.0.0

定义地址池中可分配的 IP 地址的网络号为 192.168.0.0，子网掩码为标准 IP 类型对应的子网掩码，这里由于 IP 地址属于 C 类，因此默认子网掩码为 255.255.255.0。

如上三条命令效果是一样的。

5. default-router address [address2 … address8]

命令的作用是指定 DHCP 客户端的默认路由器，相当于指定了 DHCP 客户端的默认网关地址。参数 address … address8 为给定给客户端的默认网关 IP，最少 1 个最多不超过 8 个。命令用于 DHCP 池配置模式 Router(dhcp-config)#下。

命令使用示例：

```
Router(dhcp-config)#default-router 192.168.0.1
```

命令指定了 DHCP 客户端的默认网关地址为 192.168.0.1。

6. dns-server address [address2 … address8]

指定 DHCP 客户端所配置的 DNS 服务器，参数 address … address8 为 DNS 服务器的 IP 地址，最少 1 个最多可配置 8 个。命令用于 DHCP 池配置模式 Router(dhcp-config)#下。

命令使用示例：

```
Router(dhcp-config)# dns-server 8.8.8.8
```

命令指定了 DHCP 客户端的 DNS 服务器地址为 8.8.8.8。

7. lease {<0-365> days [<0-23> hours] [<0-59> minutes] | infinite}

指定客户端租约 IP 地址的期限，0 至 365 天(days)，0 至 23 小时(hours)，0 至 59 分钟(minutes)，默认为一天。天(days)参数是必须的配置项，在配置后面的小时(hours)参数前必须配置天(days)参数，同理在配置后面的分钟(minutes)参数前必须先配置天(days)和小时(hours)参数。infinite 可选关键字指定客户端 IP 地址的租约期为不受限制。命令用于 DHCP 池配置模式 Router(dhcp-config)#下。

命令使用示例：

1) Router(dhcp-config)# lease infinite

指定 IP 地址租约期为无限长。

2) Router(dhcp-config)# lease 30 13 59

指定 IP 地址租约期为 30 天 13 小时 59 分。

8. ip helper-address address

命令用于在 DHCP 中继代理上指定 DHCP 服务器的 IP 地址。如果要指定多个 DHCP 服务器地址，则要使用多次该命令。命令用于接口配置模式 Router(config-if)#下。

命令使用示例：

```
Router(config-if)# ip helper-address 200.192.0.1
```

在 DHCP 中继代理上指定 DHCP 服务器的 IP 地址为 200.192.0.1，DHCP 中继代理将把 DHCP 广播包转发到该 IP 地址上的 DHCP 服务器。

8.3 实验目的

(1) 了解 DHCP 协议的工作原理；

(2) 掌握 DHCP 服务器和客户端的配置方法；

(3) 掌握 DHCP 中继器的配置方法；

(4) 能够使用 DHCP 协议自动为网络中的终端分配 IP 地址等网络参数。

8.4 实验环境

在图 8.2 所示的实验拓扑中，路由器 R1 和 R2 分别在 slot0 上插入一块 NM-4E 的 4 口 10 兆以太网卡以接入各自所在的局域网，分别在 slot1 上插入一块 NM-4T 的 4 口广域网卡用于路由器之间互联。交换机采用软件模拟的 Ethernet switch 以太网交换机。4 台 PC 采用 VPCS。

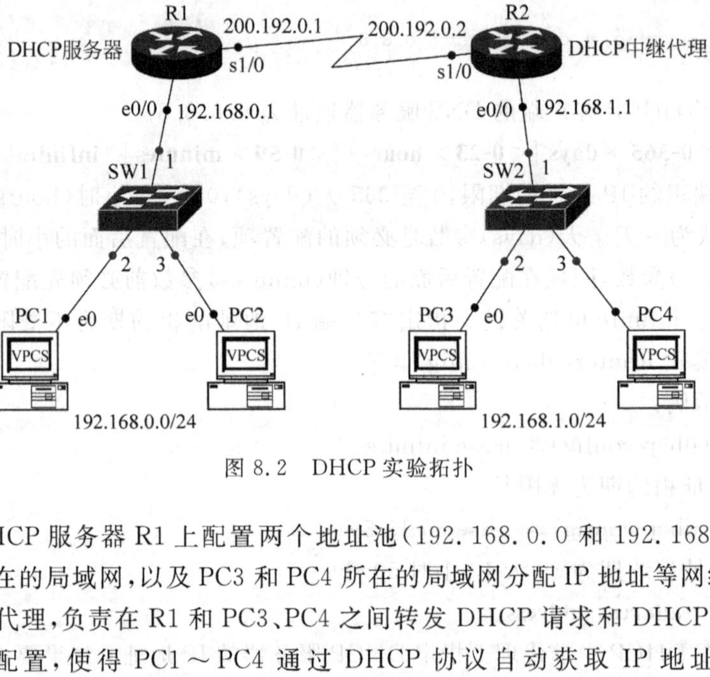

图 8.2 DHCP 实验拓扑

通过在 DHCP 服务器 R1 上配置两个地址池(192.168.0.0 和 192.168.1.0)，分别为 PC1 和 PC2 所在的局域网，以及 PC3 和 PC4 所在的局域网分配 IP 地址等网络参数。R2 作为 DHCP 中继代理，负责在 R1 和 PC3、PC4 之间转发 DHCP 请求和 DHCP 响应。要求通过适当的实验配置，使得 PC1～PC4 通过 DHCP 协议自动获取 IP 地址，并且能互相 Ping 通。

8.5 实验步骤

(1) 路由器 R1 和 R2 的基本配置及路由协议的配置。

```
R1 # configure terminal
Enter configuration commands, one per line. End with CNTL/Z.
R1(config) # interface e0/0
```

```
R1(config-if)#ip address 192.168.0.1 255.255.255.0
R1(config-if)#no shutdown
R1(config-if)#interface s1/0
R1(config-if)#ip address 200.192.0.1 255.255.255.0
R1(config-if)#no shutdown
R1(config-if)#exit
R1(config)#router rip
R1(config-router)#network 192.168.0.0
R1(config-router)#network 200.192.0.0
R1(config-router)#exit
R1(config)#

R2#configure terminal
Enter configuration commands, one per line. End with CNTL/Z.
R2(config)#interface e0/0
R2(config-if)#ip address 192.168.1.1 255.255.255.0
R2(config-if)#no shutdown
R2(config-if)#exit
R2(config)#interface s1/0
R2(config-if)#ip address 200.192.0.2 255.255.255.0
R2(config-if)#no shutdown
R2(config-if)#exit
R2(config)#router rip
R2(config-router)#network 192.168.1.0
R2(config-router)#network 200.192.0.0
R2(config-router)#exit
R2(config)#
```

配置完之后，路由器 R1 s1/0 端口和 R2 s1/0 端口可以互相连通。

(2) 配置路由器 R1 上 DHCP 服务，分别配置两个地址池 mypool 和 mypool1，mypool 地址池给 PC1、PC2 所在的网络使用，mypool1 地址池给 PC3、PC4 所在的网络使用。

```
R1(config)#service dhcp
R1(config)#ip dhcp excluded-address 192.168.0.1 192.168.0.20      !---排除的 IP 地址范围
R1(config)#ip dhcp pool mypool                          !---创建名为 mypool 的地址池
R1(dhcp-config)#network 192.168.0.0 /24                 !---mypool 地址池可分配的地址范围
R1(dhcp-config)#default-router 192.168.0.1              !---默认网关
R1(dhcp-config)#dns-server 8.8.8.8                      !---DNS 服务器 IP 地址
R1(dhcp-config)#lease infinite                          !---IP 地址的租期无限长
R1(dhcp-config)#ip dhcp pool mypool1
R1(dhcp-config)#network 192.168.1.0 /24
R1(dhcp-config)#default-router 192.168.1.1
R1(dhcp-config)#dns-server 8.8.8.8
R1(dhcp-config)#lease infinite
```

(3) 分别在 PC1～PC4 上启用 DHCP 客户端请求，分配 IP 地址等网络参数。

```
PC1>dhcp                                     !---通过 DHCP 获取 IP 地址等网络参数
```

```
DDORA IP 192.168.0.21/24 GW 192.168.0.1 ! --- 获取成功
PC1 > show ip all                        ! --- 查看结果
NAME      IP/MASK              GATEWAY          MAC                    DNS
PC1       192.168.0.21/24      192.168.0.1      00:50:79:66:68:00      8.8.8.8

PC2 > dhcp
DDORA IP 192.168.0.22/24 GW 192.168.0.1  ! --- 获取成功

PC3 > dhcp
DDD
Can't find dhcp server                   ! --- 获取失败

PC4 > dhcp
DDD
Can't find dhcp server                   ! --- 获取失败
```

我们看到，由于 DHCP 服务器 R1 直接连接在 PC1、PC2 所在的网络，因此，PC1 和 PC2 成功地通过 DHCP 协议从 R1 的地址池中分配到了 IP 地址、默认网关等参数。而 PC3、PC4 和 R1 不在同一个网络中，无法发送 DHCP 请求给 R1 来获取 IP 地址，需要我们进一步设置 R2 为 DHCP 中继代理。

(4) 在 R2 的 e0/0 端口上配置 DHCP 中继帮助地址，帮助 PC3、PC4 所在的网络和 DHCP 服务器 R1 直接转发 DHCP 请求和 DHCP 响应。

```
R2(config) # interface e0/0
R2(config - if) # ip helper - address 200.192.0.1        ! --- DHCP 服务器地址
```

(5) 再次在 PC3 和 PC4 上启用 DHCP 请求，分配 IP 地址等网络参数。

```
PC3 > dhcp
DDORA IP 192.168.1.2/24 GW 192.168.1.1         ! --- 获取成功
PC4 > dhcp
DDORA IP 192.168.1.3/24 GW 192.168.1.1         ! --- 获取成功
```

(6) 测试 PC1～PC4 之间的连通性，在此我们以 PC1 和 PC3 的连通性测试为例。

```
PC1 > ping 192.168.1.2
84 bytes from 192.168.1.2 icmp_seq = 1 ttl = 62 time = 39.919 ms
84 bytes from 192.168.1.2 icmp_seq = 2 ttl = 62 time = 39.563 ms
84 bytes from 192.168.1.2 icmp_seq = 3 ttl = 62 time = 39.033 ms
84 bytes from 192.168.1.2 icmp_seq = 4 ttl = 62 time = 45.618 ms
84 bytes from 192.168.1.2 icmp_seq = 5 ttl = 62 time = 40.452 ms
```

可以看到 PC1 和 PC3 正确地获取了 IP 地址、子网掩码和默认网关等网络参数，成功实现网络通信。

8.6 扩展实验

1. 实验环境

在图 8.3 所示的实验拓扑中，路由器 R1、R2 和 R3 分别在 slot0 上插入一块 NM-4E 的 4 口 10 兆以太网卡以接入各自所在的局域网，分别在 slot1 上插入一块 NM-4T 的 4 口广域网卡用于路由器之间互联。交换机采用软件模拟的 Ethernet switch 以太网交换机。6 台 PC 采用 VPCS。

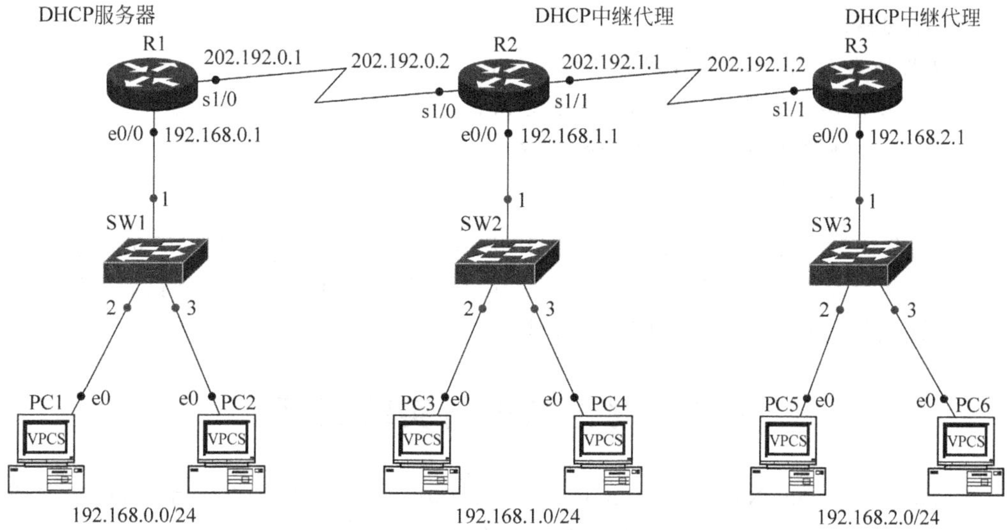

图 8.3 DHCP 扩展实验拓扑

2. 实验要求

扩展实验要求在 DHCP 服务器 R1 上配置三个地址池(192.168.0.0、192.168.1.0 和 192.168.2.0)，分别为 PC1 和 PC2 所在的局域网，PC3 和 PC4 所在的局域网，以及 PC5 和 PC6 所在的局域网分配 IP 地址等网络参数。R2 和 R3 作为 DHCP 中继代理，负责在 R1 和其所在的局域网之间转发 DHCP 请求和 DHCP 响应。

要求通过适当的配置，使得 PC1～PC6 通过 DHCP 协议自动获取 IP 地址，并且能互相 Ping 通。注意，在本实验中，路由器之间进行路由协议配置，才能实现互相连通。

第9章 DNS

本章学习目标

- 掌握域名系统 DNS 的作用和工作原理；
- 掌握权限域名服务器的作用和配置方法；
- 掌握本地域名服务器的作用和配置方法；
- 能够使用 DNS 为网络中的终端解析域名。

本章首先向读者介绍域名系统 DNS 的作用和工作原理，接着介绍 DNS 的权限域名服务器的作用和配置方法以及 DNS 的本地域名服务器的作用和配置方法，让读者能够自行在网络中配置域名系统，为网络中的终端解析域名。

9.1 理论知识与实验原理

域名系统(Domain Name System，DNS)是在 Internet 上使用的名字系统，用来把便于人们记忆的名字(有意义的域名)转换为用于通信的 IP 地址。域名系统是一个分布式数据库，通过 DNS 协议来映射域名到 IP 地址。每一个唯一 IP 地址可以有一个关联的域名，而一个域名可以关联多个 IP 地址。

域名系统采用层次结构的命名树作为主机的名字，这个唯一的层次结构的名字，即域名。域名的结构由标号序列组成，各标号之间用点隔开，分别代表不同级别的域名：

```
… .三级域名.二级域名.顶级域名
```

顶级域名包括国家顶级域名.cn(中国)、.us(美国)、.uk(英国)等，以及通用顶级域名.com(公司和企业)、.net(网络服务机构)、.org(非赢利性组织)、.edu(美国专用的教育机构)、.gov(美国专用的政府部门)、.mil(美国专用的军事部门)和.int(国际组织)等。对于每一级域名长度的限制是 63 个字符，域名总长度则不能超过 255 个字符。

域名系统使用域名服务器来解析域名至 IP 地址，域名服务器有以下 4 种类型：根域名服务器、顶级域名服务器、权限域名服务器和本地域名服务器。

1. 根域名服务器

根域名服务器是最重要的域名服务器。所有的根域名服务器都知道所有的顶级域名服务器的域名和 IP 地址。不管是哪一个本地域名服务器，若要对因特网上任何一个域名进行解析，只要自己无法解析，就首先求助于根域名服务器。在 Internet 上共有 13 个不同 IP 地址的根域名服务器，它们的名字是用一个英文字母命名，从 a 一直到 m(前 13 个字母)：

```
a.rootservers.net
b.rootservers.net
    …
m.rootservers.net
```

2. 顶级域名服务器

顶级域名服务器负责管理在该顶级域名服务器注册的所有二级域名。当收到 DNS 查询请求时，就给出相应的回答(可能是最后的结果，也可能是下一步应当找的域名服务器的 IP 地址)。

3. 权限域名服务器

权限域名服务器是负责一个区的域名服务器。当一个权限域名服务器还不能给出最后的查询回答时，就会告诉发出查询请求的 DNS 客户，下一步应当找哪一个权限域名服务器。

4. 本地域名服务器

本地域名服务器不同于如上三类域名服务器，它们为本地主机解析所有域名。当一个主机发出 DNS 查询请求时，这个查询请求报文就发送给本地域名服务器。每一个 Internet 服务提供者 ISP，或一所大学，甚至一所大学里的系，都可以拥有一个本地域名服务器，这种域名服务器有时也称为默认域名服务器。

主机向本地域名服务器的查询一般都是采用递归查询。如果主机所询问的本地域名服务器不知道被查询域名的 IP 地址，那么本地域名服务器就以 DNS 客户的身份，向其他根域名服务器继续发出查询请求报文。

递归查询的过程如图 9.1 所示。以查询 y.abc.com 为例介绍域名解析的过程：

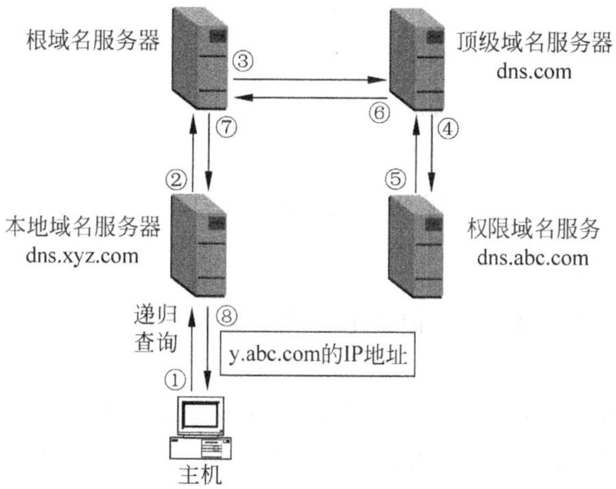

图 9.1　域名的递归查询

(1) 主机发送查询报文 query y.abc.com 至本地域名服务器(dns.xyz.com)，本地域名服务器首先检查自身缓存，如果存在记录则跳转步骤 8 直接返回结果。如果记录老化或不存在，则转步骤 2。

(2) 本地域名服务器向根域名服务器发送查询报文 query y.abc.com。

(3) 根域名服务器向.com 域的顶级域名服务器发送查询报文 query y.abc.com。

(4) . com 域的顶级域名服务器向. abc. com 域的权限域名服务器发送查询报文 query y. abc. com。

(5) . abc. com 域的权限域名服务器向. com 域的顶级域名服务器返回 y. abc. com 的 IP 地址。

(6) . com 域的顶级域名服务器向根域名服务器返回 y. abc. com 的 IP 地址。

(7) 根域名服务器向本地域名服务器返回 y. abc. com 的 IP 地址,本地域名服务器存入自身缓存。

(8) 本地域名服务器向主机返回 y. abc. com 的 IP 地址。

本地域名服务器向根域名服务器的查询通常是采用迭代查询。当根域名服务器收到本地域名服务器的迭代查询请求报文时,要么给出所要查询的 IP 地址,要么告诉本地域名服务器:"你下一步应当向哪一个域名服务器进行查询"。然后让本地域名服务器进行后续的查询。

迭代查询的过程如图 9.2 所示。以查询 y. abc. com 为例介绍域名解析的过程:

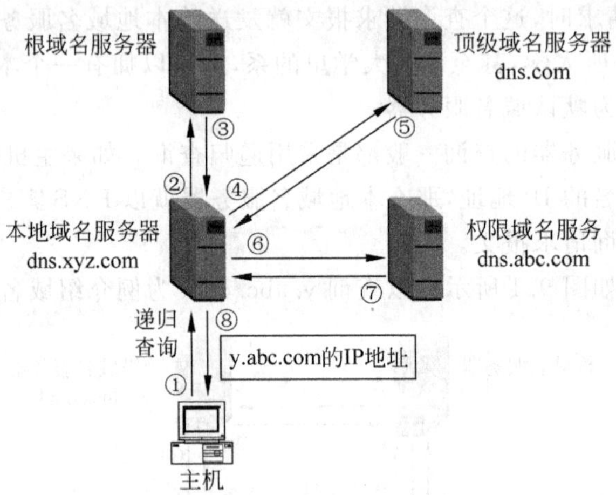

图 9.2　域名的迭代查询

(1) 主机发送查询报文 query y. abc. com 至本地域名服务器(dns. xyz. com),本地域名服务器首先检查自身缓存,如果存在记录则跳转步骤 8 直接返回结果。如果记录老化或不存在,则转步骤 2。

(2) 本地域名服务器向根域名服务器发送查询报文 query y. abc. com。

(3) 根域名服务器返回. com 域的顶级域名服务器(dns. com)IP 地址。

(4) 本地域名服务器向. com 域的顶级域名服务器发送查询报文 query y. abc. com。

(5) . com 域的顶级域名服务器返回. abc. com 域的权限域名服务器地址。

(6) 本地域名服务器向. abc. com 域的权限域名服务器发送查询报文 query y. abc. com。

(7) . abc. com 域的权限域名服务器返回 y. abc. com 的 IP 地址,本地域名服务器存入自身缓存。

(8) 本地域名服务器向主机返回 y. abc. com 的 IP 地址。

IOS 路由器可配置成为域名服务器,为主机提供域名解析,同时担当本地域名服务器和权限域名服务器双重角色。当把路由器配置为本地域名服务器时，路由器会中继 DNS 查询请求到其他名称服务器，以把主机名解析为 IP 地址。本地域名服务器中的缓存信息是从其他名称服务器中学习到的，所以它可以很快地应答请求，无须在每次解析过程中查询其他名称服务器。当把路由器配置为权限域名服务器时，路由器就会在端口 53 上侦听 DNS 查询，然后使用它自己主机列中的永久或者缓存的条目进行应答，无须中继到其他名称服务器。

9.2 相关命令讲解

1. ip dns server

命令用于在路由器上激活 DNS 服务器功能，从而可以充当权限域名服务器。该命令用于全局配置模式 Router(config)#下。

2. ip host name [tcp-port-number] address1 [address2 ... address8]

命令用于在权限域名服务器的域名缓存中定义一个静态的域名到 IP 地址的映射(可以把一个域名与最多 8 个 IP 地址进行映射)。域名和 IP 地址可以是静态映射，也可以是动态映射。当动态映射不可用时，就需要手动为一个 IP 地址分配一个域名。其中 name 参数为新定义的域名，可选参数 tcp-port-number 为域名对应的端口号。参数 address1... address8 为域名映射到的 IP 地址，最少 1 个最多 8 个 IP 地址。该命令用于全局配置模式 Router(config)#下。

命令使用示例：

```
Router(config)# ip host pc2.domainb.com 200.192.1.2
```

该命令把域名 pc2.domainb.com 映射到 IP 地址 200.192.1.2。也就是当本台权限域名服务器接收到域名请求 pc2.domainb.com 时，将返回该域名对应的 IP 地址 200.192.1.2。

3. ip domain lookup

命令用于启用基于 DNS 的主机名到 IP 地址地址转换。只有启用之后，路由器才可以充当本地域名服务器。该命令用于全局配置模式 Router(config)#下。

4. ip name-server server-address1 [server-address2 ... server-address6]

命令用于为本地域名服务器指定一个或多个(最多 6 个)域名服务器的 IP 地址，多个域名服务器之间以空格分隔。当本地域名服务器收到本地主机的域名查询请求时，如果该域名在缓存中不存在或者已经老化，则向这些域名服务器发出域名查询请求。参数 server-address1 ... server-address6 为域名服务器的 IP 地址，最少 1 个最多 6 个 IP 地址。该命令用于全局配置模式 Router(config)#下。

命令使用示例：

```
Router(config)# ip name-server 200.192.0.1
```

该命令设置了一个域名服务器的 IP 地址 200.192.0.1，当本地域名服务器收到本地主机的域名查询请求时，如果该域名在缓存中不存在或者已经老化，则向这个 IP 地址 200.192.0.1 发出域名查询请求。

9.3 实验目的

(1) 理解域名系统 DNS 的作用和工作原理；

(2) 掌握权限域名服务器的作用和配置方法；

(3) 掌握本地域名服务器的作用和配置方法；

(4) 能够使用 DNS 为网络中的终端解析域名。

9.4 实验环境

本实验中，需要使用 7200 系列的路由器才具有 DNS 功能。因此，需要按照第 1.2.2 所述的方法添加一个 7200 的 ISO(如 c7200-jk9o3s-mz.124-3)。在图 9.3 所示的实验拓扑中，7200 路由器 R1 和 R2 分别在 slot1 上插入一块 NM-4E 的 4 口 10 兆以太网卡以接入各自所在的局域网，用于路由器之间互联和接入各自所在的局域网。交换机采用软件模拟的"Ethernet switch"以太网交换机。PC3 和 PC4 采用 VPCS 模拟，PC2 和 PC5 采用路由器来模拟。

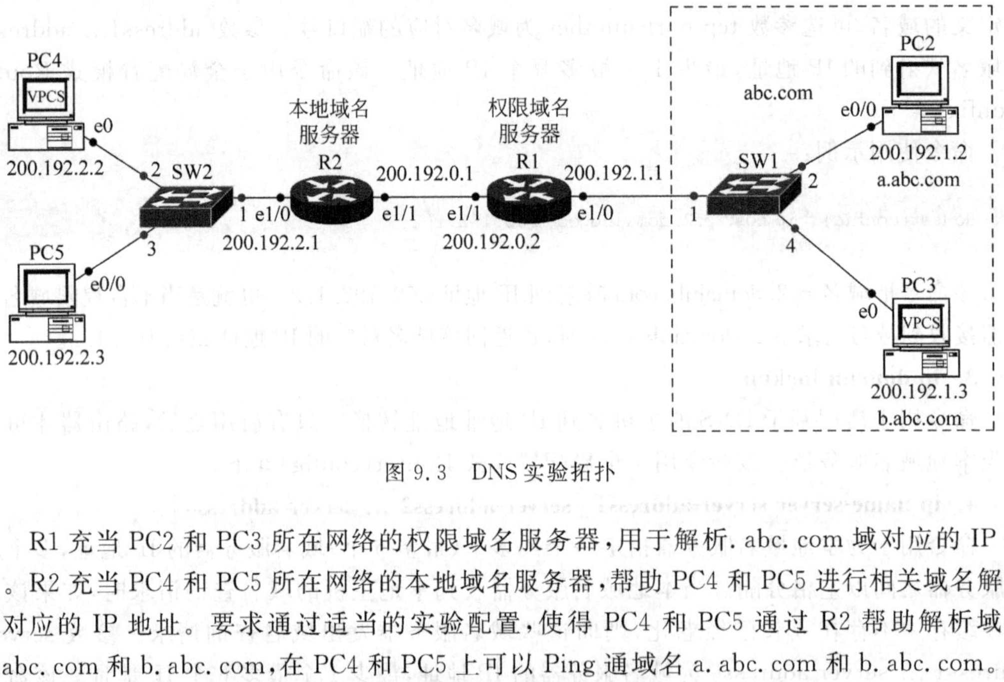

图 9.3 DNS 实验拓扑

R1 充当 PC2 和 PC3 所在网络的权限域名服务器，用于解析.abc.com 域对应的 IP 地址。R2 充当 PC4 和 PC5 所在网络的本地域名服务器，帮助 PC4 和 PC5 进行相关域名解析为对应的 IP 地址。要求通过适当的实验配置，使得 PC4 和 PC5 通过 R2 帮助解析域名 a.abc.com 和 b.abc.com，在 PC4 和 PC5 上可以 Ping 通域名 a.abc.com 和 b.abc.com。

9.5 实验步骤

(1) 路由器 R1 和 R2 的基本配置及路由协议的配置。

```
R1#configure terminal
Enter configuration commands, one per line. End with CNTL/Z.
R1(config)#interface e1/0
R1(config-if)#ip address 200.192.1.1 255.255.255.0
```

```
R1(config-if)#no shutdown
R1(config-if)#interface e1/1
R1(config-if)#ip address 200.192.0.2 255.255.255.0
R1(config-if)#no shutdown
R1(config-if)#exit
R1(config)#router rip                    !--RIP 协议
R1(config-router)#network 200.192.0.0
R1(config-router)#network 200.192.1.0
R1(config-router)#exit
R1(config)#

R2#configure terminal
Enter configuration commands, one per line. End with CNTL/Z.
R2(config)#interface e1/0
R2(config-if)#ip address 200.192.2.1 255.255.255.0
R2(config-if)#no shutdown
R2(config-if)#exit
R2(config)#interface e1/1
R2(config-if)#ip address 200.192.0.1 255.255.255.0
R2(config-if)#no shutdown
R2(config-if)#exit
R2(config)#router rip                    !--RIP 协议
R2(config-router)#network 200.192.0.0
R2(config-router)#network 200.192.2.0
R2(config-router)#exit
R2(config)#
```

配置完之后，路由器 R1 和 R2 可以互相 Ping 通。

(2) PC2～PC5 的 IP 地址和默认网关配置。

```
!--PC2,路由器模拟
PC2#configure terminal
Enter configuration commands, one per line. End with CNTL/Z.
PC2(config)#no ip routing
PC2(config)#ip default-gateway 200.192.1.1          !--设置 PC2 的默认网关
PC2(config)# interface e0/0
PC2(config-if)#ip address 200.192.1.2 255.255.255.0
PC2(config-if)#no shutdown
PC2(config-if)#exit
PC2(config)#

!--PC3,vpcs 模拟
PC3>ip 200.192.1.3 200.192.1.1 24

!--PC4,vpcs 模拟
PC4>ip 200.192.2.2 200.192.2.1 24

PC5# configure terminal
Enter configuration commands, one per line. End with CNTL/Z.
```

```
PC5(config)#no ip routing
PC5(config)#ip default-gateway 200.192.2.1 !--设置 PC5 的默认网关
PC5(config)# interface e0/0
PC5(config-if)#ip address 200.192.2.3 255.255.255.0
PC5(config-if)#no shutdown
PC5(config-if)#exit
```

配置完之后,PC2～PC5 以及路由器 R1、R2 可以通过 IP 地址互相 Ping 通。

(3) 配置路由器 R1 为权限域名服务器,并且添加两条域名至 IP 地址的映射。

```
R1(config)#ip dns server                    !--激活 DNS 服务器功能,充当权限域名服务器
R1(config)#ip host a.abc.com 200.192.1.2    !--加域名 IP 地址映射
R1(config)#ip host b.abc.com 200.192.1.3    !--添加域名 IP 地址映射
R1(config)#end

R1#ping a.abc.com                           !--测试是否激活和添加映射成功
Type escape sequence to abort.
Sending 5, 100-byte ICMP Echos to 200.192.1.2, timeout is 2 seconds:
!!!!!                                       !--映射成功
Success rate is 100 percent (5/5), round-trip min/avg/max = 12/18/20 ms
```

(4) 配置 R2 为本地域名服务器。

```
R2(config)#ip dns server                    !--激活 DNS 服务器功能,充当本地域名服务器
R2(config)#ip domain lookup                 !--启用本地域名查询服务
R2(config)#ip name-server 200.192.0.2       !---指定可以用于域名查询的域名服务器(R2)
R2(config)#end
R2#ping a.abc.com                           !--测试是否启用成功
Translating "a.abc.com"...domain server (200.192.0.2) [OK]            !--成功解析了域名

Type escape sequence to abort.
Sending 5, 100-byte ICMP Echos to 200.192.1.2, timeout is 2 seconds:
!!!!!
Success rate is 100 percent (5/5), round-trip min/avg/max = 12/34/44 ms
```

配置成功后,在 R2 上可以使用域名了,但是这时候由于 PC 上没有配置域名服务器,因此 PC 仍然无法使用域名。

(5) 在 PC2～PC5 上配置域名服务器。

```
!--PC2 设置 DNS 服务器
PC2(config)#ip domain lookup
PC2(config)#ip name-server 200.192.1.1

!--PC3 设置 DNS 服务器
PC3>ip dns 200.192.1.1

!--PC4 设置 DNS 服务器
```

```
PC4 > ip dns 200.192.2.1
PC4 > ping a.abc.com
a.abc.com resolved to 200.192.1.2                                  ! -- 成功解析了域名
84 bytes from 200.192.1.2 icmp_seq = 1 ttl = 253 time = 39.775 ms
84 bytes from 200.192.1.2 icmp_seq = 2 ttl = 253 time = 70.277 ms
84 bytes from 200.192.1.2 icmp_seq = 3 ttl = 253 time = 49.118 ms
84 bytes from 200.192.1.2 icmp_seq = 4 ttl = 253 time = 44.341 ms
84 bytes from 200.192.1.2 icmp_seq = 5 ttl = 253 time = 48.122 ms

! -- PC5 设置 DNS 服务器
PC5(config) # ip domain lookup
PC5(config) # ip name - server 200.192.2.1
PC5(config) # end
PC5 # ping a.abc.com
Translating "a.abc.com"...domain server (200.192.2.1) [OK]         ! -- 成功解析了域名

Type escape sequence to abort.
Sending 5, 100 - byte ICMP Echos to 200.192.1.2, timeout is 2 seconds:
!!!!!
Success rate is 100 percent (5/5), round - trip min/avg/max = 60/200/728 ms
```

可以看到 PC2～PC5 正确地解析了域名，成功地通过域名实现了网络通信。

9.6 扩展实验

1. 实验环境

图 9.4 所示的实验拓扑和图 9.3 一样，路由器 R1 和 R2 分别在 slot1 上插入一块 NM-4E 的 4 口 10 兆以太网卡以接入各自所在的局域网，用于路由器之间互联和接入各自所在的局域网。交换机采用软件模拟的 Ethernet switch 以太网交换机。PC3 和 PC4 采用 VPCS 模拟，PC2 和 PC5 采用路由器来模拟。

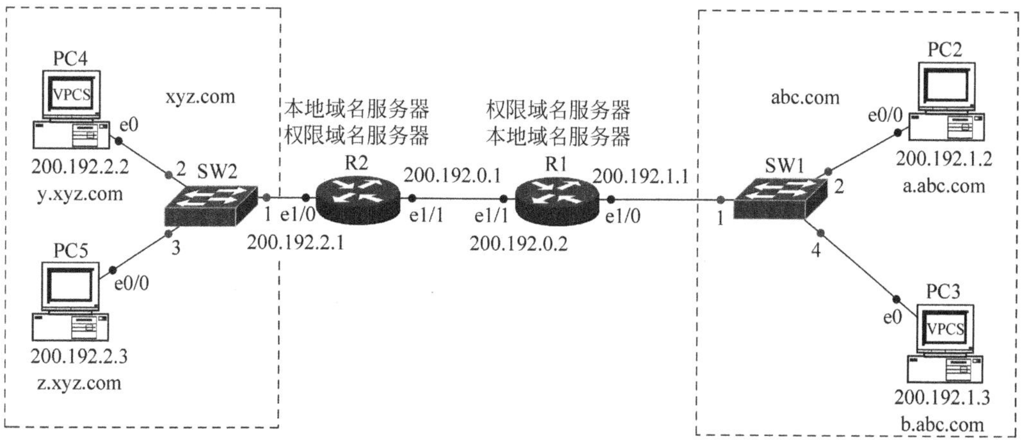

图 9.4　DNS 扩展实验拓扑

2. 实验要求

在上述示例实验的基础上，添加配置 R1 为本地域名服务器，R2 为权限域名服务器。R2 充当 PC4 和 PC5 所在网络的权限域名服务器，用于解析. xyz. com 域对应的 IP 地址。R1 充当 PC2 和 PC3 所在网络的本地域名服务器，帮助 PC2 和 PC3 进行相关域名解析为对应的 IP 地址。要求通过适当的实验配置，使得 PC2 和 PC3 通过 R1 帮助解析域名 y. xyz. com 和 z. xyz. com，在 PC2 和 PC3 上可以 Ping 通域名 y. xyz. com 和 z. xyz. com。

参考文献

[1] 谢希仁. 计算机网络(第 6 版). 北京：电子工业出版社，2013.

[2] 梁广民，王隆杰. 思科网络实验室路由、交换实验指南(第 2 版). 北京：电子工业出版社，2013.

[3] Kevin Dooley. Cisco IOS Cookbook. O'Reilly Media，2007.

[4] 王达. Cisco 路由器配置与管理完全手册(第二版). 北京：中国水利水电出版社，2013.

[5] [美]Mark A. Dye，Rick McDonald. 思科网络技术学院教程 CCNA Exploration：网络基础知识. 北京：人民邮电出版社，2009.

[6] [美]Wayne Lewis. 思科网络技术学院教程 CCNA Exploration：LAN 交换和无线. 北京：人民邮电出版社，2009.

[7] [美]Rick Graziani，Allan Johnson. 思科网络技术学院教程 CCNA Exploration：路由协议和概念. 北京：人民邮电出版社，2009.

[8] [美]Bob Vachon，Rick Graziani. 思科网络技术学院教程 CCNA Exploration：接入 WAN. 北京：人民邮电出版社，2009.

[9] 王文彦. 计算机网络实践教程：基于 GNS3 网络模拟器(Cisco 技术). 北京：人民邮电出版社，2014.

[10] [美]Jeff Doyle，Jennifer Carroll. TCP/IP 路由技术(第一卷)(第二版). 北京：人民邮电出版社，2007.

[11] [美]Jeff Doyle，Jennifer Carroll. TCP/IP 路由技术(第二卷). 北京：人民邮电出版社，2009.

[12] https://zh.wikipedia.org/wiki.

[13] https://www.gns3.com.

[14] http://wenku.baidu.com/.

图书资源支持